普通高等教育（应用型）及高职高专光伏应用专业

LED 照明设计 与封装技术应用

主　编：尤凤翔　张　猛
副主编：陈　庆　王槐生

中 国 出 版 集 团
世界图书出版公司
广州·上海·西安·北京

图书在版编目（CIP）数据

LED照明设计与封装技术应用 / 尤凤翔, 张猛主编. —广州：世界图书出版广东有限公司, 2015.10（2025.1重印）

ISBN 978-7-5192-0413-6

Ⅰ.①L… Ⅱ.①尤… ②张… Ⅲ.①发光二极管—照明设计 ②发光二极管—封装工艺 Ⅳ.①TN383.02 ②TN383.059.4

中国版本图书馆CIP数据核字（2015）第253440号

LED 照明设计与封装技术应用

策划编辑	宋 焱
责任编辑	钟加萍
出版发行	世界图书出版广东有限公司
地　　址	广州市新港西路大江冲25号
http:// www.gdst.com.cn	
印　　刷	悦读天下（山东）印务有限公司
规　　格	710mm×1000mm　1/16
印　　张	17
字　　数	400千
版　　次	2015 年 10 月第 1 版　2025 年 1 月第 2 次印刷
ISBN	978-7-5192-0413-6/TN·0002
定　　价	88.00元

目　录
CONTENTS

第1章　LED 的应用及驱动电路技术

自 20 世纪 60 年代中期在砷化镓基片上用磷化物发明了第一个红光 LED，其光效不断提高后，于 1968 年出现了第一个商用红光 LED。早期的 LED 光效只有 0.1 lm/W（流明 / 瓦），只能作为指示灯使用。经过十几年的努力，到 20 世纪 80 年代，LED 的光效才达到 1 lm/W，但其亮度仍然很低，且价格较贵，所以早期 LED 仅用来作为电子产品的指示灯。随着材料的开发和工艺的改善，LED 日趋亮度化、全色化，制成了红、黄、绿、蓝等各种颜色的 LED，逐步拓展了它的应用领域。

1.1　LED 的应用及对驱动电源的要求

目前 LED 的应用范围很广，主要体现在：

（1）消费电子产品。其应用特点是以电池为能源，一般为 4.2—8.4V，需要低电压和小电流的 LED 驱动器。消费电子产品的 LED 驱动器拥有比较成熟的技术、产品和相对成熟的市场。例如，手机、MP3/MP4 等电子产品。

（2）汽车照明产品。其电源来自汽车蓄电池（一般为 12—48V），由于汽车照明产品使用的 LED 的数量较多，大多是串并联驱动，需要较高的电压，这对于取自汽车蓄电池的电源来说是十分方便的。因此，在汽车上直接采用 LED 的仪表板背光、前后雾灯、刹车灯、方向灯、尾灯的市场十分乐观。

（3）用于建筑装饰照明、室内功能照明和景观照明。由于 LED 的尺寸小，组合变化多，比较容易对图案、颜色和亮度的变化做动态控制，因此它适合做景观装饰照明，如建筑装饰、旅游景点装饰以及桥梁、公园、娱乐场所的装饰和电视塔的夜景亮化等都采用 LED 来进行装饰和点缀。

此外，还有信号指示灯、LCD 背光照明、大屏幕彩色显示、交通信号灯以及在通信和仪器仪表中的应用等。但值得指出的是，在普通照明领域里，应进一步提高它的光效并降低它的成本，LED 才有可能替代传统的光源，成为绿色光源的主流产品。

由于 LED 本质上仍然是一个 PN 结器件，它具有单向导电性且正向伏安特性非常陡（正向动态电阻非常小），因此稳定地给 LED 供电比较困难，不能像普通白炽灯一样，直接用电压源供电。因此，LED 必须用直流电源或单向脉冲电压供电来驱动使其发光，并在应用过程中对其采取稳定工作状态和保护措施，由此产生了"驱动"的概念。为了稳住 LED 的工作电流，保证 LED 能正常可靠地工作，各种各样的 LED 驱动器应运而生，即将各种电源转换为提供给 LED 发光的电源装置。目前，大多数 LED 驱动器的主要方式为恒流驱动的直流电源，并同时完成与 LED 的电压和电流的匹配。驱动器的另一个功能是使 LED 的负载电流能够在各种因素的影响下均控制在预先设计的变化范围之内。

必须要强调的是，LED 驱动电路有许多注意事项，例如：只有正向电压超过 LED 的阈值电压后，才有电流流过使其发光。且发光的强弱与流过的电流大小有关，电流大、光强，电流小、光弱。值得指出的是，LED 是一个非线性器件，正向电压的微小变化会引起正向电流的很大变化，如图 1-1 所示，所以 LED 需要恒流驱动。否则，电压波动稍有增加，电流就会增大到将 LED 烧毁的程度。例如，3.3V 时约为 20mA 的 LED，如果用 3 节干电池供电，新电池电压可达 4.5V，电流将超过 100mA，增大为原来的 5 倍，很容易烧毁。又如 1W 大功率 LED，如果正向电压变化 10%（从 3.4V 降低到 3.1V），就会引起正向电流从 350mA 降低到 100mA。如果正向电流从 350mA 降低到 100mA，其光输出就会减少 70% 左右。因此，LED 必须用恒流的直流电源供电，且供电电压必须超过阈值电压。此外，当 LED 的电流发生变化时，若应用于屏幕显示，它所发出的光色会有所偏移，即出现色偏现象。

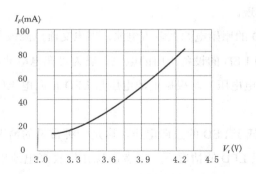

图 1-1　LED 的非线性电流—电压特性

在正常工作时，LED 的正向压降和发光的颜色与 LED 所用的材料有关，还和光的强弱即工作时流过的电流大小有关。红光、绿光、黄光 LED 的正向压降为 1.4—2.6V，白光 LED 的正向压降较大，为 3—4.5V。下面以白光 LED 为例，将其正向压降随电流的变化列入表 1-1 中。

表 1-1　白光 LED 的正向压降和电流的关系

正向电流 （mA）	正向压降（V）		
	最小值	典型值	最大值
200	2.78	3.27	3.77
350	2.79	3.42	3.99
700	3.05	3.76	4.47
1 000	3.16	3.95	4.88

此外，由于 LED 是特性敏感的半导体器件，具有负温度特性，温度升高，正向压降减小。如用恒电压电源供电，则随着 LED 温度的升高，正向压降会减小，电流会越来越大，直至把它烧毁。所以驱动电路必须用恒流电源供电，或有限流的措施。

同时，即使是同一批生产的器件，LED 的参数包括它的正向压降也会有一定的离散性，并且随温度的变化、时间的推移，还会造成器件老化、参数改变。所以，驱动电路中最好有反馈电路，通过实时控制来调整 LED 的发光颜色和强度。为了凸显 LED 的节能效果，电源必须具有较高的转换效率。在 LED 照明领域，要体现出节能和长寿命的特点，选泽 LED 驱动电路至关重要，没有好的驱动电路相匹配，LED

照明的优势就无法体现。

目前，驱动 LED 的原始电源大多为电池、市电交流电源或太阳能光伏电源。如用电池供电，则使用 LED 的设备所用的电池一般为可充电电池，或电压范围为 5—24V（汽车内直流供电电压）。根据电池电压与 LED 正向电压的相对大小，可以有以下几种情况：

（1）电池电压低于 LED 的正向电压。这是一种常见的情况，可能出现在用一节干电池去驱动一只 LED 的情况下，或者出现在用较高电池电压去驱动多只串联 LED 但电池电压仍然低于 LED 的正向电压的情况下。例如，在手电筒中驱动 LED 就会出现这种情况，电池电压为 0.8—1.65V，低于 LED 的正向电压，此时必须把电压升高到足以把 LED 点亮。考虑到功率不大，可以用电荷泵式升压变换器（或称开关电容式升压变换器）。在多只 LED 串联的情况，如功率较大，可采用电感升压式变换器，它们都属于 DC/DC 升压变换器。

（2）电源电压在 LED 的正向电压附近变动，可能有时略高于 LED 的正向压降，在电池快用完电时，又可能略低于 LED 的正向压降。为了配合电池工作，在要求尽可能小的体积和尽可能低的成本下，可采用升压—降压式变换器，或采用倍压式电荷泵电升压变换器。

（3）电源电压高于 LED 的正向电压。如果电源电压较高，例如太阳能草坪灯、太阳能庭院灯、汽车内外的照明系统等，供电电压可能为 12V、24V 等，可采用降压变换器，如线性的降压稳压器或开关型稳压器。为了提高效率，线性稳压器应采用低压差的稳压器（LDO，其输入、输出电压之差较小）或采用开关型稳压器，后者的效率较高。

就 LED 的电源变换器的工作类型而言，可分为线性稳压器和开关型变换器两大类，它们又可以进一步细分为许多类型，在后续的几节中，我们将依次对它们进行介绍。

综上所述，对 LED 驱动器的总体要求是在满足安全要求的前提下，驱动电路应保持较低的自身功耗使系统效率保持在较高水平，对其他电子设备及电路的干扰影响小，安装、维护及使用方便、价位低、寿命长。具体来说，对 LED 驱动电路的要求可归结为：①源电压必须是直流电压，且电压值应高于工作时 LED 的阈值电压。

②要求电源对 LED 提供尽可能恒定的、与之相匹配的电流，以得到稳定的光输出和亮度，尤其是在电源电压发生 ±15％的变动时，仍能保持输出电流在 ±10％的范围内变动。③驱动器应有高的功率转换效率，以凸显 LED 的节能优势，提高电池的寿命或两次充电之间的时间间隔。目前效率高的可达 80％—90％，一般的可达 60％—80％。同时，驱动器应设置完善的保护电路，如低压锁存、过压保护、过热保护、输出开路或短路保护。④一般都要求 LED 显示具有调光功能，因此，驱动电源应有电流调节功能，在一定范围内 LED 的最大电流可设定，实现对 LED 的亮度、颜色和色调进行调节。有的场合还要求驱动器具有发光模式及效果变换功能。⑤当多个 LED 并联使用时，要求各 LED 的电流相匹配，使亮度均匀。⑥功耗低，静态电流小，并且有关闭控制功能，在关闭状态时一般静态电流应小于 1μA。⑦具有一定的保护功能，如开路保护、过压保护、欠电压封锁以及其他功能。

1.2　LED 在驱动电路中的连接方式

在实际应用中，LED 的连接方式取决于多种因素，反过来，它的连接方式不同，对驱动电源的要求也不同。最简单的是使用单个 LED，如汽车的阅读灯、仪器仪表的指示灯，而在小、中、大显示屏幕的背光照明、平面显示、景观装饰中，则需要几个或多个 LED 排列组合起来，在较大范围内满足较大亮度、动态显示或色彩变幻等要求。这时，由于要使用多个 LED，因此如何选择相适应的 LED 的连接方式，来提高 LED 的发光效果、提高整个电路工作的可靠性、方便驱动电路设计和制作、提高电路的整体效率等就至关重要了。一般说来，LED 的连接方式有以下几种。

1.2.1　串联方式

在这种方式中，LED 全部首尾相连，如图 1-2 所示。它的特点是连线简单，驱动器只要用一条线给 LED 传输电流。流过每只 LED 的电流是一致的，驱动器很容易做到和 LED 所要求的电流相匹配。对于同一规格、同一批次的 LED 来说，虽然正向压降可能有点差异，但由于它们是电流型器件，只要电流一样，仍然能够保证 LED 的亮度一致，而且多只串联在一起，可互相弥补正向压降的差异，使总电压保持恒定。因此，简单的串联方式具有连接简单、方便，总电压及光强容易保持一致等优点。

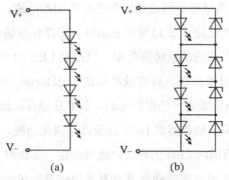

图 1-2　LED 的串联连接方式

但当某一只 LED 由于品质不良而短路时，如采用稳压方式供电（如常用的阻容降压或线性稳压电源）且驱动电压值不变，则分配给其他 LED 的电压将变大，很容易使余下的 LED 因电流过大而损坏；如采用恒流驱动，其输出驱动电流仍然不变，就不会影响 LED 的发光和亮度。当某一只 LED 由于品质不良而断路时，串联在一起的 LED 将全部熄灭，解决这个问题的办法是在每只 LED 两端并联一只齐纳二极管，如图 1-2（b）所示。齐纳二极管的击穿电压应高于 LED 的正向压降，而其电流额定值应和 LED 差不多。在 LED 工作正常时，不会因并联齐纳二极管而影响它的发光；当某一只 LED 断路时，电流可以通过与之并联的齐纳二极管，使其余的 LED 正常发光，从而提高电路的可靠性。

串联方式需要驱动电源有较高的电压，例如有 4 只 LED 串联，每只压降为 3.4V，串联后的总电压就为 13.6V，所以在电池供电时，应采用有升压功能的驱动电路。一般用电池供电的升压变换器的最高输出电压不大于 40V，所以可以计算出最多只能驱动 13 只串接的白光 LED。

1.2.2　并联方式

在并联方式中，LED 全部并接在一起，由一个电源供电，如图 1-3 所示。这时即便有一只 LED 断路，也不会影响其他 LED 的工作。这种电路可采用低压驱动，无需升压。由于 LED 是电流控制型器件，当电源电压发生一点变化时，就会使 LED 的电流和亮度发生变化。在 LED 制造过程中，一块 3in（英寸）（1in = 2.54cm）的外延片大约可以制造出 3 万个 Φ5mm 的 LED 芯粒，它们的特性参数，如正向压降、波长等并不能完全一致，往往在外延片的中心部分的芯粒质量较好，较为一致，越往外，质量越参差不齐，只有经过测试、分选以后才能得到合乎使用的 LED 产品。

　　一般来说，分选时按一定的额定电流（例如 20mA 或 350mA），在给定的正向导通压降范围分档使用。所以，即便使用同一厂家、同一批产品，LED 的正向压降也不能完全相同，在并联应用中，所有的 LED 都施加相同的电压，也会使 LED 的电流分配不均匀，使它们的亮度不一致，甚至电流过大的那只 LED 会因温度过高而降低寿命，严重时甚至会烧坏。此外，当多只 LED 并联而其中有一只短路时，还会造成全部 LED 都不亮，所以简单的并联的质量和可靠性并不高。

　　在并联方式中，最好保证每只 LED 用恒流供电。最简单的方法是在每只 LED 中串联一个小阻值的电阻，即使 LED 特性有一些差异，也能够保持亮度一致，如图 1-3 所示。

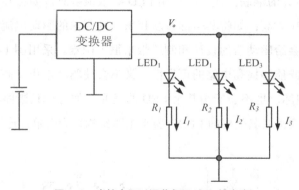

图 1-3　串接电阻以调节每只 LED 的亮度

　　为进一步改进并联连接的不足，可以采用独立匹配的并联方式，如图 1-4 所示，对每一只并联的 LED 电流都能够做到匹配，每个 LED 的电流是独自可调的。这种方法中，每只 LED 的电流都受到电流调整器的控制，即便 LED 特性差异较大，仍能保持亮度一致。这种方法在许多 IC 中得到了应用，它的缺点是 IC 引脚较多、结构复杂。如果并联的 LED 数为五六只，则 IC 芯片的引脚数可能多达 16 条。在这种独立匹配的并联方式中，每个 LED 的电流都有独自可调性，即便 LED 特性差异较大，也能得到均匀一致的亮度，驱动效果最好。由于每个 LED 是独立驱动的，即使一只 LED 发生故障，也不会影响其余 LED 的工作。但是这个驱动电路的结构较为复杂，造价高、体积大。显然，在需要使用大量 LED 时，这种电路就不适合了。

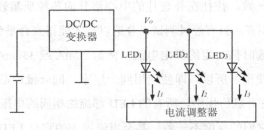

图 1-4　LED 并联及电流调整电路

1.2.3　混联方式

混联方式是结合串联和并联各自优点而提出来的一种连接方式，适合应用在 LED 数量较多的场合。主要有以下三种表现形式。

（1）先串后并的混联方式。在使用 LED 数量很多时，如将其全部串联起来，则要求的驱动电压太高；如将其全部并联起来，则要求的驱动电流太大，单独采用哪一种方式，都会给驱动器的设计和制造带来很大困难。采用图 1-5（a）所示的先串后并的方式，既能够提高电路的可靠性，又不会使驱动电压过高，即便每串中有一只 LED 短路损坏，也不会影响其余 LED 的发光，如有一只断路，它只能使本串 LED 不发光，不会涉及其他串的 LED。整个电路结构较为简单，连接方便。

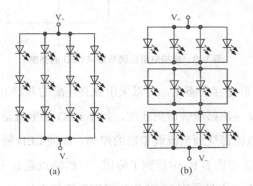

图 1-5　先串后并及先并后串两种混联方式

（2）先并后串的混联方式。先并后串的混联方式如图 1-5（b）所示，它也能提高每组电路的可靠性，但要求并联的 LED 有较好的一致性并要求它们的正向压降差不多，才能达到均流的目的，否则，各只 LED 的亮度可能很不一致，严重的情况下，其中一只 LED 还可能因电流过大而损坏。在并联的每只 LED 中可适当串联阻值较小的均流电阻（见图 1-3），就可以解决这个问题。

（3）交叉阵列的混联方式。这种方式的连接方法如图 1-6 所示，它不像先并后串那样将许多 LED 并联起来，而是以 3 个并联的 LED 为一组，再一组一组地串联成一大串，由电源 V_{a+} 供电，类似的另一串则由 V_{b+} 供电，依此类推，组成多串，分别由 IC 的不同的输出供电，并调整该串的电流。每一组中只有 3 个 LED 并联，如有一个或两个失效开路时，仍有一个正常工作，从而可以大大提高整个 LED 阵列的可靠性。这种连接限制了并联 LED 的个数，虽比前两种要复杂一些，但其可靠性更高一些，所驱动的 LED 个数更多一些。

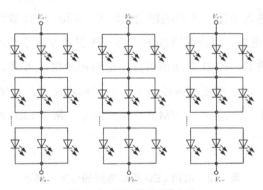

图 1-6　交叉阵列混联方式

总而言之，LED 的群体应用是 LED 实际应用的重要方式。不同的 LED 连接形式对于大范围 LED 的使用和驱动电路的设计要求等都至关重要。因此，在实际电路的组合中，正确选择相适应的 LED 连接方式，对于提高其发光的效果、工作的可靠性、驱动器设计制造的方便程度以及整个电路的效率等都具有积极的意义。

1.3　降压式 LED 驱动电源

由于 LED 导通发光所需要的电源为直流、低电压，故以前来驱动钨丝灯泡或日光灯的电路并不适合直接驱 LED 灯具。因此，在绝大多数情况下，电池等原始电源不能直接为 LED 供电，而必须经过电源变换。就白光 LED 来说，真正的白光 LED 器件并未能获得，我们看到的白光不过是不同波长的混合光。例如，将发射黄光的荧光材料覆盖在发蓝光的 LED 芯片上，用蓝光激发，产生蓝光和黄光的混合光，这就是人眼看到的白光，且白光 LED 的正向电压比其他彩色 LED 的正向电压大得多。如果充电电池（如锂离子电池）充满电时的电压为 4.1V 左右，在短时间工作后电压将降到 3.5V 左右。随着电池放电，其电压会降到 3V 乃至 2.8V。若白光 LED 由电池直接供电，在电池充满电时 LED 会被点亮，但随着电池放电的进行，LED 将会变暗乃至熄灭。因此，用锂离子电池为白光 LED 供电，必须配置一个升压变换器。

当 LED 或 LED 串的输入电压较高时，需要一个 DC/DC 降压变换器；当采用市电交流电源供电时，则需要配置一个 AC/DC 变换器，并与一个下游 DC/DC 降压变换器相级联，组成开关型电源驱动电路，以使其输出的直流电压与 LED 负载相匹配，并为 LED 提供恒流驱动。

为满足不同的输入电压、不同的输出电流及不同的 LED 数量等要求，应开发出各种新型 LED 驱动电源，以满足市场的需要。按驱动方式分类，可分为恒流式和恒压式。按电路结构方式，LED 驱动器可分为电阻电容降压方式、电阻降压方式、常规变压器降压方式、电子变压器降压方式。而目前应用最广、效率最高的开关电源式驱动结构，如脉冲宽度调制（PWM）控制方式等。常用 LED 驱动电源的分类及特性见表 1-2。

表 1-2 常用 LED 驱动电源的分类及特性

分类标准	类别	特　　性
按驱动方式分类	恒流式	（1）恒流驱动电路的输出电流是恒定的，而输出电压的大小会随着负载的变化而变化。 （2）严禁负载完全开路。 （3）是较为理想的 LED 驱动电路，但价格偏高。
	恒压式	（1）当稳压电路中的各项参数确定以后，输出电压是固定的，而输出电源却随着负载的增减而变化。 （2）稳压电路不怕负载开路，但严禁负载短路。 （3）当稳压驱动电路驱动 LED 时，每串电路需要加上合适的电阻方可使每串 LED 显示亮度平均。 （4）亮度会受到整流而来的电压变化影响。
按电路结构（降压式）分类	电阻电容降压方式	通过电容降压，在使用时由于充、放电的作用，通过 LED 的瞬间电流较大，容易损坏芯片。易受电网电压波动的影响，电源效率低、可靠性低。
	电阻降压方式	通过电阻降压，受电网电压变化的干扰较大，不容易做成稳压电源。降压电阻要消耗很大部分的能量，所以这种供电方式电源效率很低，而且系统的可靠性也较低。

分类标准	类别	特　性
按电路结构（降压式）分类	常规变压器降压方式	电源体积小、重量偏重，电源效率也很低，一般只有 45%—60%，所以通常很少用，可靠性不高。
	电子变压器降压方式	电源效率较低，电压范围也不宽，一般为 180—240V，纹波干扰大。
按电路结构（开关电源式）分类	PWM 式开关电源	脉冲宽度调制（PWM）是利用微处理器的数字信号输出来对模拟电路进行控制的一种非常有效的技术。PWM 电路主要由四部分组成：输入整流滤波部分、输出整流滤波部分、PWM 稳压控制部分、开关能量转换部分。PWM 开关稳压的基本工作原理是，在输入电压、内部参数及外接负载变化的情况下，控制电路通过被控制信号与基准信号的差值进行闭环反馈，调节主电路开关器件导通的脉冲宽度，使得开关电源的输出电压或电流稳定（即相应的稳压电源或恒流电源）。这种电路效率极高，一般可以做到 80%—90%，输出电压、电流稳定，属于高可靠性电源。

设计 LED 驱动电源时，要知道 LED 的电流—电压特性。由于 LED 的生产厂家及 LED 的规格不同，其电流—电压特性均有差异。现以 LED 典型规格为例，按照 LED 的电流—电压变化规律，一般白光 LED 的正向电压为 3.0—3.6V，设典型的电压值为 3.3V，电流值为 20mA，当加于 LED 两端的正向电压超过 3.6V 后，正向电压很小的增加都会导致 LED 的正向电流成倍增长，使 LED 发光体温度上升过快，从而加速 LED 光衰减，使 LED 的寿命缩短，严重时甚至烧坏 LED。因此，根据 LED 的电压—电流变化特性，对驱动电源的设计提出了严格要求。

驱动电源的类型和所用的 LED 的数量、连接方式、正向压降以及所用原始电源电压等因素有关。反过来，一定的电源电压也确定了 LED 的连接方式和所能驱动的 LED 的数量。通常根据被驱动 LED 总的正向压降、供电电源输出电压以及它们之间相对的大小来决定驱动电源的类型，大致说来，LED 驱动电源有以下两种形式：一种是采用传统的由市电作为供电电源的电容降压式 LED 驱动器；另一种是线性稳压器。用得最多、效率最高的是采用开关电源构成的 DC/DC 转换器。本节以介绍降压式电路为主。

（1）常见的电容降压式 LED 驱动器。使 LED 工作的最简单的方式是用一个电压源通过串接一个电阻与 LED 相连。只要工作电压保持恒定，LED 就可以发出恒定强度的光（尽管光强会随着环境温度的变化而变化）。通过改变串联电阻的阻值能够将光强调节至所需要的强度。

电容降压驱动器属于一种常见的小电流电源电路，由于其具有体积小、成本低、电流相对恒定等优点，常应用于 LED 的驱动电路中。如图 1-7 所示为一个实用的采用电容降压的 LED 驱动电路，该电路与目前大部分应用电路的不同之处在于连接有压敏电阻。压敏电阻能在电压突变的瞬间（如雷电、大用电设备启动等）有效地将突变电流泄放，从而保护 LED 和其他晶体管。一般情况下，瞬变电压抑制的响应时间一般为纳秒级，从而保护 LED 和其他晶体管。LED 串联的数量视其正向导通电压而定，在 220V 交流电路中最多可以达到 80 个左右。电容的耐压一般要求大于输入电源电压的峰值，在 220V/50Hz 的交流电路中，可以选择耐压为 400V 以上的涤纶电容或纸介质电容。

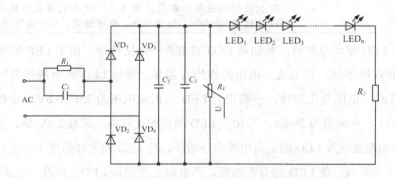

图 1-7 采用阻容降压的 LED 驱动电路

图中电容 C_1 的作用是降压和限流，电阻 R_1 为泄放电阻，其作用为：如果正弦波在最大峰值时刻被切断，电容 C_1 上的残存电荷因无法释放会长久存在，在维修时如果人体接触到 C_1 的金属部分，有触电的可能，而电阻 R_1 能将残存的电荷泄放掉，从而保证人机安全。泄放电阻的阻值与电容的大小有关，一般电容的容量越大，残存的电荷就越多，泄放电阻的阻值就要选得小一些。VD_1—VD_4 的作用是整流，用于将交流电整流为脉动直流电压。C_2、C_3 的作用为滤波，用于将整流后的脉动直流电压滤波成平稳的直流电压。滤波电容 C_2、C_3 的耐压应根据负载电压而定，一股为负载电压的 1.2 倍，其电容容量视负载电流的大小而定。压敏电阻 Rv（或瞬变电压抑制二极管）的作用是将输入电源中瞬间的脉冲高压对地泄放掉，从而保护 LED 不被瞬间高压击穿。LED 串联的数量视其正向导通电压而定。

图 1-8 所示为采用可控硅 SCR 的电容降压驱动电路。在该电路中，可控硅 SCR

和 R_3 组成保护电路，当流过发光二极管的电流大于设定值时，SCR 导通一定的角度，从而对电路中的电流进行分流，使发光二极管工作于恒流状态，从而避免发光二极管因瞬间高压而损坏。

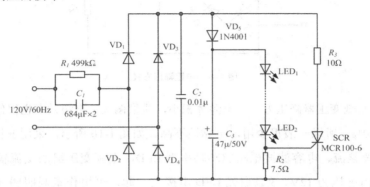

图 1-8　采用 SCR 滤波的阻容驱动电路

在这一类采用阻容降压方式的 LED 灯类产品（比如护栏、灯杯、投射灯）中，这种驱动 LED 的方式存在极大缺陷，首先是效率低，在降压电阻上消耗大量的电能，甚至有可能超过 LED 所消耗的电能，且无法提供大电流驱动，因为电流越大，消耗在降压电阻上的电能就越大。其次是稳定电压的能力极差，无法保证通过 LED 的电流不超过其正常工作要求。设计时可通过降低 LED 两端的电压来供电驱动，但这样是以降低 LED 的亮度为代价的。采用阻容降压方式驱动 LED 时，LED 的亮度不能稳定，当供电电源电压较低时 LED 的亮度变暗，供电电源电压较高时 LED 的亮度变亮。但阻容降压方式驱动 LED 的最大优势是成本低。

（2）电阻降压方式通过电阻降压，受电网电压变化的干扰较大，不容易做成稳压电源，降压电阻要消耗很大部分的能量，所以这种供电方式电源效率很低，而且系统的可靠性也较低，如图 1-9 所示，电阻降压在降压电阻上 R_1 的功耗也可能大于负载上的功耗。

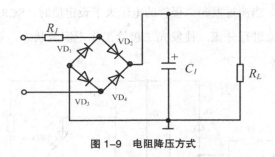

图 1-9　电阻降压方式

（3）常规变压器降压方式。电源体积小，质量偏大，电源效率也很低，一般只有 45%—60%，所以一般很少用，可靠性不高。如图 1-10 所示，采用变压器（T_1）降压和全波整流、电容滤波电路驱动功率型 LED，电源变压器的交流输入电压是 220V，输出电压为 12V。3 只白光 LED 串接在一起，可用作景观照明（假定每只 LED 的正向电压为 3.5V，工作电流为 350mA）。虽然变压器降压 LED 驱动电路比较简单，成本较低，但由计算可知，当电网电压在 10% 之内波动时，通过 LED 的电流变化率超过 25%。同时，由于限流电阻 R_1 上的功率消耗较大，电源效率很低，并且当交流线路上电压突然升高时，有可能使 LED 损坏。

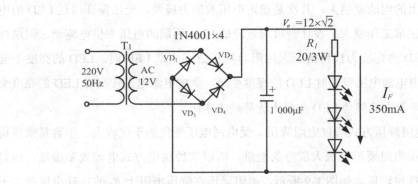

图 1-10　变压器降压和全波整流、电容滤波电路驱动 LED

（4）电子变压器降压方式。这种 LED 驱动电路电源效率较低，电压范围也不宽，一般为交流 180—240V，纹波干扰大，如图 1-11 所示。电子变压器是一种逆变器，将交流电变为直流电，然后通过电子元器件组成一个振荡器将直流电变为高频交流电，再通过开关变压器输出所需要的电压，最后通过二次整流提供能源。

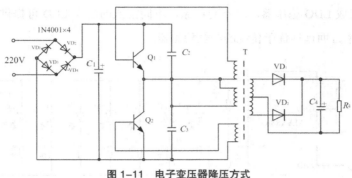

图 1-11　电子变压器降压方式

当输入到稳压源的供电电压高于或略高于 LED 的正向压降时，可以用线性稳压器驱动 LED，由稳压器输出的电压经降压及限流电阻后加到 LED 上。大家所熟知的三端稳压器就可以胜任，如 7805 稳压块，它对输入电压降压，提供稳定的输出电压，再由电阻限流后驱动 LED。但三端稳压器有一个严重缺点，就是它的输入、输出电压之间压差较大，一般为 4—6V，这样在输出电流很大时，它本身的损耗使电源的总体效率变得很低，掩盖了 LED 低损耗的优点。

针对传统线性稳压器存在的问题，低电压输出（Low Drop Out，LDO）集成稳压器迅速发展，在便携式电子产品和电池供电的电源系统中得到广泛应用。LDO 稳压器的输入电压与输出电压之差比传统线性稳压器要小得多，故也称为低压差线性稳压器。LDO 稳压器之所以有非常小的电压降，主要得益于采用了极低导通电阻的新型 MOSFET。由于这种 MOSPET 的导通电阻仅为几毫欧至数十毫欧，在 5—15A 的输出电流下有的 MOSFET 漏—源极之间的电压仅约为 0.1V。LDO 集成稳压器通常采用小型或超小型 SOT 等封装，仅需要非常小的输出电容器，有的甚至可以不需用输出电容器，而使 PCB 的尺寸大大减小。LDO 稳压器通常有一个超低静态工作电流（如 2μA）和超低噪声（如 30pV），并且大多带有热关闭、输出电流限制、输出电压和电流可调等功能。如用 LDO 稳压器 MAX8863 可驱动 8 只 15mA 白光 LED，电路如图 1-12 所示。如果将 R_1 的阻值改为 130K，R_2 的阻值改为 10K，MAX8863 则可以驱动 6 只 20mA 的白光 LED。MAX8863 的电压设置引脚 SET 上的反馈门限为 1.25V，电压反馈信号仅从 LED₁ 串联电阻（R_3）上取出。MAX8863 还设置了一个关闭引脚 $\overline{\text{SHDN}}$，可利用开关或 PWM 信号使芯片关闭。这种采用 SOT-23 封装的

MAX8863 集成 LDO 稳压器，对不同厂家、不同批次的白光 LED 可提供较好的亮度匹配，在效率方面远远优于传统的线性稳压器。

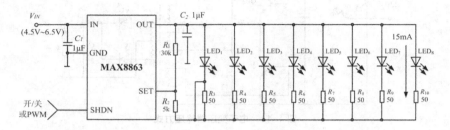

图 1-12　用 LDO 稳压器 MAX8863 驱动 8 只 15mA 白光 LED 的电路

1.4　开关电源式 LED 驱动电源的核心构成

　　虽然 LDO 集成线性稳压器的效率较传统线性稳压器有明显提高，但它仅限于在需要降压的场合应用，并且在性能上也无法与开关型驱动器比较。开关型 LED 驱动器与线性稳压器相比，具有许多优点。

　　（1）自身损耗小、效率高，电路中开关管以较高的频率导通和截止，通过改变管子导通脉冲的占空比来改变输出电压，而不是通过电阻降压来改变输出电压，故自身损耗很低，效率一般可超过 80%。

　　（2）稳压范围宽，稳压效果好。即使输入电压在大范围内变化，输出电压仍然很稳定，可以为 LED 提供稳定的电流。

　　（3）有多种电路结构，如降压、升压、降压—升压多种电路形式，能适应不同范围的输入电压，而其输出仍能满足 LED 的驱动所需要的电压和电流值。

　　（4）可以实现驱动电路的小型化和轻量化。

　　开关型驱动器利用无源磁性元件和电容元件的能量存储特性，从输入电压源中获取分离的能量，暂时地把能量以磁场形式存储于电感器，或以电场形式存储在电容器中，然后再将能量转换到负载上，实现 DC/DC 变换。实现能量从电源到负载的变换需要复杂的控制技术，现在大多数采用 PWM（脉冲宽度调制）技术。PWM 技术是一种通过重复"通/断"开关工作方式把一种直流电压（电流）变换为高频方波电压（电流），再经过整流滤波后变为另一种直流电压输出。一个基本的 PWM 变换器由功率开关管、整流二极管及滤波电路等组成。当输入、输出之间需要进行电气隔离时，可采用变压器进行隔离和升、降压，如图 1-13 所示。由于开关工作频率的提高，滤波电感 L、变压器 T 等磁性元件以及滤波电容 C 等都可以小型化。

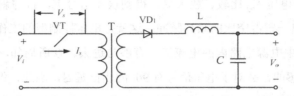

图 1-13　PWM 变换器的基本工作原理

PWM 开关稳压或稳流电源的基本工作原理就是在输入电压变化、内部参数变化、外接负载变化的情况下，控制电路通过被控制信号与基准信号的差值进行闭环反馈，调节主电路开关器件的导通脉冲宽度，使得开关电源的输出电压或电流等被控制信号稳定即相应的稳压电源或恒流电源。从输入电源中提取的能量随脉宽变化，在一固定周期内保持平均能量转换，对于开关型驱动器，其稳定的输出电压正比于 PWM 占空比，而且控制环路利用占空比（即脉冲的导通时间 t_{on} 与总开关周期 T 之比）作为对电源的控制信号。PWM 控制方式开关电源如图 1-14 所示。PWM 控制方式开关电源主要由四部分组成，即输入整流滤波部分、输出整流滤波部分、PWM 稳压控制部分、开关能量转换部分。

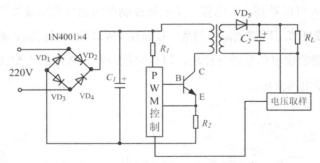

图 1-14　由 PWM 控制方式构成的开关电源

开关电源的核心是 PWM 的控制方式，如果 PWM 型开关稳压电源只对输出电压进行采样，实行闭环控制。这种控制方式属电压控制型，是一种单环控制系统。而电流控制型 DC/DC 开关变换器是在电压控制型的基础上增加了电流反馈环，形成双环控制系统，使得开关电源的电压调整率、负载调整率和瞬态响应特性都有所提高，是目前较为理想的工作方式。

（1）电压控制型的基本原理。电压控制型的工作原理如图 1-15 所示。电源输出电压 V_o 与参考电压 V_{ref} 比较、放大后，得到误差信号 V_e，再与斜坡信号比较后，PWM 比较器输出一定占空比的系列脉冲。这就是电压控制型的工作原理，其最大的缺点是控制过程中电源电路内的电流值没有参与进去。众所周知，开关电源的输出电流是要流经电感的，故对于电压信号有 90° 的相位延迟，因此，仅采用输出电压采样的方法时响应速度慢，稳定性差，甚至在大信号变化时会产生振荡，造成功率管损坏等故障。

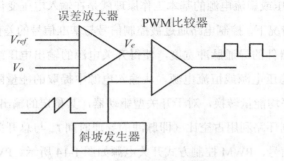

图 1-15　电压控制型的工作原理

（2）电流控制型的基本原理。电流控制型正是针对电压控制型的缺点而发展起来的。从图 1-16 可以看到，它除保留了电压控制型的输出电压反馈环节外，又增加了一个电流反馈环节。所谓电流控制型，就是在 PWM 比较器的输入端将电流采样信号与误差放大器的输出信号进行比较，以此来控制输出脉冲的占空比，使输出的峰值电流跟随误差电压变化。

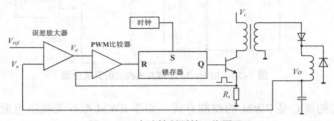

图 1-16　电流控制型的工作原理

通常情况下，PWM 的开关频率一般为恒定值，控制取样信号可以提取出输出电压、输入电压、输出电流、输出电感电压或开关器件峰值电流等。通过提取出这些信号再构成单环、双环或多环反馈系统，实现稳压、稳流及恒定功率的目的，同时可以实现一些附带的过流保护和均流等功能，电源效率极高，一般可达到 90% 以上，输出电压、电流稳定。一般这种电路都有完善的保护措施，属高可靠性电源。

1.5　开关电源式 LED 驱动电源

如果从输入和输出电压上来考察驱动电路的形式，LED 开关型 DC/DC 变换器主要分降压（Buck）变换器、升压（Boost）变换器和降压—升压（Buck-Boost）变换器三大类。其中，升压变换器又分开关电感升压变换器和开关电容（即电荷泵）变换器两种类型。此外，开关型变换器还有单端初级电感交换器（SEPIC）、Cuk 变换器和回扫（Fly-back）变换器等结构。

表 1–3　几种开关型 LED 驱动电路结构的特点

电路类型	输出电压与输入电压之间的关系	复杂性	特点
降压	$Vo < Vin$	中等	含电感元件，效率高。
电感升压	$Vo > Vin$	较小	输出电流较大，IC 引脚较少，效率高，由于用电感，尺寸较大。
开关电容升压	$Vo > Vin$	较小	输出电流较小，IC 引脚较多，效率较低，占用面积较大。
降压—升压	$Vo < Vin$ 及 $Vo > Vin$	较大	IC 复杂，可延长电池寿命。

在本节的讨论中，我们主要围绕升压（电感升压、开关电容升压）、降压、降压—升压 3 种结构来讨论，首先分析和弄清它们的基本工作原理、输出电压与输入电压的关系、电流电压波形；在此基础上，再介绍一些具体的 LED 驱动芯片、它们的适用场合和具体应用中需要注意的一些问题。

1.5.1　降压变换器构成的 LED 驱动电路

当要求 DC/DC 变换器的输出电压低于输入电压时，则应选择降压（Buck）式电路结构。降压交换器基本电路结构如图 1-17（a）所示。其中，VD_1 为续流二极管，L 为降压电感器，C_o 为输出电容。流过电感器的电流 i_L 是否连续，取决于开关频率以及电感 L 和电容 C_o 的参数值。

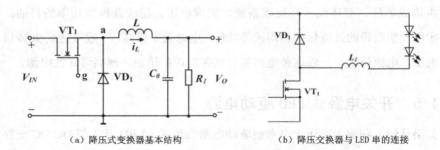

（a）降压式变换器基本结构　　　　　　（b）降压交换器与 LED 串的连接

图 1-17　降压式变换器基本电路结构及与 LED 的连接

当电路工作频率较高时，若电感量和电容量足够大且假定电感、电容为理想元件，由于电容电压不能突变，电感电流也不能突变的器件特性，则电路进入稳定的工作状态后，可以认为输出电压近似为常数。当晶体管 VT_1 导通时，电感中的电流呈线性上升，因而有

$$V_{in} - V_o = L(i_{o(\max)} - i_{o(\min)})/t_{on} = L \cdot \Delta i_{on}/t_{on} \qquad (1\text{-}1)$$

式中：t_{off} 为晶体管导通时间，$i_{o(max)}$ 为输出电流最大值，$i_{o(mim)}$ 为输出电流最小值，Δi_{on} 为晶体管导通期间输出电流变化量。当晶体管 VT_1 截止时，电感 L 中的电流不能突变，其上的感应电动势使二极管导通，这时，

$$V_0 = L(i_{o(\max)} - i_{o(\min)})/t_{off} = L \cdot \Delta i_{off}/t_{off} \qquad (1\text{-}2)$$

式中：t_{off} 为晶体管截止时间，Δi_{on} 为晶体管截止期间输出电流变化量。在稳态时，有：

$$\Delta i_{on} = \Delta i_{off} = \Delta i_o \qquad (1\text{-}3)$$

式中：Δi_{on} 为输出电流变化量。因为电感滤波保持了直流分量，消除了谐波分量，所以输出电流平均值为：

$$I_0 = (i_{o(\max)} + i_{o(\min)})/2 = V_o/R_L \qquad (1\text{-}4)$$

式中：R_L 为负载电阻的阻值。

降压变换器与 LED 串的连接如图 1-17（b）所示。在实际的降压型 LED 驱动电路中，都带有输出电流感测电阻。电感电流纹波 Δi_L 在降压变换器设计中是一个已知和受控制的量。在 3 种标准的 DC/DC 变换器结构（降压、升压和降压—升压）中，只有降压变换器有与 LED 电流相等的平均电感电流。事实上，无论采用哪种控制方法，输出电流都不会在开关循环的任何时刻发生瞬态变化，这使恒定电压源向恒定电流源的转换变得更加容易。甚至有很多以降压变换器为基础的恒流电路可以在没有输出电容器的情况下正常运行。而升压变换器没有输出电容是不能正常工作的，这是因为在升压结构中开关导通时，电感器与 LED（串）是不连接的，此时需要输出电容为 LED 提供电流。

汽车中有很多嵌入式大电流 LED 的灯具，通常由单个 LED 组成，如顶灯、地图灯、行李箱照明灯等内部照明灯及门槛灯等外部照明灯。视具体的应用情况不同，有的可能用彩色 LED 作为仪表板背光照明，或用白色 LED 作为一般照明。由于这些 LED 的正向电压降通常比较大，并由 12—14V 的汽车总线供电，所以需要使用类似于 CAT4201 这样的降压 LED 驱动器，它采用节约空间的 Tiny-SOT23 封装，其输入电压范围为 6—24V，可以驱动单只或最多 5 只相串联的 LED，恒流输出可达 350mA。CAT4201 的引脚 *Rset* 与地之间的电阻 R_1 用于设置输出电流，引脚 EN 为器件使能端，控制着器件的开通和关断，引脚 SW 为内部 MOSFET 的漏极。图 1-18 所示电路的效率不低于 90%，在 20—24V 的输入电压范围内效率可达 95%。

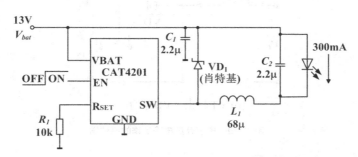

图 1-18　由 CAT4201 降压变换器驱动的高亮度 LED 的电路

1.5.2　电感升压型变换器的 LED 驱动电路

电感升压开关式变换器工作原理的基本电路如图 1-19 所示。图中方框代表控制器 IC，它集成了控制逻辑和开关管 VT，有时还将开关二极管 VD（或简称为整流管）

也集成在里边，这使得外接元件数量很少，电路组成十分简单。如果驱动 LED 的功率较大，就把开关管 VT 和开关二极管放在外面，只把开关管的栅极驱动器集成在里边。这种电路因为输入和输出在电气上是连在一起的，并无隔离，所以通称为非隔离型功率变换器。输入是直流电压，输出是较高的直流电压，并以恒流方式供给 LED。它的控制器 IC 比较简单，因为要求耐压低，开关二极管 VD 一般采用速度快、压降小的肖特基二极管，以降低损耗、提高电源的转换效率。

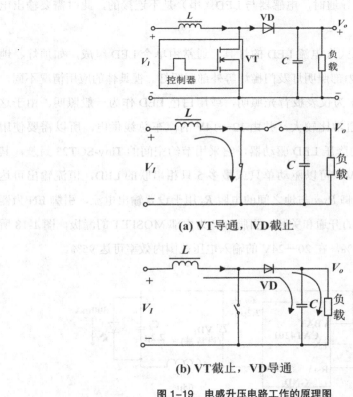

(a) VT 导通，VD 截止

(b) VT 截止，VD 导通

图 1-19　电感升压电路工作的原理图

电感升压电路的工作原理如下所述：

（1）在控制器的控制下，开关管 VT 导通，如图 1-19 所示，VT 导通期间（$t_1 = t_{on}$），在输入电压在 VT 作用下，有电流流过电感 L 及 VT，此时，由于电容 C 处于放电状态，使二极管 VD 截止。电感的电流变化如图 1-20 所示，从开始的初始值开始线性上升，上升到峰值 I_P 后又开始下降，如此周而复始。初始值 I_V 可能为零，也可能不为零。如初始值不为零，则为连续导通模式，如图 1-20（a）所示；如初始值为零，则为断续导通模式，如图 1-20（b）所示。以图 1-20（a）的连续模式为例，在开关管导通期间（t_1 或 t_{on}），电感电流由初始值 I_V 向峰值 I_P 线性上升，它满足以下关系式：

$$V_{in} = L \cdot di / dt = L \cdot \Delta i / \Delta t \tag{1-5}$$

在开关管结束导通时，电流达到峰值 I_P，即在导通的持续期间 $\Delta t = t_1 = t_{on}$ 内，电流的增量 $\Delta i = I_P - I_V$。显然有：

$$V_{in} = L \cdot (I_p - I_V) / t_1 = L \cdot (I_p - I_V) / \Delta t_{on} \tag{1-6}$$

$$t_{on} = L \cdot (I_p - I_V) / V_{in} \tag{1-7}$$

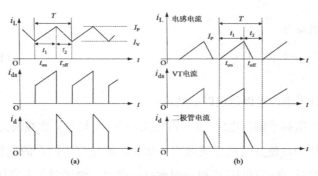

图 1-20　电路各点的工作电流波形

在开关管导通期间，由于电感电流线性上升，电感中储存的能量 $J = L \times i_L^2 / 2$ 也增加。VT 导通时间越长，电感所储存的能量越多，输出电压增加也越大。在 VT 导通期间，二极管由于受到电容 C 上电压的电压影响而反偏截止，负载（即电路所驱动的 LED）由电容 C 供电，依靠电容的放电电流使其发光。

电流上升到其峰值 I_P 时，在控制器的控制下，开关管 VT 截止，此后电感电流由峰值 I_P 线性下降。由于 L 有维持电流不变的能力，在其上将产生感应电动势，电动势的符号为左负右正。电动势与输入电压相叠加，对电容 C 充电，所以电容电压即输出电压将超过输入电压。开关管 VT 截止、二极管 VD 导通的持续时间为 $t_2 = t_{off}$，在此期间，电流线性下降，并满足以下关系式：

$$V_{in} + L \cdot di / dt = V_o \qquad (1\text{-}8)$$

上式中以 $\Delta i = I_p - I_V$，$\Delta t = t_1 - t_{off}$ 代入，则有：

$$L \cdot (I_p - I_V) / t_2 = V_o - V_{in} \qquad (1\text{-}9)$$

由公式（1-7）和公式（1-9），消去 $I_p - I_V$，不难得出：

$$V_{in}(1 + t_1 / t_2) = V_o \qquad (1\text{-}10)$$

考虑到 $t_1 + t_2 = t_{on} + t_{off} = T$，为开关的一个周期，并令其占空比为 $D = t_{on}/$
$T = t_{on}/T$，则有：

$$V_o = V_{in} / (1 - D) \qquad (1\text{-}11)$$

输出电压增益有：

$$G = V_o / V_{in} = 1 / (1 - D) \qquad (1\text{-}12)$$

从以上的分析中，可以得出以下结论：

（1）输出电压高于输入电压，并与占空比 D 有关，与 D 呈非线性关系。由式（1-12）知，增大占空比 D，使开关管导通时间 t_1 加长，则电感中储存的能量增多，显然，在输入电压不变时，输出电压 V_o 提升得愈高。同时，通过调节占空比 D 可以在输入电压变化时，实现输出稳压，即保持 V_o 不变。

（2）由图 1-20 可知，与负载串联的、流过二极管的电流是脉动的、不连续的。输出电流的直流等于二极管电流的平均值。为了给 LED 供给连续而稳定的电流，必须在输出端加输出电容 C。

（3）输入端的电流等于流过电感的电流，在连续导通模式下，输入电流也是连续的，所引起的电磁干扰要比临界导通模式下有源滤波功率因数校正电路低，也比前面介绍的降压变换器电路低，在降压变换器中输入电流是脉动的、不连续的。

图 1-20（a）是连续导通模式情况，图 1-20（b）是断续导通模式情况。t_1 是开关管导通时间，t_2 是二极管导通时间。不论哪种情况，与负载串联的、流过二极管的电流都是脉动的、不连续的。一般情况下，断续导通模式大多出现在电感较小、负

载较重，或者开关频率较低的情况下。在具体的 PWM 控制电路中，为简化控制，要保持开关管的开关频率为定值（约为 1MHz），或者保持其关断时间价为定值，视具体控制电路而定。至于开关频率大小的选择，要从多方面考虑，提高频率，可以允许采用较小尺寸的电感和滤波电容，但这样，电路的损耗变大、效率降低：反过来，降低频率，可以提高电路的占空比以及输出电压，允许驱动较多的 LED，所以频率的选择要折中考虑，不可片面追求某个方面的参数。

1.5.3　开关电容升压型变换器的基本工作原理

开关电容变换器又称电荷泵型变换器（Charge Pump），它的特点是升压后电压增加得不多，只适宜于驱动若干个并联的 LED，无需使用电感，只需外接少量电容，具有成本低、尺寸小、电磁干扰相对较轻等优点。缺点是效率较低，平均值一般不足 80% 或更低，不及电感升压变换器效率高。为减少输出纹波，输出电流不能太大，使用上受到一定的限制；由于所驱动的 LED 采用并联连接，驱动 IC 要用较多的引脚，受封装水平的限制，IC 引脚数不可能太多，所以能驱动的 LED 一般不会超过 13 只。

开关电容变换器的工作过程是：首先由电容储存能量，然后按受控方式向输出释放能量，以便在输出端获得所需要的电压。电容能量的获得和释放是由开关阵列、振荡器、逻辑电路、比较器、控制电路等来实现的。图 1-21 所示的原理图可以说明输出电压是如何提高的，这里受控开关 S_1、S_2、S_3 和 S_4 都包含在 IC 内部，它们的动作次序和在某一状态停留的时间是由内部逻辑电路控制的，仅电容是外接的。

假定电路有两种工作状态（也可能是若干种），在第一个工作状态下，受控开关 S_1 和 S_2 闭合，S_3 和 S_4 打开，此时输入电压对电容 C_1 充电，其极性为左正右负，充电后，电容 C_1 两端电压大小与输入电压相同。此时，由于 S_4 关闭，输出电压则由原来储存电荷的电容 C_O 对 LED 放电（由前一个状态完成），使之发光。

接着，电路进入第二个工作状态，受控开关 S_1 和 S_2 打开，S_3 和 S_4 闭合，由于电容电压不能突变，施加到 LED 的电压为输入电压与电容 C_1 电压的叠加。由于可认为在开关 S_3 和 S_4 闭合期间电容 C_O 的电压变化很小，则在输出电容 C_o 上得到的电压将是输入电压的 2 倍。将输出电压与输入电压之比称为倍增因子，则此电路的倍增因子等于 2。输出电压为负载 LED 提供电流 I_O，考虑到能量守恒定律，输入电压为输出电压之半，输入端的平均电流应等于输出电流 I_O 的 2 倍。另外，开关信号的占空比为 50% 时，电荷转移的效率最高。

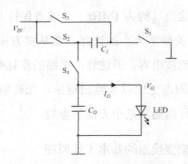

图 1-21 开关电容式变换器的原理图

由于开关电容式升压变换器不用电感，具有尺寸小、成本低廉的优点，许多芯片公司均有相应的产品上市，如美信公司的开关电容型变换器 MAX1576，它主要用在兼有照相功能的手机中驱动 LED，供 LCD 显示屏的背光照明和照相闪光灯用，也应用在 PDA、数字照相机、手提摄像机中。IC 共有 24 条引脚，采用薄 QFN 封装，尺寸为 4mm×4mm，正常工作温度范围为 40℃—85℃，最大厚度仅为 0.8mm，其引脚分布如图 1-22 所示：

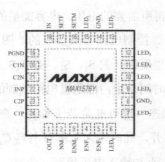

图 1-22 MAX1576 的引脚分布

MAX1576 的特点如下所述：①可以驱动 8 只 LED，总输出电流最高可达 480mA。一路为主显示屏（简称主屏）的 4 只背光照明用 LED（LED_1—LED_4），每只提供高达 30mA 的电流；另一路为 4 只闪光灯用 LED，每只提供高达 100mA 的电流。②对两路 LED 的亮度控制是独立进行的。控制十分灵活，可以通过单线、串行脉冲接口，分别对每路实现 5%—100% 的亮度调节；也可以用 2 位逻辑电平信号，分别实现 3 级（不包括关断）的亮度调节，背光照明按 10%、30%、100% 的亮度变化，闪光灯按 20%、40%、100% 的亮度变化。③LED 的电流匹配精度高，误差为 0.7%。④输出电压具有 1、1.5、2 倍的倍增及自动切换（自适应切换）能力。⑤开关频率为固定的 1MHz，外接元件尺寸很小。⑥待机电流小，关机时间仅为 0.1s，这样可以延长电池的使用寿命。⑦输入纹波小、电磁干扰（EMI）轻。⑧输入电压的允许范围为 2.7—5.5V。⑨具有软启动功能，能限制输入的浪涌电流。⑩有输出过电压保护及热关断保护功能。

　　如图 1-23 所示的电路，用来驱动主屏 4 只背光照明用 LED 及 4 只闪光灯用 LED。

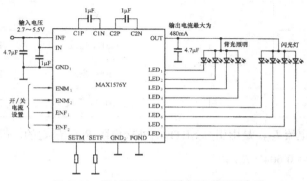

图 1-23　用 MAX1576 驱动 LED 的实用电路

　　MAX1576 有多种调光方式，可以使亮度按三级变化，也可以均匀调节。为了实现三级亮度调光，可在引脚 ENM_1、ENM_2 加不同的逻辑电平 0 或 1，来改变主屏背光照明 LED 的电流，使其亮度分别为其最大值的 10%、30% 或 100%，如表 1-4 所示。

表 1-4　引脚 ENM_1、ENM_2 的状态对背光照明亮度的控制

ENM_1、ENM_2 状态		亮度	LED_1—LED_4 的电流
ENM_1	ENM_2		
0	0	关断	0
0	1	10% 亮度	$23 \times I_{SETM}$
1	0	30% 亮度	$70 \times I_{SETM}$
1	1	100% 亮度	$233 \times I_{SETM}$

表 1-3 中的电流 I_{SETM} 由引脚 SETM 的外接电阻 R_{SETM} 来确定，主屏背光照明 LED 的基准电流为：$I_{SETM} = 0.604V/R_{SETM}$。

同样，在引脚 ENF_1、ENF_2 加不同的逻辑电平 0 或 1，可以控制闪光灯 LED 的电流，使其亮度按三级变化，分别为其最大值的 20%、40% 或 100%，如表 1-5 所示。

表 1–5　引脚 ENF1、ENF2 的状态对闪光灯亮度的控制

ENF_1、ENF_2 状态		亮度	LED_1—LED_4 的电流
ENF_1	ENF_2		
0	0	关断	0
0	1	20% 亮度	142 × ISETF
1	0	30% 亮度	283 × ISETF
1	1	100% 亮度	708 × ISETF

表 1-4 中的电流 I_{SETF} 是由引脚 SETF 的外接电阻 R_{SETF} 确定的，闪光灯 LED 的基准电流为：$I_{SETF} = 0.604V/R_{SETF}$。

1.5.4　降压—升压变换器的基本工作原理

在输入为低压电源的情况下，降压—升压型变换器是一种不错的选择，因为低压电源在开始时电压可能较高，超过输出电压，而使用一段时间之后，电压又可能低于输出电压。采用降压—升压型变换器后，可以通过升压或降压的办法，以比较恒定的电压（高于或低于输入的电压）去驱动 LED 串，达到恒流驱动的要求。降压—升压型变换器有很高的效率，很容易达到 85%。通过峰值电流控制模式很容易调节 LED 的电流，而无需复杂的补偿，也很容易通过线性和 PWM 对 LED 实现调光。下面讨论降压—升压型变换器的基本电路和工作原理。降压—升压型变换器可以通过在降压变换器后面加一级升压变换器来构成，如图 1-24 所示，图中，开关 S_1 和 S_2 是同步动作的，在某一时刻，它们同时置 A，在另一个时刻，它们同时置 B。

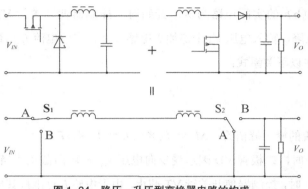

图 1-24　降压—升压型变换器电路的构成

　　进一步将 S_1 置换成开关管 VT 和二极管 D，合并电感，便可以得到降压—升压变换器的基本电路图，如图 1-25（a）所示，由图 1-25（a）不难看出，输出电压和输入电压的极性是相反的，因此有的资料称这种变换器为极性倒置型（极性翻转）DC/DC 变换器，表示输出和输入是相反的。考虑到开关管 VT 是由控制器控制的，最后得到图 1-25（b），它是降压—升压变换器的一种实用电路。在图 1-25（b）的控制器 IC 中，可以将开关管 VT 和检测电阻 Rs 集成在控制器中，通过电阻 Rs 来设置流过电感 LED 的电流 i_L 的最大值 I_{Lmax}，一旦达到此值，控制器便会使开关管截止，这就是前面所提到的峰值电流控制模式。

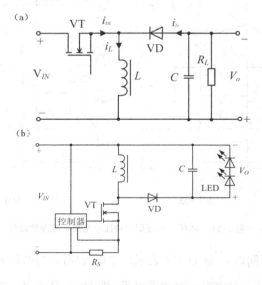

图 1-25　升压降压变换器的两种实际电路形式

以图 1-25（b）的实际电路为例，开始时，控制器使开关管 VT 导通，忽略 R_S 及 VT 管上的压降，输入电压 V_{in} 全部加于电感 L 上，电感电流 i_L 由最小值 I_{Lmin}（I_V）线性上升，存在以下关系式：

$$i_L = \frac{V_{in}}{L} \times t \qquad\qquad (1-13)$$

电感 L 电流的峰—峰值为：$\Delta I_L = V_{in} \times t_{on}/L = V_{in} \times DT/L$。

在 VT 导通时，二极管 VD 因承受反向电压 $V_{in} + V_o$ 而截止。当电感电流达到其最大值 I_{Lmax}（I_P）时，控制器使开关管 VT 截止，由于电感 L 有维持其电流不变的趋势，感应电流通过二极管 VD 继续流通，由其最大值 I_{Lmax} 线性下降。电感电流连续导通的模式下 [见图 1-26（a）]，在开关管截止到下次导通前，电感电流只下降到其最小值 I_{Lmin}；电感电流断续导通的模式下 [见图 1-26（b）]，在开关管导通之前，电感电流已经下降到 0，因此，电感中电流存在一段为 0 的时间，电流是不连续的。

图 1-26 画出了电感电流和电压、二极管电流、MOS 管电流随时间变化的波形。图 1-26（a）所示为电感电流连续导迈模式，图 1-26（b）所示为断续导通模式。

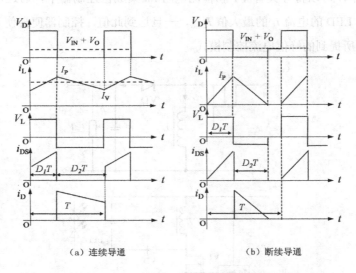

（a）连续导通 　　　　　　　　 （b）断续导通

图 1-26 降压—升压型变换器中电压、电流的波形

MOS 管导通时间以 $t_{on} = D_1 \times T$ 表示，二极管导通时间以 $D_2 \times T$ 表示。

连续导通模式下，$D_1 \times T + D_2 \times T = T$，即 $D_1 + D_2 = 1$；而在断续导通模式下，

$D_1 \times T + D_2 \times T < T$，或者 $D_1 + D_2 < 1$。不论哪种情况，都可以推导出输出电压与输入电压之比，即电路的增益 G 为：

$$G = V_o/V_i = D_1/D_2 \qquad\qquad (1\text{-}14)$$

在连续导通模式下，考虑到 $D_2 = 1 - D_1$，上式可改写为：

$$G = V_o/V_i = D_1/(1 - D_1) \qquad\qquad (1\text{-}15)$$

由式（1-15）可知，输出电压可能低于或高于输入电压，视 D_1 值而定，以 $D_1 = 0.5$ 为分界线，$D_1 > 0.5$ 为升压变换器，$D_1 < 0.5$ 为降压变换器，且增益 G 与 D_1 之间呈非线性关系。

在断续导通模式下，MOS 管的占空比为 D_1，二极管的占空比为 D_2，余下的时间为：

$$t = T - (D_1 + D_2) T \qquad\qquad (1\text{-}16)$$

在此期间内，MOS 管及二极管都不导通。D_1 决定于加到 MOS 管栅极的脉冲宽度，D_2 决定于电路的参数，$D_2^2 = 2L/(R_L \times T) = 2\tau_L$，式中令 $\tau_L = L/(R_L \times T)$。

此时，增益表达式（1-14）可以表示为：

$$G = \frac{V_o}{V_{in}} = \frac{D_1}{D_2} = D_1 \Big/ \sqrt{2\tau_L} \qquad\qquad (1\text{-}17)$$

电压增益随 D_1 及 D_2 而变化，也随 τ_L 变化而变化。输出电压可以小于输入电压，也可以大于输入电压，视 D_1 与 D_2 的相对大小而定。在电感电流峰值控制下（即控制其 I_{Lmax} 为定值），当输入电压增加时，MOS 管的导通时间会自动减少，这样就能提供很好的输入电压调节，保证 LED 电流稳定，无需复杂的补偿，但它的应用电路较复杂。此外，由图 1-25 可知，输入电流（由 VT 电流表示）及输出电流（由 VD 电流表示）都是脉动的，在输入及输出端都必须加平滑滤波器，以滤除输入端的电磁干扰，并保持输出端 LED 电流稳定。

在了解了降压—升压变换器的工作原理之后，我们来介绍一些具体的降压—升压变换器芯片，如安森美（On-semi）公司推出的 NCP3063 和凌特公司的 LT3454 等，其中 NCP3063 是安森美公司推出的新一代产品，其内部含有温度补偿的基准电压源、比较器、占空比受控的振荡器、驱动器和大电流的输出开关，特别适合于组成降压、升压和反极性输出的变换器，只需接少量的外接元件。NCP3063 的方框图及其典型应用电路如图 1-27 所示。

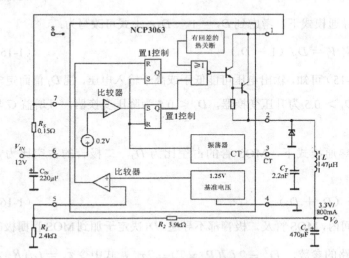

图 1-27　NCP3063 的内部结构图

由 NCP3063 组成的 350mA 降压—升压变换器驱动 LED 如图 1-28 所示。电路分成三部分：IC 控制部分、降压—升压变换器部分和恒流控制部分。IC 控制部分不在本书的讨论范围之内，在此仅分析它后面的两部分。

（1）降压—升压变换器部分。降压—升压变换器的基本电路可以简化成图 1-29 所示的形式，实际上是由降压变换器和升压变换器级联起来构成的。

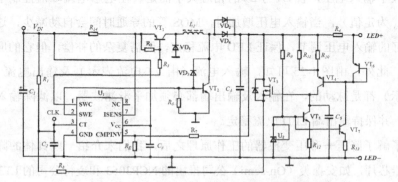

图 1-28　由 NCP3063 组成的 350mA 的降压—升压变换器驱动 LED

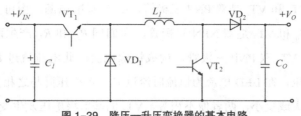

图 1-29　降压—升压变换器的基本电路

在开通时间 $t_{on} = D_1 T$，VT_1 和 VT_2 都导通，输入电源对电感充电，使其电流线性上升，储存磁能增加，电流流通路径为 $V_{in} \rightarrow VT_1 \rightarrow L_1 \rightarrow VT_2 \rightarrow$ 返回。在截止时间 $t_{off} = （1 - D_1）T$ 内，VT_1 和 VT_2 都截止，电感释放磁能，对输出电容及负载（如对 LED）供电，电流流通路径为 $VD_1 \rightarrow L_1 \rightarrow VD_2 \rightarrow$ LED（图中未显示）$\rightarrow$ 返回。

根据前文分析过的降压—升压变换器的输出电压表达式，即 $V_o = V_{in} \times D_1 /（1 - D_1）$，不难看出，改变占空比即可改变输出电压，使之高于或低于输入电压，达到升压或降压的目的。

如图 1-28 所示，VT_1 采用 PNP 的管子，VT_2 采用 NPN 的管子，驱动它们所需的信号极性是相反的。VT_1 的基极接 SWC 脚，VT_2 的基极接 IC 的 SWE 脚，它们的极性是相反的，符合以上要求，所以 VT_1 和 VT_2 是同时导通或截止的。肖特基二极管 VD_3 接在 VT_2 的基极和集电极之间，以减少 VT_2 的饱和深度，加快其开关速度。R_4 是输入电流检测电阻，检测它上面的电压降，反馈到 IC 的 CT 端，可以保持 LED 电流恒定。C_1 是输入电容，C_3 是输出电容。

（2）恒流控制部分。将图 1-27 中的恒流控制部分单独画出来，得到图 1-29 所示的电路。

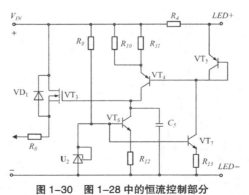

图 1-30　图 1-28 中的恒流控制部分

图 1-30 中 VT$_4$ 和 VT$_5$ 是双 PNP 三极管，U$_2$ 是基准电源，由可变的精密稳压器 TL431 担任，VT$_6$ 和 VT$_7$ 是双 NPN 三极管，它们同 R_{12} 和 R_{13} 产生两个相同的灌电流，流过 VT$_4$ 和 VT$_5$ 双 PNP 三极管，构成镜像电流。此电流流过 R_{10} 和 R_{11} 产生压降，作为基准电压，在 LED 电流为恒流时流过 R_4，产生压降与之相抵消。如果 LED 电流不恒流，变大或变小，两者便不相等，VT$_4$ 的基射极电压发生变化，VT$_4$ 的集电极输出亦随之变化，并由源极跟随器 VT$_3$ 输出，送到前面 IC 的 CT 脚，改变电容的充电电流，从而改变开关频率，起到调整 LED 电流的作用。如果 LED 电流变大，在 R_4 上的压降增大，使 VT$_4$ 集电极电流增加，输出电压降低，VT$_3$ 输出亦降低，则改变了 CT 脚所接电容 C_2 的充电电流，并改变了 IC 的开关频率。在 R_{10} 上并联电阻 R_{11}，目的是改变基准电压，以改变流过 LED 的电流。电容 C_5 是环路的补偿电容。电路中的 1.25V 的基准电压源 U_2 也可以用其他元件代替。

习题：

1. 恒流源和恒压源的区别有哪些？为什么说恒流源电源是驱动 LED 的最佳选择？

2.LED 驱动器的基本要求有哪些？

3.LED 在照明电路中的连接方式主要有哪几种？各有什么优缺点？

4. 降压式 LED 驱动电源有哪几种常见形式，主要实现方式各是什么？

5. 绘制降压—升压变换器的基本电路，并说明在 LED 照明电路中的主要应用方式。

第 2 章　LED 的应用与驱动电路实例

2.1　LED 的照明应用

LED 作为一种新型的照明技术，其应用前景举世瞩目，尤其是高亮度 LED 被誉为 21 世纪最有价值的光源，必将引起照明领域一场新的革命。自从白光 LED 出现，无论是发光原理还是功能等方面都具有其他传统光源无法匹敌的优势，因此 LED 照明已成为 21 世纪居室照明领域的一种趋势，LED 必将逐步取代传统白炽灯和日光灯。但目前照明工程对 LED 的应用多限于装饰性的，随着 LED 功率的提高和成本的下降，白光 LED 将会逐步取代传统的光源，应用到功能性照明的方方面面。

一般常称 LED 为冷光源，这是因为 LED 发光原理是电子经过复合直接发出光子，而不需要热的过程。但由于焦耳热的存在，LED 在发光的同时也伴有热量产生，尤其是对于大功率和多个 LED 应用的场合，热量积少成多更不能忽视。此外，LED 发光管光效的局限性也存在热能自身耐温能力有限的问题，所以必须将发光管工作时产生的热量有效地散发到空气中去，保证发光管工作在安全的温度内，这样半导体灯才能真正体现出长寿命的优势。

LED 产品的工作温度基本要求控制在 65℃以下（国际标准为 80℃，当 LED 工作温度达到 85℃时，光通量将下降一半，波长变长，即红移；超过 90℃即有烧毁的危险）。发光管的安装、科学合理的光学配光、灯体的密封等是十分重要的。LED 灯具也需要注意电源问题：大多数白炽灯直接由交流电供电，因此不需要电源适配器；荧光灯使用镇流器来完成电源的功能。与白炽灯和荧光灯相比，LED 需要专门的电源和驱动电路与其配套，在设计灯具的时候应考虑电源与灯具系统集成。

2.1.1 常见的 LED 照明灯

2.1.1.1 LED 射灯（或天花灯）

尽管射灯和天花灯在具体用途上存在差异，但两者功率都较小。0.5—8W 的 LED 灯具，配上磨砂玻璃透镜，其小巧的外形，用于树柜、酒柜及手机展示，常出现在别墅、宾馆、会议室、展厅、商店等处。灯具形式可为筒灯、嵌入式、吸顶式、下照式、方向型透投射式或加小型化的灯具（如迷你型），配件可制成系列化的彩色装饰环（封口环），如图 2-1 所示。

图 2-1 LED 天花灯具

2.1.1.2 工作照明灯具

可以改变传统的台灯造型，如图 2-2 所示，具有节能长寿的特点。LED 台灯采用白色超高亮 LED 或 RGB 混色技术和节能电路，高效、节能、超低功率，功率转换接近 90%。光照均匀，光线柔和，零频闪，光谱中没有紫外线，因而没有传统白炽灯和日光灯的频闪和紫外线对人体视力的不良影响。光谱中也没有红外线，零电磁辐射，零热辐射，更接近自然光。

图 2-2 LED 台灯

2.1.1.3 LED 日光灯

LED 制作而成的日光灯管，外观结构同传统日光灯管相同，而日光管内部不同，管内选用 LED 发光二极管。15W 的亮度相当于普通 40W 日光灯。抗高温，防潮防水，防漏电。外罩可选玻璃或 PC 材质。LED 日光灯的规格很多，常用的有 6W、12W、16W 和 21W 等。例如，12W 的 LED 日光灯管采用 96 颗 LED 颗粒作为发光光源，外壳为玻璃及进口 PC 透明外壳，如图 2-3 所示。该 LED 日光灯管的直径为 30mm，长波为 120cm，LED 灯管的使用寿命一般在 50 000—80 000h，供电电压为 AC 85—260V。

图 2-3　由 LED 颗粒构成的日光灯

2.1.1.4　LED 艺术灯具

LED 艺术灯具是由薄片形发光体和结构件构成，有些还有装饰件等组合在一起构成的灯具。LED 艺术灯具上的发光部件做成了各种造型的透明薄片，多个微型 LED 被封装在薄片形发光体的内部。针对不同的灯具，薄片形发光体的表面进行了不同的处理，有的做成了光面，有的做成了毛玻璃效果的表面，有的做有凹陷到透明薄片内的各种造型的沟、坑，有的还做上反光膜等。有些反光膜的透明薄片一侧还有彩色漆膜，有些反光膜的后面还连接着一层复合材料，复合材料由引线、结构件、树脂或者水泥、石膏等构成。

薄片形发光体内部的多个微型 LED，面向薄片内部同时发光，光线在发光体两侧光滑的表面上形成的全反射，使得光线能够在透明薄片内传输、扩散、混合。通过对发光体两侧表面的多种不同处理方法，破坏光线在薄片形发光体内部的传输扩散，改变光线前进的方向，光线就能够在薄片形发光体不同部位的表面，按照设计好的方式散射出来。例如通过凹陷到薄片形发光体内部的各种文体图形、斜面形的边缘以及内表面的反光膜，就能够使微型 LED 发出的绝大部分光线都从一侧散射出来，形成内部图形向一侧发光的发光方式。薄片形发光体的发光方式还有整个表面向外发光，局部表面向外发光或者内部图形向两侧发光等，发出明亮璀璨的光线或者柔和的漫射光等，从而形成了多种艺术灯光效果和各式各样的艺术灯光造型。

2.1.1.5 幕墙灯

LED 幕墙灯是通过 LED 像素点混色来达到内点到面的动态效果。幕墙灯可以接收控制系统信号和指令，从而实现花样或者场景的随意切换。LED 幕墙灯以红、绿、蓝三种颜色的 LED 作为发光源，投射出发光角度为 100°的光束到面罩的内表面，经过多次反射和折射透出面罩形成混色光。其内部连接数码电路，外接控制器控制，控制器内预设控制程式。通过调制控制器内的模式，能进行颜色变幻、色彩追逐、过渡渐变、灰度变化和七色变化，产生出柔和、统一、多彩的视觉效果。幕墙灯组合后，可以产生 LED 显示屏的效果，显示出文字、图像梦幻般的动态效果。

2.1.1.6 墙面及地面灯具

由于 LED 动态、数字化控制色彩、亮度和调光，活泼的饱和色可以创造静态和动态的照明效果。从白光到全光谱中的任意颜色，LED 的使用在这类空间的照明中开启了新的思路。目前，LED 彩色装饰墙面在餐饮等行业的建筑中的应用已蔚然成风，北京的"水立方"是在景观照明上全部采用 LED 照明的奥运场馆。

此外，LED 在灯具上的应用还有窗帘灯、电线灯、旋转柜灯、冰雕灯、指向灯和投影灯具等。本节我们将以常用的 LED 射灯为例，分析它们的驱动电路以及所使用的 IC 芯片，以增加读者的认识。

2.1.2 LED 射灯的驱动

小功率（1W/3W/5W）的射灯根据供电电压是交流还是直流，驱动方式有所不同。如采用直流 12V/24V 或更低的电压，则要比较 LED 灯串的直流压降和输入电压的相对大小，决定采用降压变换器、升压变换器或降压—升压变换器，这方面可供选择的 IC 芯片有很多，在第 1 章也有所介绍，这里不再论述。下面讨论一种更为实用的 LED 驱动电路，即输入电压为全电压范围交流电压（适用于 95—265V 的电压变化范围）的 LED 驱动问题，通常要求选用的 IC 芯片的外围电路简单、控制功能齐全、输出电流及功率满足使用要求，且成本低廉等。

就电路的构成来说，对于输出电流和功率都很低的应用，可以采用电容降压，将输入交流电压经 RC（例如 $R_1 = 470\text{K}\Omega$、$C_1 = 470\text{nF}$）并联网络降压，再经桥式整流、电容 C_2 滤波输出直流电压后，经过限流电阻为 LED 供电，如图 2-4 所示，或者送到 DC/DC 变换器芯片中去恒流驱动 LED 发光。这种方法比较简单，输入输出间没有隔离，价格低廉。

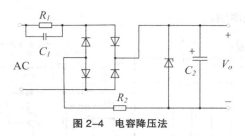

图 2-4 电容降压法

如用图 2-4 这种简单电路直接驱动 LED，它所能提供的电流可以简单地估算出来，即认为输出电压很低，可近似视为短路（实际不为 0，在此只为近似计算），则流过 C_1 或流过 LED 的电流，可按下式计算：

$$I_{C1} = V_{in} \times 2\pi f\, C_1 \qquad\qquad (2\text{-}1)$$

式中，如以 $f = 50\text{Hz}$，$V_{in} = 220\text{V}$ 代入，则有：

$$I_{C1} = 69\,000 \times C_1\,(\text{A}) \qquad\qquad (2\text{-}2)$$

在 $C_1 = 470\text{nF}$ 时，$I_{C1} = 32\text{mA}$。如果要求输出电流较大，就需增加降压电容的容量，例如要求负载电流为 350mA 时，则降压电容需增大为 $C_1 = 5\mu\text{F}$，显然是太大了，因此，这种方法只适合用于 LED 需要电流较小的场合。此外，输入电压的变化范围也不能太大，且由于不含稳压或稳流措施，电压只能在小范围内变化。

下面介绍另一种由 NCP1014 芯片组成 6—11W 的射灯电路，电路如图 2-5 所示。NCP1014 是安森美公司推出的 NCP101x 系列产品之一，具有外围电路简单、控制功能强、效率高、成本低廉等一系列优点，很容易组成隔离式驱动 LED 的电路。它是一种小功率、固定频率、电流控制模式的芯片，采用 7 脚 DIP-7、PDIP-7（鸥翅式）封装，或 4 脚 SOT-223 封装，其中的 NCP1014 特别适合设计低成本的小功率开关电源。电路如图 2-5 所示，它主要是为驱动 4 个 350mA 的 LED 而设计的，适当改变变压器的匝数比，可以驱动 3 个或更多个 350mA 的 LED。电路的功能较为齐全，恒流输出，输出电压为 22V，输出电流最大为 700mA，电路具有较高的功率因数。NCP1014 的引脚功能如下：① 1 脚（Vcc）：内部线路的电源，应外接 10μF 左右的电容旁路到地。② 2、6 脚：未用。③ 4 脚（FB）：反馈信号输入，光耦连于此脚，能根据要求的输出功率，自动调节内接开关管的电流峰值或导通时间。④ 5 脚（DRAIN）：内部开关 MOS 管的漏极，因为 7 脚末用，增加了其他脚与 5 脚之间的爬电距离。⑤ 3、7、8 脚（GND）：IC 接地端。

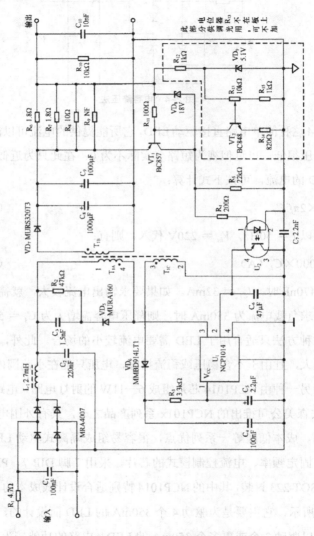

图 2-5　高功率因素的 LED 射灯的驱动电路

下面对电路各部分逐个进行详细分析：

（1）开关频率的选择。电路工作于 100kHz，既照顾到电路的效率，又考虑到变压器的尺寸。在输入电压为 90—265V 范围内，效率约为 75%。在输出 8W 时，输入功率约为 10.6W。如选取较高的工作频率，效率会降低。

（2）Vcc 电压的取得。在变换器工作后，由辅助绕组经 VD$_6$ 整流，C$_4$ 滤波为 IC 的 Vcc 供电，这样可以减轻芯片发热，提高电路的可靠性。

（3）输入滤波电路。输入端采用 L$_1$、C$_1$ 滤波，用来消除输入电流中的高频分量，避免其窜入电网，形成干扰。通常选择 L$_1$、C$_1$ 的谐振频率为开关频率的 1/10，即 10kHz，如此有：

$$L_1 = 1/(0.1 f_{SW}/2\pi)^2 C_1 \qquad\qquad (2\text{-}3)$$

将 C$_1$ = 100nF、f$_{sw}$ = 100kHz 代入，得 L$_1$ = 2.5mH。

通过调整 C$_2$ 以及微调 L$_1$、C$_1$，可以满足对抑制传导干扰的要求。这里选用 C$_2$ = 220nF。电阻 R$_1$（4.7Ω/0.5W）起抑制浪涌电流和保险丝的双重作用。如果输入电流不大，可以选用更大的阻值，消耗功率不大，且抑制浪涌电流的效果会更好。

（4）阻尼网络。VD$_5$、C$_3$、R$_2$ 为消除初级电感中漏感的影响而采用的阻尼网络。二极管 VD$_5$ 应当选用快恢复二极管，其反向耐压可初步估算如下：二极管所承受的反压包括初级电感上输入电压 265V 时的峰值电压 374V 再加上由次级反射过来的电压，由于变压器的初级匝数为 105 匝，次级匝数为 20 匝，匝数比为 105∶20，如果次级输出电压为 22V，则由次级反射回来的电压为 22×（105/20）= 115.5V，所以，VD$_5$ 的反向耐压应大于 374V + 115.5V = 489.5V，比内部开关管耐压 700V 低多了。图中，VD$_5$ 选用反向耐压为 600V，电流为 1A 的快恢复二极管 MURA160。电容 C$_3$ 对漏感所产生的振荡电压有旁路作用，可选用 1.5nF，C$_3$ 太大，会降低电路的效率，太小，抑制振荡的效果不够。电阻 R$_2$ 用来消耗漏感的磁能，这里可凭经验选用 47Ω/1W 的电阻。

（5）输出整流二极管。输出电压是由次级绕组经 VD$_7$ 整流得到的，选择二极管 VD$_7$ 时，应根据流过它的电流和所承受的反向电压来考虑。电路输出的平均电流为 630mA，最大输出电压为 22V，所以二极管承受的最大反向电压为 374×（20/105）+ 22V = 93.2V，选用 3A、反向耐压为 200V 的快速二极管 MURS320 是合适的。此外，它有很低的正向压降和快速的开关速度，这将有利于减少功耗、提高效率。输出电路用两个 1 000μF 的电解电容器滤波，减小输出电流的纹波，以使驱动 LED 的电流平滑一些。纹波电流的峰—峰值约为平均值的 25%，实测的电流纹波峰—峰值为 144mA。

（6）LED 电流的控制。流过 LED 的电流在检测电阻 R_S（图中为 R_6、R_7、R_8、R_9 的并联）上产生压降 $I_{LED} \times R_S$，极性为左正右负，此电压与电阻 R_{11} 上的压降（它是由下向 VT$_2$ 的集电极电流产生的）相加，加到 PNP 三极管 VT$_1$ 的基极，当 R_S 压降与 R_{11} 压降之和等于或超过 0.6V 时，VT$_1$ 导通的电流流过光耦 U_2 的 LED，由光耦反馈到 NCP1014 的 FB 脚，控制 LED 的电流保持恒定。如果流过负载 LED 电流过大，则检测电阻上的压降增加，光耦中 LED 电流将增加，光耦极管饱和导通，FB 脚电压下降，从而使 NCP1014 的开关管峰值电流下降。导通时间缩短，进而可以使 LED 电流保持稳定。

电阻 R_4 对光耦 U_2 中 LED 的电流有限流作用。

流过负载 LED 的输出电流 I_o 可由下式估算：

$$I_O = V_{BE}/1.12R_S \tag{2-4}$$

式中，V_{BE} 为 PNP 三极管的基射极导通电压，约为 0.6V，R_S 为电阻 R_6、R_7、R_8、R_9 并联后的阻值。代入 0.6V，可得：

$$R_S = 0.536/I_o \tag{2-5}$$

如果 $I_O = 630$mA，则 $R_S = 0.85\,\Omega$。

上述恒流控制中由于用三极管 VT$_1$ 的 V_{BE} 做基准，而三极管的 V_{BE} 是有温漂的，随温度升高而降低，有 $-$ 2mV/℃的温度系数，因而这样的恒流精度是不高的，LED 的电流将随温度的变化而变化；同样的，如用二极管的导通电压做基准电压源，它的精度也不高；在此，可采用运放和精密稳压源 TL431 做基准，它的恒流精度高，也容易控制，但是线路比较复杂。

在需要稳流时，输出一定要用电解电容器滤波，以保证输出电压是平滑的，不是脉动的。因为如果是脉动的电压，取样就不准了。

（7）模拟调光。还加了一个调光部分，这是一个可选用部分，可用也可不用，由设计者自行决定。它由 R_{12}、R_{14}、R_{15}、稳压管 VD$_9$、三极管 VT$_2$ 及电位器 R_{13} 组成。VT$_2$ 导通后，它的集电极电流流过 R_{11}，在其上产生压降，压降的大小与 VT$_2$ 的集电极电流或其偏置（即电位器 R_{13} 的触点位置）有关。电位器 R_{13} 的触点向上，增加 VT$_2$ 正偏，电流变大；反之，触点向下，电流变小。

电流 I_{C2} 愈大，叠加到电阻 R_{11} 上的压降（$I_{C2} \times R_{11}$）愈大，因为约束条件有：

$$I_{C2} \times R_{11} + I_{LED} \times R_s = 0.6V \tag{2-6}$$

如果 $I_{C2} \times R_{11}$ 变大，则 $I_{LED} \times R_s$ 减小，即允许流过 LED 的电流减小，灯光变暗。改变电位器 R_{13} 的触点位置，可以改变电流 I_{C2}，从而对 LED 起到调光作用（如不加调光，不接 VT_2，$I_{C2} = 0$，则 LED 电流仅由 R_S 控制）。

如果允许流过 LED 的最小电流为 50mA，它在 R_S 上的压降为 $0.83\,\Omega \times 50mA = 42mV$，$VT_1$ 的基射电压为 600mV，则 R_{11} 上的压降为 $600mV - 42mV = 558mV$。由此可见，VT_2 的集电极电流 I_{C2} 在电阻 R_{11} 上叠加的压降最多只能等于 558mV，即允许的集电极电流 I_{C2} 最大只有：

$$I_{C2} = 558mV/R_{11} = 558mV/100 = 5.58mA \tag{2-7}$$

当触点在最上端，流过 VT_2 的电流最大，令其值 $< 5.58mA$，如此有：

$$I_{C2} = (5.1 - 0.6)/R_{14} < 5.58mA \tag{2-8}$$

可得 $R_{14} > 4.5/5.58 = 806\,\Omega$。

图中选用 $820\,\Omega$ 是合适的，可以保证 LED 的最小电流在 50mA 以上。

图 2-6 给出了电路的实测结果，所示曲线为电路的输出特性，分恒压、恒功率及恒流 3 个区域。当 LED 电流小时，电路工作在恒压模式（CV 模式）下，只有 LED 电流超过一定数值后才进入恒流模式（CC 模式），中间一段是恒功率的过渡区。

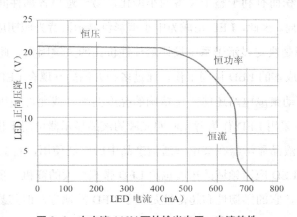

图 2-6 在交流 110V 下的输出电压、电流特性

2.2 LED 的背光光源技术

在目前的平板显示器件中，LCD 显示器件占据主流地位，而现有的 LCD 器件大多数是透射型的。对于这些透射型的 LCD 器件来说，背光光源是它们不可缺少的组成部分。在 LCD 背光光源中，虽然冷阴极荧光灯目前占据着统治地位，但 LED 具有宽色域、白点可调及长寿命等优点，故近来被开发为新型的 LCD 背光光源，已在一些台式 LCD 监视器以及 LCD 电视中得到应用。在 LCD 背光照明所需的备选光源中，主要有白炽灯泡、场致发光器件、冷阴极荧光灯、LED 等，其中 LED 在 LCD 背光照明中最有竞争力，新型的超高亮度 LED 如采用 AlGaInP 或 AlGaAs 等可以提供高效率的发光和宽范围的颜色。白光 LED 作为一种微型"广谱"发光器件，在移动电话、PDA 以及手持式仪器仪表等小型电子设备中得到了大量应用。

然而，由于单节锂离子电池的典型电压为 3.6V，最高电压为 4.2V，而白光 LED 在 20mA 电流时，其正向电压典型值为 3.5V，其最大值为 4V，因此单节锂离子电池不能直接驱动白光 LED。因此，许多移动电话和 LCD 厂家一直在寻找经济、高效的白光 LCD 升压背光电源解决方案。以往用于 LCD 背景光源的发光器件交流电源供电，所需电压从近百伏至数百伏不等，与之相配的逆变驱动电源的工作频率常为 0.5—40kHz。相比之下，白光 LED 为低压直流器件，本身不会产生电磁干扰，若采用逆变升压方式供电，其驱动电路也仅需少量外围组件，而且工作频率选择范围广，可以节省印制板面积而有利于整个设备的小型化，易于避免各部件间的电磁干扰而便于设备的整体布局。因此，LED 正成为中小型彩色显示器背光照明应用的主流器件。

LED 的选择是决定显示子系统设计最佳性价比的关键因素。此外，LED 驱动集成电路能与较低成本的 LED 协同工作，通过多种方法提升现有 LED 的性能。除亮度控制外，这些驱动集成电路还能实现精确的亮度匹配，或允许使用一系列具备不同 V_F 特性的 LED。采用 LED 作为背光照明光源的液晶显示器可用于移动电话、笔记本电脑。随着小型液晶显示器在节电型通信产品中的广泛使用，将会对超高亮度 LED 有更大的需求。LED 应用领域的拓展也给 LED 带来更大的商机，虽然现在市场上出现了 OLED 产品，它的柔韧性和超薄性是优于 LED 的地方，但其易损坏，使用寿命不如 LED，在色彩方面也不够丰富，因此 LED 仍然是 LCD 背光光源的最佳选择。另外，采用 LED 作为背光光源的液晶电视比传统的液晶电视更薄。LED 背光源的另外一个优点是寿命非常长，使用寿命可达 100 000h，如果按每天开机 5h 计算，一台采用 LED 背光光源的液晶电视可以使用将近 55 年。

目前已经投入工程应用的 LED 可以提供红、绿、蓝、青、橙、琥珀、白等颜色，色域也非常宽广，能够达到 NTSC 色域的 105%，这为液晶电视的色彩提升提供了保障。在液晶电视上使用的 LED 可以是白色，也可以是红、绿、蓝三基色，在高端产品中也可以应用多色 LED 背光来进一步提高色彩表现力，如三菱电机推出了使用六原色 LED 背光光源的液晶显示器。为了使白光 LED 能稳定地工作，且不受电压 V_{ref} 波动以及电源电压波动的影响，所以必须使用专门为驱动白光 LED 而设计的 DC/DC 变换器。此外，在许多白光 LED 的背光应用中，屏幕都需要背光调整功能，例如 PDA 等产品在使用中就能调整屏幕亮度，以适应周围环境。还有许多产品的处理器会在系统闲置一段时间后，自动降低或切断背光电源。调光功能的实现方式可分为两种：模拟方式和 PWM 方式。采用模拟方式调光技术时，只需将白光比 LED 的电流降至最大值的一半，就能让屏幕亮度减少 50%。这种方法的缺点是：白光 LED 色移需要模拟控制信号。PWM 方式调光技术在减少的电流占空周期内提供完整电流给白光 LED，例如要将亮度减半，只需在 50% 的占空周期内提供完整的电流。PWM 信号的频率通常会超过 100Hz，以确保这个脉冲电流不会被眼睛察觉到，PWM 频率的最大值需视电源的启动和反应时间而定。为了得到最大的灵活性，同时让实现更容易，白光 LED 驱动器最高应能接受 50kHz 的 PWM 频率。

在白光 LED 应用中，若出现开路故障，恒定电流的白光 LED 驱动器需要过电压保护。白光 LED 和驱动器通常在不同的电路板上，因此连接器的管脚松脱就会造成开路故障，另一个可能性则是白光 LED 造成开路。无论是哪一种情形，驱动器为了提供恒定电流，都会增加它的输出电压。此时若无过电压保护电路，输出电压很快就会升高，对驱动器或输出电容造成损害。保护驱动器最简单的方法是选择内置有过电压比较器的白光 LED 驱动器，并利用此功能来限制最大输出电压，例如 TPS61043 就具备过电压保护功能。齐纳二极管也可用来限制最大输出电压，然而这种方法的效率很低，因为在故障情况下会有预先设定的最大电流通过齐纳二极管。

所有专为驱动白光 LED 而设计的集成电路都提供恒定电流，其中绝大多数是基于电感或电荷泵的解决方案，这两种解决方案各有其优缺点。电荷泵解决方案是利用分立电容将电源从输入端传送至输出端，整个过程不需使用任何电感，所以是应用得较为广泛的驱动白光 LED 的解决方案。电荷泵电源的体积很小，设计也很简单，选择元件时通常只需根据元件规格从中选择适当的电容。电荷泵解决方案的主要缺点是只能提供有限的输出电压范围，绝大多数电荷泵的输出电压最多只能达到输入电压的 2 倍，这意味着输出电压不可能高于输入电压的 2 倍。因此，若想利用电荷泵驱动一只以上的白光 LED 时，就必须采用并联驱动的方式。而利用输出电压进行稳压的电荷泵驱动多只白光 LED 时，必须使用限流电阻来防止电流分配不平均，但这些电阻会降低电池的使用效率。

电感式驱动电路体积小、效率高，适合为绝大多数便携式电子产品提供更长的电池使用时间。在应用中可以调整电感式变换器的效率，以便在体积和效率之间取得最佳平衡。由于大多数电感式解决方案都是采用升压变换器，如图 2-7 所示的升压式解决方案最多能驱动 6 只或 7 只串联的白光 LED。这种做法的优点是，因为许多显示器内置的白光 LED 都采用串联模式，即使未将白光 LED 内置于显示器屏幕，但大多数还是将它们串联在一起。背光驱动器和白光 LED 通常会在不同的电路板上，因此必须将电源从一块电路板连接至另一块电路板。驱动 5 只并联的白光 IED 共需使用连接器的 6 个管脚，而驱动串联在一起的 5 只白光 LED 只需要 2 个管脚。

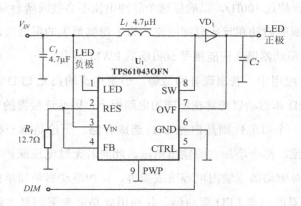

图 2-7　升压变换器解决方案

图 2-8 描述了用 DC/DC 升压转换器 MAX1848 为 3 只白光 LED 供电的方案。MAX1848 采用恒流方式驱动 2—3 只白光 LED，适合于移动电话、PDA 等便携式产品，MAX1848 采用了节省体积的 SOT-23 封装或超小型 μ-CSP 封装。该升压转换器包括一个高电压、低导通电阻的 N 沟道 MOSFET 开关，可以取得较高的转换效率，最大

限度地延长电池的使用寿命。该输入端也可以通过输入 PWM 波形、外加一个 RC 滤波器实现控制。1.2MHz 的电流模式 PWM 控制技术使得控制器外部可以采用很小的输入、输出电容器和小型电感器，并将输入电压纹波降至最小。

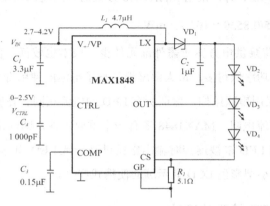

图 2-8　用 MAX1848 为 3 只 LED 供电的方案

在图 2-8 所示电路中，MAX1848 外部需要 1 个小型电感、1 个二极管、1 个检流电阻和 3 个电容。该方案的转换效率很高，当驱动 3 只串联的白光 LED 时，需要的输出功率为：

$$P_{out} = 3 \times 3.1 \text{（V）} \times 15 \text{（mA）} = 139.5\text{mW} \qquad (2\text{-}9)$$

MAX1848 的转换效率为：

$$\eta = P_{out} / （P_{out} + P_{MAX1848} + P_{VD1}） \qquad (2\text{-}10)$$

式中：$P_{MAX1848}$ 是 MAX1848 消耗的功率；P_{out} 为输出功率；P_{VD1} 是在肖特基二极管上消耗的功率。

表 2-1　MAX1848 用于驱动 3 只白光 LED 时的性能比较

V_{in}	I_{in}	V_O	I_O	η（效率）
3.6V	45.53mA	9.32V	15mA	85.29%
3.6V	30.17mA	9.11V	10mA	83.88%
4.2	38.98mA	9.32V	15mA	85.39%
4.2	60mA	5V	30mA	59.52%

因此，当输入电压为 3.6V 时，采用 MAX1848 方案需要的输入功率为：

$$P_{IN} = 9.32 \times 15/0.9825 \approx 164 \text{（mW）}$$

当输入电压为 4.2V 时，采用 MAX1848 方案需要的输入功率为：

$$P_{IN} = 9.32 \times 15/0.8539 \approx 163.7 \text{（mW）}$$

MAX1684 电荷泵供电方案所需外部元件少，成本也较低，而 MAX1848 电感升压方案需要的输入功率低得多，最大限度地延长了电池的使用寿命。在图 2-8 所示电路中，允许 LED 采用串联结构，保证所有 LED 的电流相同、亮度相同，同时还消除了并联结构中的限流电阻。MAX1848 还有一个重要特性，即输出过压保护，避免了由于偶然因素而在 LED 未被连接时输出电压过高导致 LED 损坏。MAX1848 方案同样适合于其他采用小型彩色 LCD 显示屏的便携式产品。

2.3 白光 LED 的驱动设计

驱动器可以看作是向白光 LED 供电的特殊电源，可以驱动正向压降为 3—4.3V 的白光 LED 使之发光，并根据需要驱动串联、并联或串并联的多个白光 LED，满足驱动电流的要求。

2.3.1 对白光 LED 驱动器的主要要求

对白光 LED 驱动器的主要要求有：①为满足便携式产品的低电压供电，驱动器应有升降压功能，以满足 1—3 节充电电池或 1 节锂离子电池供电的要求，并要求工作到电池终止放电电压为止。②驱动器应有高的功率转换效率，以提高电池的寿命或两次充电之间的时间间隔。目前高的可达 80%—90%，一般可达到 60%—80%。③在多个白光 LED 并联使用时，要求各白光 LED 的电流相匹配，使亮度均匀。④功耗低，静态电流小，并且有关闭控制功能，在关闭状态下电流应小于 1μA。⑤白光 LED 的最大电流 I_{LED} 可设定，使用过程中可调节白光 LED 的亮度（亮度调节）。⑥有完善的保护电路，如低压锁存、过压保护、过热保护、输出开路或短路保护。⑦小尺寸封装，并要求外因组件少而小，使所占印制板面积小。⑧对其他电路的干扰影响小。使用方便，价位低。

如图 2-9（a）所示，传统背光照明单元的白光 LED 是并联驱动的，白光 LED

的亮度取决于电阻的阻值。然而白光 LED 的电压 V_F 本身具有不同的波动范围，因此相同的电阻会使白光 LED 的亮度产生分布不均现象。因电压波动引起白光 LED 的亮度不相同时，背光照明单元的光线也会有照明不均问题。虽然使用电气特性相同的白光 LED 可以改善亮度不均问题，但实际上无法获得电气性能完全相同的白光 LED。应根据各白光 LED 的电气特性，逐一调整负载电阻的阻抗值，但事实上这种方式并非解决问题的对策。为了使流入白光 LED 的电流完全相同，将并联方式改成图 2-9（b）所示的串联方式，即使白光 LED 的电压具有不同的波动值，由于流入各白光 LED 的电流 I_{LED} 相同，因此各白光 LED 产生的亮度几乎一致。由于每只白光 LED 最少需施加 3V 以上的驱动电压才能获得预期的亮度。由此因 2-9（b）可知，当多只白光 LED 串联连接时，必须等比例提高驱动电压。

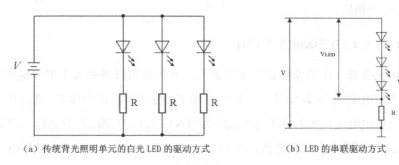

（a）传统背光照明单元的白光 LED 的驱动方式　　　　　（b）LED 的串联驱动方式

图 2-9　LED 的不同驱动方式

　　白光 LED 点亮时通常需要 15mA 左右的正向电流，不过周围环境很暗时，往往不需作全开驱动，此时可控制驱动电流而改变白光 LED 的亮度，进而降低白光 LED 的耗电量。这对使用电池的便携式电子产品而言，是非常重要的节能技术。一种常用的方法是利用 PWM 信号进行控制驱动电流的技术，由于 PWM 信号可使开关变换器开 / 关，因此它可使白光 LED 的亮度稳定化，同时还可以确保电池长时间的动作特性。再者，白光 LED 驱动电路的特点如图 2-10 所示，可知，周围环境温度一旦超过 50℃，白光 LED 的允许正向电流会大幅降低，在此情况下如果施加大电流，很容易造成白光 LED 老化。为了减缓白光 LED 的老化速度，所以必须要求根据周围环境温度自动调整基准电压 V_{ref}，减少电流的供给。

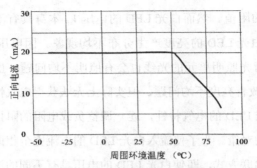

图 2-10　周围环境温度与正向电流的关系

因此，为了使白光 LED 能稳定、高效地工作，且能根据周围环境自适应调整，不受电压 V_{ref} 波动以及电源电压波动的影响，所以必须使用专门为驱动白光 LED 设计的 DC/DC 变换器。

2.3.2　白光 LED 驱动电路的设计

由开关变换器（此处变换器用框图表示，具体结构可参见第 1 章）构成的白光 LED 基本驱动电路如图 2-11 所示，反馈电压 V_{FB} 与内部基准电压 V_{ref} 进行比较后控制变换器的输出电压。如果将环境的亮度也列入白光 LED 亮度控制电路，图 2-11 所示的白光 LED 驱动电路应改进入图 2-12 所示的电路。图 2-12 所示电路与图 2-11 所示电路的最大差异点是，图 2-12 所示电路增加了 T_{R1}、R_1、R_2 及 IC_1。图 2-12 所示电路中的 T_{R1} 输出电压 V_{SENS} 与白光 LED 的电流 I_{LED} 可用下式表示：

$$I_{LED} = \frac{1}{R_L}[V_{ref} - \frac{R_2}{R_1}(V_{SENS} - V_{ref})] \tag{2-11}$$

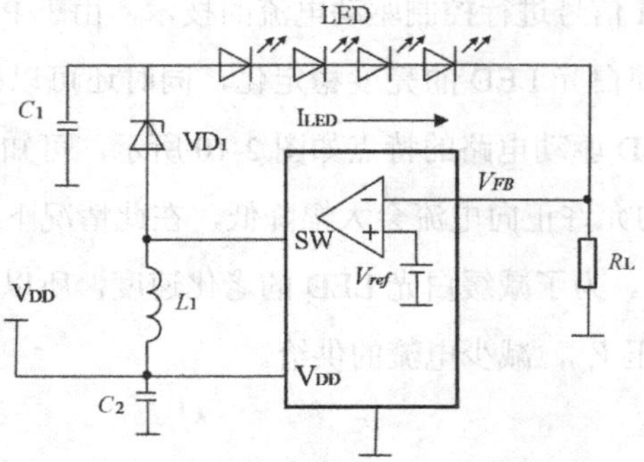

图 2-11　由开关变换器构成的 LED 基本驱动电路

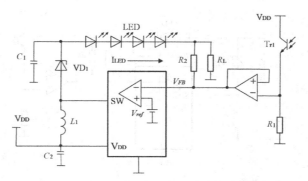

图 2-12　利用周围亮度控制 LED 亮度的驱动电路

此处假设 $R_1 = R_2$，则式（2-11）可改写为：

$$I_{LED} = \frac{1}{R_L}(2V_{ref} - V_{SENS})\qquad（2-12）$$

对于利用上式驱动白光 LED 的场合，必须做出下列调整：①为获得周围亮度，必须调整照度感测器的输出电压 V_{SENS}。②利用输出电压 V_{SENS} 调整白光 LED 的亮度。

2.3.2.1　利用 PWM 信号控制白光 LED 亮度的驱动电路

图 2-12 所示的驱动电路是采用反馈电压进行 LED 亮度控制的，而图 2-13 所示的电路是采用 PWM 信号控制白光 LED 的亮度。在图 2-13 所示电路中，IC 的 EN 端子是可使开关变换器作 ON/OFF 模式运行的端子，如果对 EN 端子施加 PWM 信号，白光 LED 会以某种速度作 ON/OFF 模式运行，进而实现对 LED 亮度的控制。此电路中 T_{R1} 的输出信号需经 AD 转换器转换为数字信号。白光 LED 的平均电流可用下式计算：

$$I_{LED} = I_{LED（max）}\frac{S_{duty}}{100}\qquad（2-13）$$

式中：I_{LED}（max）为开关变换器的输出电流；S_{duty} 为 PWM 信号的占空比（%）。

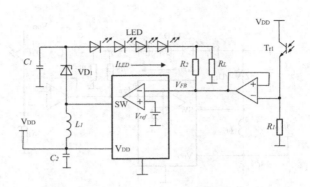

图 2-13 利用 PWM 信号控制 LED 亮度的驱动电路

　　图 2-14 所示是一种实用的利用 PWM 信号控制白光 LED 亮度的核心集成电路。如 NJU6052 的内部电路方框图所示，它包括定电压调整器、设定电路、AD 变换器、PWM 控制器以及由微控制器设定内部阻抗值与动作模式的串行接口等。NJU6052 内部共有 8 个设定电阻，每个电阻都可任意设成 6 位，各电阻值可利用环境照度检测晶体管产生的输入电压选择，以实现白光 LED 亮度由 64 阶段中的任意 8 阶段控制，此外可根据环境照度由微控器直接控制亮度。

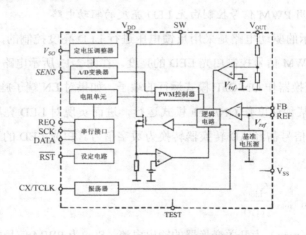

图 2-14 NJU6052 内部电路方框图

　　由图 2-15 可知，NJU6052 除了可以用于升压与亮度控制之外，电路本身的外置元件非常少。NJU6052 的各元件参数取决于下列条件：

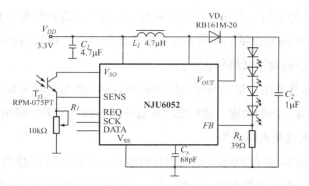

图 2-15　利用 NJU6052 构成的白光驱动电路

（1）负载阻抗 R_L。由于内部基准电压 V_{ref} 为 0.6V，因此负载阻抗 R_L 可按下式计算：

$$R_L = \frac{V_{ref}}{I_{LED}} = \frac{0.6\text{V}}{I_{LED}} \tag{2-14}$$

（2）内部振荡器的电容量 C_x。C_x 可利用图 2-16 的坐标图求得。由于振荡频率 f_{OSC} 介于 350kHz 和 500kHz 之间，因此内部振荡器的电容量 C_x 为 47—68pF。

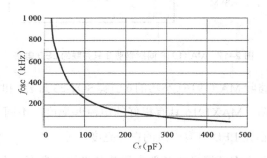

图 2-16　C_x 与 f_{OSC} 的关系

（3）L_1 的电感值。L_1 的电感值可用下式计算：

$$L_1 = \frac{2(\frac{V_{OUT}}{\eta} - V_{IN}) \times I_{LED}}{I_{LIMIT}^2 f_{OSC}} \tag{2-15}$$

式中：V_{OUT} 为开关变换器的输出电压；V_{in} 为输入电压；I_{LIMIT} 为内部开关的电流限制值（720mA）；η 为变换器的效率，取 0.7—0.8。

（4）二极管的选用。二极管额定电流与反向耐压在选择时要留有一定的裕度，具体参数应根据开关变换器的输出电压和电流来选择。二极管的正向电压越低，开关的速度越快，转换效率就越高。

（5）电容器的选用。输入端可选用陶瓷电容器，组装时尽量靠近 NJU6052。基于抑制波纹电压等方面的考虑，输出电容应选用低 ESR（等效串联电阻）的电容。

2.3.2.2　调光改变光强功能

采用 MAX1916，配合 PWM，也可以同时驱动 3 只并联的 LED 的电路，如图 2-17 所示。图 2-17 所示电路的单个外部电阻（R_{SET}）用于设定流经每个白光 LED 的电流值。在 MAX1916 的使能引脚（EN）上加载脉宽调制信号，可以实现简单的亮度控制（调光功能）。

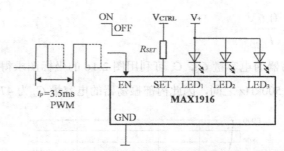

图 2-17　MAX1916 同时驱动 3 只并联的 LED 电路

图 2-17 所示电路除 MAX1916（小巧的 6 引脚 SOT-23 封装）和几个旁路电容之外，仅需要一个外部电阻。MAX1916 具有极好的电流匹配度，不同 LED 之间的差别仅为 0.3%，因此每只白光 LED 具有一致的白光亮度。

某些便携式设备根据环境光线条件来调节其光输出亮度，有些设备在一段较短的空闲时间之后通过软件降低其光强。这都要求白光 LED 驱动电路具有可调光强的功能，并且这样的调节应该以同样的方式去控制每路正向电流，以避免可能的色彩坐标偏移。利用小型 D/A 变换器控制流经 R_{SET} 电阻的电流可以得到均匀的亮度。

2.3.2.3　具有电流控制功能的开关模式升压变换器

开关模式电压变换器 MAX1848 可以产生最高为 13V 的输出电压，足以驱动 3 个串联的白光 LED，如图 2-8 所示。这种方法也许是最简洁的，因为所有串接的白光 LED 具有完全相同的电流。白光 LED 的电流由 R_{SENSE} 与施加在 CTRL 引脚上的电压共同决定。MAX1848 可以驱动几只串联的白光 LED，这些白光 LED 具有相同的正向电流。通过白光 LED 的正向电流与施加在 CTRL 引脚的电压成正比。由于当施加在 CTRL 引脚上的电压低于 100mV 时 MAX1848 会进入关断模式，这样也可以实现 PWM 调光功能。

2.3.3　白光 LED 典型驱动电路

LTC3490 提供了一种用于把单节或双节电池电压提升至所需的白光 LED 正向电压以及通过白光 LED 负载来调节电流的简单解决方案。高频（1.3MHz）工作允许采用小值电感器和电容器。电流检测电阻器和外路补偿组件是内置的，因而减少了组件数量。LTC3490 是一款同步变换器，从而免除了整流器二极管以及与之相关的功率损失。所需的外部组件仅有一个升压电感器和一个输出滤波电容器。若设有停机和调光功能，还需增加少量的电阻器，在某些情况下还需增设一个输入电容器。

LTC3490 是一款同步升压型变换器，利用一个低电压启动电路，它能够在输入电压低至 0.9V 的条件下正常启动。当输出电压超过 2.3V 时，升压电路将接通，而启动电路将被关断。该升压变换器采用的是一种固定频率和电流模式。

白光 LED 的电流利用一个位于高压侧的内部 0.1Ω 电阻器来检测，因此允许把白光 LED 的负极接地。检测放大器实现检测值与基准值的比较，并对比较后的差值进行积分运算，将其作为 PWM 控制器的给定信号，由 PWM 控制器控制白光 LED 的电流，而与白光 LED 的正向电压无关。

在两节电池应用中，LTC3490 的效率高达 90%；在单节电池应用中，LTC3490 的效率高于 70%。图 2-18 给出了两节电池电路和单节电池电路。在图 2-18 所示电路中，当输出电压高于 4.5V 时，过压检测器将强制 LTC3490 进入停机模式。过压检测器保持接通状态，并将在输出电压降至 4.5V 以下时恢复正常工作。

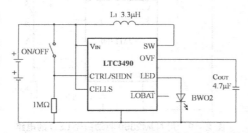

图 2-18　LTC3490 的两节电池（或单节电池）的 LED 驱动电路

LTC3490 可采用 CTRL/SHDN 引脚来逐渐减小白光 LED 的电流。CTRL/SHDN 引脚具有停机、调光控制和恒定电流输出的功能。该引脚电压与 V_{in} 引脚电压之间存在一种比例关系，这使得能够采用简单的电阻分压器来设定电流位。当 CTRL/SHDN 引脚的电压低于 $0.2V_{in}$ 时，器件处于停机模式，而吸收电流极小；当 V_{in} 引脚的电压高于 $0.9V_{in}$ 时，器件处于 350mA 恒定电流模式；当 CTRL/SHDN 引脚的电压处于 $0.2V_{in}$ 和 $0.9V_{in}$ 之间时，白光 LED 的电流将在 0 至 350mA 之间线性变化。

LTC3490 提供了两个低电池电量检测电平，这些电平由 CELLS 引脚来设定，用于指示电池的节数。当 CELLS 引脚为低电平时，低电池电量检测电平被设定为 1.0V，而当 CELLS 引脚与 VIN 引脚相连时，低电池电量检测电平则被设定为 2.0V。这分别对应于单节和双节电池操作。当电池电压降至检测电平以下时，$\overline{LOBAT}$ 引脚上的一个漏极开路输出将被拉至低电平。该输出可被用来驱动一个指示器，或被反馈至 CTRL/SHDN 引脚，以减小白光 LED 的电流，从而延长电池的工作时间。

LTC3490 还有一个欠压闭锁电路，该电路将在电池电压降至每节 0.8V 以下时关断 LTC3490。这能够防止电池电流过大（单节电池）以及放电不均的镍氢电池中发生电池反接（两节电池）现象。

图 2-19 所示是利用另一种开关变换器 NJM2360 实现的白光 LED 驱动电路，该电路的基准电压 V_{REF} 为 1.25V，施加于 V_{in} 端子。此方式中电阻 R_L 的阻抗值决定了影响白光 LED 亮度的各 LED 的电流 I_{LED}，I_{LED} 可由下式求得：

$$I_{LED} = \frac{V_{REF}}{R_L} = \frac{1.25V}{R_L} \tag{2-16}$$

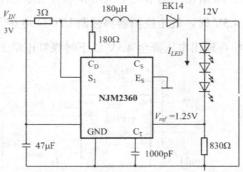

图 2-19　用 NJM2360 驱动白光 LED 的电路

假设各 LED 的电流 I_{LED} 为 15mA，R_L 约为 830Ω，3 只 3.6V 的白光 LED 串联连接时，LED 整体的驱动电压 V_{LED} 为：

$$V_{LED} = V_{REF} + NV_F = 1.25 + 3 \times 3.6 = 12.05V$$

式中：N 为并联连接的白光 LED 的数量。

类似的专用集成 LED 驱动电路方案还有很多，例如：凌特公司生产的 LTC3202 构成的电荷泵驱动白光 LED 的电路。美国国家半导体公司开发的用于驱动白光 LED 的 LM3354 电荷泵驱动白光 LED 的电源解决方案，采用具有稳压输出功能的，该电路可以输出 4.1V 的稳定电压。专用的驱动芯片还有 MAX1576，MAX684，AAT3301 构成的电荷泵驱动白光 LED 电路。为了给白光 LED 背光照明提供高效恒定的驱动电流，需专门设计升压 DC/DC 变换器，如凌特公司用于驱动白光 LED 的 LT1932 芯片，安森美公司 NCP5009，SuperTex 公司的 SR03 系列产品，可组成各式各样的 DC/DC 变换器电路，较方便地实现电流调节或自动调节亮度白光 LED 的功能。

习题：

1. 基于很多高亮度 LED 大功率恒流驱动的特点，很多公司推出了高亮度 LED 的专用驱动芯片，试列举 LED 驱动芯片的厂商及 IC 名称。

2. 常见的 LED 调光控制方法有模拟调光和数字调光两种方式，试通过简述 PWM 调光的原理，来比较二者的优劣。

3. 设计一种高功率因素 LED 射灯驱动电路，并分析其工作原理。

4. 设计使用 LTC3490 的两节电池（或单节电池）的 LED 驱动电路，并分析其工作原理。

5. 设计使用 MAX1848 为多只 LED 串联供电的方案，并分析其工作原理。

第 3 章　LED 封装技术

3.1　LED 封装概述

LED 封装是将 LED 芯片粘贴固定在支架上，并将 PN 电极分别与支架的正、负极通过金线焊接方式或其他方式连接起来，最后通过封胶保证其内部结构的稳固性而形成 LED 灯珠成品的过程。对于采用荧光粉机理的白光 LED，封装过程还必须包含配点荧光粉的过程。

LED 封装属于 LED 产业链的中游，是一个工艺过程相对独立、岗位操作要求相对明确的生产过程，要求生产人员和技术人员在具备行业基本常识的基础上，掌握自动固晶机、自动焊线机、点胶机、自动分光机及自动编带机等几种典型封装设备的操作、调试和维护的岗位技能。这与上游的 LED 芯片制备领域的企业类似，区别是芯片制备的设备相对更加高级。下游的 LED 应用技术领域则更加强调员工的光机电技术的综合性和解决问题的能力。

3.1.1　封装的必要性

LED 芯片只是一块很小的固体，它的两个电极要在显微镜下才能看见，加入电流之后它才会发光。在制作工艺上，除了要对 LED 芯片的两个电极进行焊接，从而引出正极、负极之外，同时还需要对 LED 芯片和两个电极进行保护。

无论何种 LED 产品，都需要针对不同用途和结构类型设计出合理的封装形式。LED 只有经过封装才能成为终端产品，才能投入实际应用，因此，对 LED 而言，封装前的设计和封装过程的质量控制尤为重要。

3.1.2　封装的作用

LED 封装的功能主要包括：机械保护，以提高可靠性；加强散热，以降低芯片结温，提高 LED 性能；光学控制，提高出光效率，优化光束分布；供电管理，包括交流 / 直流转变，以及电源控制。

3.1.3　LED 封装的方式的选择

LED pn 结区发出的光子是非定向的，即向各个方向发射有相同的几率，因此并不是芯片产生的所有光都可以发射出来。能发射多少光，取决于半导体材料的质量、芯片结构、几何形状、封装内部材料与包装材料。因此，对于 LED 封装，要根据 LED 芯片的大小、功率大小来选择合适的封装方式。

3.1.4　LED 封装材料的要求

LED 封装材料主要有环氧树脂、聚碳酸酯、聚甲基丙烯酸甲脂、玻璃、有机硅材料等高透明材料。其中聚碳酸酯、聚甲基丙烯酸甲脂、玻璃等用作外层透镜材料；环氧树脂、改性环氧树脂、有机硅材料等，主要作为封装材料，亦可作为透镜材料。而高性能有机硅材料将成为高端 LED 封装材料的封装方向。下面将主要介绍有机硅封装材料。

用作构成管壳的环氧树脂须具有耐湿性、绝缘性、机械强度、对管芯发出光的折射率和透射率高。选择不同折射率的封装材料，封装几何形状对光子逸出效率的影响是不同的，发光强度的角分布也与管芯结构、光输出方式、封装透镜所用材质和形状有关。在应用设计中，PCB 线路板等的热设计、导热性能也十分重要。

提高 LED 封装材料折射率可有效减少折射率物理屏障带来的光子损失，提高光量子效率，封装材料的折射率是一个重要指标，越高越好。提高折射率可采用向封装材料中引入硫元素方式，引入形式多为硫醚键、硫脂键等，以环硫形式将硫元素引入聚合物单体，并以环硫基团为反应基团进行聚合则是一种较新的方法。最新的研发动态，也有将纳米无机材料与聚合物体系复合制备封装材料，还有将金属络合物引入到封装材料，折射率可以达到 1.6—1.8，甚至 2.0，这样不仅可以提高折射率和耐紫外辐射性，还可提高封装材料的综合性能。

3.1.4.1　胶水基础特性

有机硅封装材料主要成分是有机硅化合物。有机硅化合物是指含有 Si-O 键且至少有一个有机基是直接与硅原子相连的化合物，习惯上也常把那些通过 O、S、N 等使有机基与硅原子相连接的化合物当作有机硅化合物。其中，以硅氧键（-Si-O-Si-）为骨架组成的聚硅氧烷，是有机硅化合物中为数最多、研究最深、应用最广的一类，约占总用量的 90% 以上。

1. 有机硅材料结构的独特性

（1）Si 原子上充足的基团将高能量的聚硅氧烷主链屏蔽起来。

（2）C-H 无极性，使分子间相互作用力十分微弱。

（3）Si-O 键长较长，-Si-O-Si- 键键角大。

（4）Si-O 键是具有 50% 离子键特征的共价键（共价键具有方向性，离子键无方向性）。

2. 性能

由于有机硅独特的结构，兼备了无机材料与有机材料的性能，具有表面张力低、粘温系数小、压缩性高、气体渗透性高等基本性质，并具有耐高低温、电气绝缘、耐氧化稳定性、耐候性、难燃、憎水、耐腐蚀、无毒无味以及生理惰性等优异特性。

耐温特性：有机硅产品是以硅 - 氧（Si-O）键为主链结构的，C-C 键的键能为 347kJ/mol，Si-O 键的键能在有机硅中为 462kJ/mol，所以有机硅产品的热稳定性高，高温下（或辐射照射）分子的化学键不断裂、不分解。有机硅不但可耐高温，而且也耐低温，可在一个很宽的温度范围内使用。无论是化学性能还是物理机械性能，随温度的变化都很小。

耐候性：有机硅产品的主链为 -Si-O-，无双键存在，因此不易被紫外光和臭氧所分解。有机硅具有比其他高分子材料更好的热稳定性以及耐辐照和耐候能力。有机硅中自然环境下的使用寿命可达几十年。

电气绝缘性能：有机硅产品都具有良好的电绝缘性能，其介电损耗、耐电压、耐电弧、耐电晕、体积电阻系数和表面电阻系数等均在绝缘材料中名列前茅，而且它们的电气性能受温度和频率的影响很小。因此，它们是一种稳定的电绝缘材料，被广泛应用于电子、电气工业上。有机硅除了具有优良的耐热性外，还具有优异的拒水性，这是电气设备在湿态条件下使用具有高可靠性的保障。

生理惰性：聚硅氧烷类化合物是已知的最无活性的化合物中的一种。它们十分耐生物老化，与动物体无排异反应，并具有较好的抗凝血性能。

低表面张力和低表面能：有机硅的主链十分柔顺，其分子间的作用力比碳氢化合物要弱得多，因此，比同分子量的碳氢化合物粘度低，表面张力弱，表面能小，成膜能力强。这种低表面张力和低表面能是它获得多方面应用的主要原因：疏水、消泡、泡沫稳定、防粘、润滑、上光等各项优异性能。

3. 有机硅化合物的用途

由于有机硅具有上述这些优异的性能，因此它的应用范围非常广泛。它不仅作为航空、尖端技术、军事技术部门的特种材料使用，而且也用于国民经济各行业，其应用范围已扩展到建筑、电子电气、半导体、纺织、汽车、机械、皮革造纸、化工轻工、金属和油漆、医药医疗等行业。其中，有机硅主要有密封、粘合、润滑、绝缘、脱模、消泡、抑泡、防水、防潮、惰性填充等功能。

随着有机硅数量和品种的持续增长，应用领域不断拓宽，形成化工新材料界独树一帜的重要产品体系，许多品种是其他化学品无法替代而又必不可少的。

3.1.4.2　LED 封装用有机硅材料特性简介

LED 封装用有机硅材料的要求：光学应用材料具有透光率高、热稳定性好、应力小、吸湿性低等特殊要求，一般甲基类型的硅树脂 25℃时折射率为 1.41 左右，而苯基类型的硅树脂折射率要高一些，可以做到 1.54 以上，450nm 波长的透光率要求大于 95％。在固化前有适当的流动性，成形好；固化后透明度、硬度、强度高，在高湿环境下加热后能保持透明性。主要技术指标有：折射率、粘度、透光率、无机离子含量、固化后硬度、线性膨胀系数等。

1. 材料光学透过率特性

硅树脂和环氧树脂先注入模具，高温固化后脱模，形成厚度均匀为 5mm 的样品。环氧树脂在可见光范围具有很高的透过率，某些波长的透过率甚至超过了 95％，但环氧树脂在紫外光范围的吸收损耗较大，波长小于 380nm 时，透过率迅速下降。硅树脂在可见光范围透过率接近 92%，在紫外光范围内要稍低一些，但在 320nm 时仍然高于 88%，表现出很好的紫外光透射性质；石英玻璃在可见光和紫外光范围的透过率都接近 95%，是所有材料里面紫外光透过率最高的。对于紫外 LED 封装，石英玻璃具有最高的透过率，有机硅树脂次之，环氧树脂较差。然而尽管石英玻璃紫外光透过率高，但是其热加工温度高，并不适用于 LED 芯区的密封，因此在 LED 封装工艺中石英玻璃一般仅作为透镜材料使用。由于石英玻璃的耐紫外光辐射和耐热性能已经有很多报道，仅对常用于密封 LED 芯区的环氧树脂和有机硅树脂的耐紫外光辐射和耐热性能进行研究。

2. 耐紫外光特性

实验研究了环氧树脂 A 和 B 以及有机硅树脂 A 和 B 在封装波长为 395nm 和 375nm 的 LED 芯片时的老化情况。实验中，每个 LED 的树脂涂层厚度均为 2mm。可以看到，环氧树脂材料耐紫外光辐射性能都较差，连续工作时，紫外 LED 输出光功率迅速衰减，100h 后输出光功率均下降到初始 50% 以下；200h 后，LED 的输出光功率已经非常微弱。对于脂环族的环氧树脂 B，在 375nm 的紫外光照射下衰减比 395nm 时要快，说明对紫外光波长较为敏感，由于 375nm 的紫外光光子能量较大，破坏也更为严重。双酚类的环氧树脂 A 在 375nm 和 395nm 的紫外光照射下都迅速衰减，衰减速度基本一致。尽管双酚类的环氧树脂 A 在 375nm 和 395nm 时的光透过率要略高于脂环族类的环氧树脂 B，但是由于环氧树脂 A 含有苯环结构，因此在紫外光持续照射时，衰减要比环氧树脂 B 快。

尽管双酚类的环氧树脂 A 在 375nm 和 395nm 时的光透过率要略高于脂环族类的环氧树脂 B，但是由于环氧树脂 A 含有苯环结构，因此在紫外光持续照射时，衰减要比环氧树脂 B 快。测量老化前后 LED 芯片的光功率，发现老化后 LED 的光功率基本上没有衰减。这说明，光功率的衰减主要是由紫外光对环氧树脂的破坏引起的。环氧树脂是高分子材料，在紫外线的照射下，高分子吸收紫外光子，紫外光子能量较大，能够打开高分子间的键链。因此，在持续的紫外光照射下，环氧树脂的主链慢慢被破坏，导致主链降解，发生了光降解反应，性质发生了变化。实验表明，环氧树脂不适合用于波长小于 380nm 的紫外 LED 芯片的封装。相对于环氧树脂，硅树脂表现出了良好的耐紫外光特性。经过近 1 500h 的老化后，LED 输出光功率虽然有不同程度的衰减，但是仍维持在 85% 以上，衰减低于 15%。这可能与硅树脂和环氧树脂间的结构差异有关。硅树脂的主要结构包括 Si 和 O，主链 Si-O-Si 是无机的，而且具有较高的键能；而环氧树脂的主链主要是 C-C 或 C-O，键能低于 Si-O。由于键能较高，硅树脂的性能相对稳定。因此，硅树脂具有良好的耐紫外光特性。

3. 耐热性

LED 封装对材料的耐热性提出了更高的要求。环氧树脂和硅树脂具有较好的承受紫外光辐照的能力，因此，对其热稳定性进行了研究。研究显示了这两种材料在高温老化后透过率随时间的变化情况。可以看到，环氧树脂的耐热性较差，经过连续 6 天的高温老化后，各个波长的透过率都发生了较大的衰减，紫外光范围的衰减尤其严重，环氧树脂样品颜色从最初的清澈透明变成了黄褐色。

硅树脂表现出了优异的耐热性能。在 150℃ 的高温环境下，经过 14 天的老化后，可见光范围的样品透过率只有稍微的衰减，在紫外光范围也仅有少量的衰减，颜色仍然保持着最初的清澈透明。与环氧树脂不同，硅树脂以 Si-O-Si 键为主链，由于 Si-O 键具有较高的键能和离子化倾向，因此具有优良的耐热性。

4. 光衰特性

传统封装的超高亮度白光 LED，配粉胶一般采用环氧树脂或有机硅材料。分别用环氧树脂和有机硅材料配粉进行光衰实验，可以看出，用有机硅材料配粉的白光 LED 的寿命明显比环氧树脂的长很多。原因之一是用有机硅材料和环氧树脂配粉的封装工艺不一样，有机硅材料烘烤温度较低，时间较短，对芯片的损伤也小；另外，有机硅材料比环氧树脂更具有弹性，更能对芯片起到保护作用。

5. 苯基含量的影响

提高 LED 封装材料折射率可有效减少折射率物理屏障带来的光子损失，提高光量子效率，封装材料的折射率是一个重要指标，越高越好。硅树脂中苯基含量越大，就越硬，折射率越高（合成的几乎全苯基的硅树脂折射率可达 1.57），但因热塑性太大，无实际使用价值，苯基含量一般以 20%—50%（质量分数）为宜。实验发现苯基含量为 40% 时（质量分数）硅树脂的折射率约 1.51，苯基含量为 50% 时硅树脂的折射率大于 1.54。所合成的都是高苯基硅树脂，苯基含量都在 45% 以上，其折射率都在 1.53 以上，其中一些可以达到 1.54 以上。

3.1.4.3　有机硅封装材料应用原理及分析

有机硅封装材料一般是双组分无色透明的液体状物质，使用时按 A∶B＝1∶1 的比例称量准确，使用专用设备行星式重力搅拌机搅拌，混合均匀，脱除气泡即可用于点胶封装，然后将封装后的部件按产品要求加热固化即可。

有机硅封装材料的固化原理一般是以含乙烯基的硅树脂做基础聚合物，含 SiH 基硅烷低聚物作交联剂，铂配合物作催化剂配成封装材料，利用有机硅聚合物的 $Si\text{-}CH = CH_2$ 与 $Si\text{-}H$ 在催化剂的作用下，发生硅氢化加成反应而交联固化。我们可以用仪器设备来分析表征一些技术指标，如折射率、粘度、透光率、无机离子含量、固化后硬度、线性膨胀系数等。

1. 红外光谱分析

有机硅聚合物的 $Si\text{-}CH = CH_2$ 与 $Si\text{-}H$ 在催化剂的作用下，发生硅氢化加成反应而交联。随着反应的进行，乙烯基含量和硅氢基的浓度会逐渐减少，直到稳定于一定的量，甚至消失。可采用红外光谱仪测量其固化前后不同阶段的乙烯基和硅氢基的红外光谱吸收变化情况。

2. 热失重分析

有机硅主链 Si-O-Si 属于"无机结构"，Si-O 键的键能为 462kJ/mol，远远高于 C-C 键的键能 347kJ/mol，单纯的热运动很难使 Si-O 键均裂，因而有机硅聚合物具有良好的热稳定性，同时对所连烃基起到了屏蔽作用，提高了氧化稳定性。有机硅聚合物在燃烧时会生成不燃的二氧化硅灰烬而自熄。为了分析封装材料的耐热性及硅树脂对体系耐热性的影响，我们进行了热失重分析，样品起始分解温度大约在 400℃，800℃ 的残留量在 65％ 以上。封装材料在 400℃ 范围内不降解耐热性好，非常适用于大功率 LED 器件的封装。

3.DSC 分析

我们采用 DSC（差示热量扫描法）分析了硅树脂固化后的玻璃化转变温度 Tg。

一般情况下，Tg 的大小取决于分子链的柔性及化学结构中的自由体积，即交联密度，Tg 随交联密度的增加而升高，可以提供一个表征固化程度的参数。我们采用 DSC 分析了所制备的凝胶体、弹性体、树脂体的 Tg，如表 3-1 所示，显然，随着凝胶体、弹性体、树脂体的交联密度的增加，玻璃化转变温度 Tg 升高。同样也列举合成的高苯基乙烯基氢基硅树脂固化后的差示热量扫描分析图谱，玻璃化转变温度 Tg 约为 72℃。封装应用应根据封装实际的需求，选用不同的形态。

表 3-1　有机硅树脂的玻璃化转变温度 Tg

硅树脂	凝胶体	弹性体	树脂体
Tg	−100℃—−20℃	−20℃—5℃	30℃—75℃

3.1.4.4　有机硅封装材料的分类及与国外同类产品的对比

为了提高 LED 产品封装的取光效率，必须提高封装材料的折射率，以提高产品的临界角，从而提高产品的封装取光效率。根据实验结果，比起荧光胶和外封胶折射率都为 1.4 时，当荧光胶的折射率比外封胶高时，能显著提高 LED 产品的出光效率，提升 LED 产品光通量。目前，业内的混荧光粉胶折射率一般为 1.5 左右，外封胶的折射率一般为 1.4 左右，故大功率白光 LED 灌封胶应选取透光率高（可见光透光率大于 99%）、折射率高（1.4—1.5）、耐热性较好（能耐受 200℃的高温）的双组分有机硅封装材料。

LED 有机硅封装材料固化后按弹性模量划分类，可分为凝胶体、弹性体及树脂三大类；按折射率划分，可分为标准折射率与高折射率两大类，见表 3-2。

表 3-2　LED 有机硅封装材料的分类

序号	折射率	低弹性模量	中弹性模量	高弹性模量
1	1.40—1.45	低折射率凝胶体	低折射率弹性体	低折射率树脂体
2	1.50—1.55	高折射率凝胶体	高折射率弹性体	高折射率树脂体

与国外同类产品进行了对比，其参数如表 3-3、表 3-4 所示，可知各项性能参数较接近，经部分客户试用反映良好。

表 3-3　自制低折射率产品与国外同类产品的比较

种类	凝胶体（透镜填充）		弹性体（透镜填充）		弹性体（贴片，倒模胶）	
	道康宁 OE-6250	AP-G1416	道康宁 6101	AP-G1415	道康宁 6301	AP-G2455
A/B 剂粘度（25℃）mPa·s	2 900/1 400（A/B）（1∶1）	1 200/900（A/B）（1∶1）	20 000（单）（单）	1 100/1 400（A/B）（1∶1）	2 800/5 000（A/B）（1∶3）	4 000/3 000（A/B）（1∶1）
混合粘度	1 900	1 100	20 000	1 200	3 800	3 500
固化条件	70℃/1h	25℃×12h 或 70℃×1h	70℃×1h ＋ 150℃×2h	25℃×24h 或 100℃×1h	150℃/1h	90℃×1h ＋ 150℃×3h
折光率	1.41	1.41	1.41	1.41	1.41	1.41
透光率	＞95	＞95	＞95	＞95	＞95	＞95
硬度	—	—	35（A）	20（A）	70（A）	70（A）

表 3-4　自制高折射率产品与国外同类产品的比较

种类	凝胶体		弹性体		树脂体	
	道康宁 OE-6450	AP 1550	道康宁 OE-6550	AP 2550	道康宁 OE-6630	AP 3550
A/B 剂粘度（25℃）mPa·s	2 900/1 400（A/B）（1∶1）	2 000/2 000（A/B）（1∶1）	22 000/1 100（A/B）（1∶1）	8 000/3 500（A/B）（1∶1）	2 100/2 300（A/B）（1∶3）	1 500/3 000（A/B）（1∶1）
混合粘度	1 900	2 000	4 000	4 500	2 200	2 000
固化条件	100℃/1h	100℃/1h	150℃/1h	150℃/1h	150℃/1h	150℃/1h
折光率	1.54	1.53	1.54	1.53	1.53	1.53
透光率	＞95	＞95	＞95	＞95	＞95	＞95
硬度	50 针入度	60 针入度	52（A）	50（A）	35（D）	50（D）

　　针对 LED 封装行业的不同部位的具体要求开发五个应用系列的有机硅材料，不同的封装要求，在封装材料的粘度、固化条件、固化后的硬度（或弹性）、外观、折光率等方面有差异。具体分类介绍如下：

1. 混荧光粉有机硅系列

表 3-5　混荧光粉有机硅系列

AP-2550 项目		技术参数
固化前（A 组分）	外观	无色透明液体
	粘度 mPa·s（25℃）	8 000
固化前（B 组分）	外观	无色透明液体
	粘度 mPa·s（25℃）	3 500
使用比例		1：1
混合后粘度 mPa·s（25℃）		4 500
典型固化条件		150℃×1h
固化后	外观	高透明弹性体
	硬度（ShoreA）	52
	折射率（25℃）	1.53
	透光率（%、450nm）	>95

　　传统封装的超高亮度白光 LED，配粉胶一般采用环氧树脂或有机硅材料。可以看出，用有机硅材料配粉的白光 LED 的寿命明显比环氧树脂的长很多。原因之一是用有机硅材料和环氧树脂配粉的封装工艺不一样，有机硅材料烘烤温度较低，时间较短，对芯片的损伤也小；另外，有机硅材料比环氧树脂更具有弹性，更能对芯片起到保护作用。

2. MODING 封装材料有机硅系列

表 3-6　MODING 封装材料有机硅系列

AP-2460 项目		技术参数
固化前（A 组分）	外观	无色透明液体
	粘度 mPa·s（25℃）	4 500
固化前（B 组分）	外观	无色透明液体
	粘度 mPa·s（25℃）	3 500

续表 3-6

AP-2460 项目		技术参数
使用比例		1：1
混合后粘度 mPa·s（25℃）		4 000
典型固化条件		90℃ ×1h ＋ 150℃ ×3h
固化后	外观	高透明弹性体
	硬度（ShoreA）	75
	折射率（25℃）	1.42
	透光率（%、450nm）	＞ 96

3.TOP 贴片封装材料有机硅系列

表 3-7　TOP 贴片封装材料有机硅系列

AP-2455 项目		技术参数
固化前（A 组分）	外观	无色透明液体
	粘度 mPa·s（25℃）	4 000
固化前（B 组分）	外观	无色透明液体
	粘度 mPa·s（25℃）	3 000
使用比例		1：1
混合后粘度 mPa·s（25℃）		3 500
典型固化条件		90℃ ×1h ＋ 150℃ ×3h
固化后	外观	高透明弹性体
	硬度（ShoreA）	70
	折射率（25℃）	1.42
	透光率（%、450nm）	＞ 96

4. 透镜填充有机硅系列

表 3-8　透镜填充有机硅系列

AP-1416 项目		技术参数
固化前（A 组分）	外观	无色透明液体
	粘度 mPa·s（25℃）	1 200
固化前（B 组分）	外观	无色透明液体
	粘度 mPa·s（25℃）	900
使用比例		1：1
混合后粘度 mPa·s（25℃）		1 100
典型固化条件		25℃×12h 或 70℃×1h
操作时间（25℃）		90min
固化后	折射率（25℃）	1.41
	透光率（%、450nm）	＞95
	锥入度（mm/10）	130—180

5. 集成大功率 LED 有机硅系列

表 3-9　集成大功率 LED 有机硅系列

AP-3450 项目		技术参数
固化前（A 组分）	外观	无色透明液体
	粘度 mPa·s（25℃）	3 800
固化前（B 组分）	外观	无色透明液体
	粘度 mPa·s（25℃）	3 600
使用比例		1：1
混合后粘度 mPa·s（25℃）		3 500
典型固化条件		90℃×1h ＋ 150℃×3h
固化后	外观	高透明弹性体
	硬度（ShoreD）	32
	折射率（25℃）	1.42
	透光率（%、450nm）	＞96

3.1.4.5　胶水与其他材料之间的关联性（含固晶胶）

有机硅材料对其他材料没有腐蚀性，但某些材料会影响封装材料的固化。固晶胶一般为环氧树脂材料，它的固化剂种类很多，如果其中含有 N，P，S 等元素，会导致封装材料与固晶胶接触部分不固化。如果对某一种基材或材料是否会抑制固化存在疑问，建议先做一个相容性实验来测试某一种特定应用的合适性。如果在有疑问的基材和固化了的弹性体材料界面之间存在未固化的封装材料，说明不相容，会抑制固化。

这些最值得注意的物质包括：①有机锡和其他有机金属化合物；②硫、聚硫化物、聚砜类物或其他含硫物品；③胺、聚氨酯橡胶或者含氨的物品；④亚磷或者含亚磷的物品；⑤某些助焊剂残留物。

有机硅封装材料有很好的耐湿气、耐水性及耐油性，但对浓硫酸、浓硝酸等强酸、氨水、氢氧化钠等强碱，以及甲苯等芳香烃溶剂的抵抗能力差。定性地列出有机硅封装材料耐化学品性，如表 3-10 所示。

表 3-10　有机硅封装材料耐化学品性表

序号	化学品	抵抗能力	序号	化学品	抵抗能力
1	醋酸（5%）	良	17	氯化铁	良
2	醋酸（浓）	差	18	氯气	良
3	盐酸（浓）	尚可	19	二氧化硫	良
4	硝酸（10%）	良	20	硫	良
5	硝酸（浓）	差	21	双氧水（3%）	良
6	硫酸（30%）	良	22	丙酮	差
7	硫酸（浓）	差	23	氟化烃类	尚可
8	磷酸（浓）	良	24	汽油	差
9	柠檬酸（浓）	良	25	氯甲烷	差
10	硬脂酸	良	26	四氯化碳	差
11	氨水	差	27	乙醇	良
12	氢氧化钠（10%）	良	28	甲苯	差
13	氢氧化钠（50%）	差	29	矿物油	良
14	碳酸钠水溶液（2%）	良	30	苯酚	良
15	食盐水（26%）	良	31	水	良
16	硫酸铜水溶液（50%）	良			

3.1.4.6　胶水的应用与风险防范

1. 使用方法

A、B 两组分 1∶1 称量，用行星式重力搅拌机（自公转搅拌脱泡机）搅拌均匀即可点胶。或者在一定温度下，于 10mmHg 的真空度下脱除气泡即可使用。建议在干燥无尘环境中操作生产。

2. 注意事项

（1）有机硅封装材料在称量、混合、转移、点胶、封装、固化过程中使用专用设备，避免与其他物质混杂带来不确定的影响。

（2）某些材料、化学制剂、固化剂和增塑剂可以抑制弹性体材料的固化，这些最值得注意的物质包括：①有机锡和其他有机金属化合物；②硫、聚硫化物、聚砜类物或其他含硫物品；③胺、聚氨酯橡胶或者含氨的物品；④亚磷或者含亚磷的物品；⑤某些助焊剂残留物。如果对某一种基材或材料是否会抑制固化存在疑问，建议先做一个相容性实验来测试某一种特定应用的合适性。如果在有疑问的基材和固化了的弹性体材料界面之间存在未固化的封装材料，说明不相容，会抑制固化。

（3）在使用封装材料时避免进入口、眼等部位；接触封装材料后进食前需要清洗手部；封装材料不会腐蚀皮肤，因个人的生理特征有差异，如果感觉不适应暂停相关工作或就医。

（4）在 LED 生产中很可能会产生的问题是芯片封装时，杯内气泡占有很大的不良比重，但是产品在制作过程中如果气泡问题没有得到很好的解决或防治，就会造成产品衰减加快的一个因素。影响气泡产生的因素比较多，但是多做一些工程评估，即可逐步解决。一般情况下，工艺成熟后，气泡的不良比重不会太高。相关因素有：①环境的温度和湿度对气泡产生有较大的影响；②模条的温度也是产生气泡的一个因素；③气泡的产生与工艺的调整有很大关系。例如，有些工厂没有抽真空也没有气泡，而有些即使抽了真空也有气泡，从这一点看不是抽不抽真空的问题，而是操作速度的快慢、熟练程度的问题。同时，与环境温度也是分不开的。环境温度变化了，可以采取相应的措施加以控制。若常温是 15℃，如让胶水的温度达到 60℃，这样做杯内气泡就不会出现。同时要注意很多细节问题，如在滚筒预沾胶时产生微小气泡，肉眼和细微镜下看不到，但一进入烤箱体内，热胀气泡扩张。如果此时温度太高，气体还没有跃出就固化所以产生气泡现象。LED 表面有气泡但没破，此为打胶时产生气泡。LED 表面有气泡已破，原因是温度太高。手工预灌胶前，支架必须预热。预热预灌的 A、B 组分 2h 调换一次。只要你保持 A、B 料和支架都是热的，气泡问题不难解。因为 A、B 组分冷时流动性差，遇到冷支架容易把气泡带入。操作时要注意以下问题：①操作人员的操作技巧不熟练（整条里面有一边出现气泡）；②点胶机的快慢和胶量没有控制好（很容易出现气泡的地方）；③机器是否清洁（此点不一定会引起气泡，但很容易产生类似冰块一样的东西，尤其是环己酮）；④往支架点胶时，速度不能快，太快带入的空气将难以排出；⑤胶要常换，胶筒要清洗干净，一次混胶量不能太多，A、B 组混合就会开始反应，时间越长胶越稠，气泡越难排出。

（5）大多数封装客户都发现做好的产品在初期做点亮测试老化之后都有不错的表现，但是随着时间的推移，明明在抽检时都不错的产品，到了应用客户开始应用的时候或者不久之后，就发现有胶层和 PPA 支架剥离、LED 变色（镀银层变黄发黑）的情况发生。那这到底是什么原因引起的呢？可能是在制程的过程中工艺把握不好导致封装胶固化不好，但是随着客户工艺的不断成熟，这种情况发生的机率会越来越少。有以下因素供大家参考：① PPA 与支架剥离的原因是：PPA 中所添加的二氧化钛因晶片所发出的蓝光造成其引起的光触媒作用、PPA 本身慢慢老化所造成的，硅胶本身没老化的情况下，由于 PPA 老化也会导致剥离现象的发生；二氧化钛吸收太阳光或照明光中的紫外线，产生光触媒作用，会产生分解力与亲水性的能力，特别具有分解有机物的能力。②以 LED 变色问题为例，现阶段大致分三类：硫磺造成镀银层生硫化银而变色；卤素造成镀银层生卤化银而变色；镀银层附近存在无机碳。

综上所述，我们发现，出现以上现象的主要原因是由于有氧气、湿气侵入到 LED 内部以及有无机碳的存在而带来的一系列的问题，那么我们应该如何解决呢？①在封装过程中避免使用环氧类的有机物，比如固晶胶；②选择低透气性的封装材料，尽量避免使用橡胶型的硅材料，尽量选用树脂型的硅材料；③在制程的过程中尽量清洗支架，尽可能增加烘烤流程。

如何解决隔层问题？出现隔层，一般是胶水粘接性能不好，先膨胀后收缩所致。也有粉胶与外封胶膨胀系数差异太大产生较大内应力，在金线部位撕裂。故升温太快，有裂层或固化不好，而分段固化，反应没那么剧烈，消除一些内应力。

有机硅封装材料、固晶材料并不含有硫化合物、卤素化合物，硫化物及卤化物的发生取决于使用的环境。无机碳的存在为环氧树脂等有机物因热及光的分解后的残渣。在镀银层以环氧等固晶胶作为蓝光晶片接合的场合频繁发生。有机硅封装材料即使被热及光分解也不会变成黑色的碳。若是在没有使用环氧等有机物的场合发现无机碳存在的话，有可能是由外部所带入。上述三种变色现象是因蓝光、镀银、氧气及湿气使其加速催化所造成。

3. 存储及运输

注意事项：①阴凉干燥处贮存，贮存期为 6 个月（25℃）；②此类产品属于非危险品，可按一般化学品运输；③胶体的 A、B 组分均须密封保存，在运输、贮存过程中防止泄漏。

3.1.5　LED 封装环境的要求

3.1.5.1　空气要求

1. 空气洁净度和级别

空气洁净度是洁净环境中空气含悬浮粒子量的多少。通常空气中含尘浓度低则空气洁净度高，含尘浓度高则空气洁净度低。按空气中悬浮粒子浓度来划分洁净室及相关受控环境中空气洁净度等级，就是以每立方米空气中的最大允许粒子数来确定其空气洁净度等级。

2. 洁净度标准的制定

以前有关国家都各自制定自己的标准，但基本上都是参照美国标准 FS-209 的各版进行，仅单位制及命名方法有所变换或改变。在命名上基本可以分为两类：①以单位体积空气中大于等于规定粒径的粒子个数直接命名或以符号命名，这种命名方法以美国 FS-209A～E 版为代表，其规定粒径为 0.5μm，以空气中≥0.5μm 粒径的粒子浓度采用英制 pc/ft^3 直接命名，如标准中的 100 级，表示空气中≥0.5μm 粒径的粒子浓度为 100pc/ft^3 直接命名，即每立方英尺的空气中≥0.5μm 粒径的粒子数量为 100 个（我们平时使用的是国际单位，即通常所指的是每立方米空气中所含≥0.5μm 粒径的粒子数量，因为 1 立方米≈35.2 立方英尺（1 立方英尺＝0.27818 立方米），所以我们看到标准中 100 级对应≥0.5μm 粒径的粒子数量不是 100 个，而是 3 520 个，就是这个道理）。②单位体积空气中大于等于规定粒径的粒子个数以 10^n 表示，按指数 n 命名空气洁净度的等级，这种命名方法以日本的 JISB9920 为代表，其规定粒径为 0.1μm，以空气中 ≥0.1μm 粒径的粒子浓度（采用国标单位制）10^npc/m³ 命名为 n 级，如该标准 2 级，其表示 ≥0.1μm 粒径的粒子浓度为 100pc/m³，即 10^2pc/m³。俄罗斯的标准亦基本上采用此种命名方法。

现在国际标准 ISO14644-1 已发布实施，美国标准 FS-2009E 亦于 2001 年 11 月宣布停止使用。

3. 我国的洁净室的标准

我们国家洁净室的标准是《洁净厂房设计规范》（GB50073-2001），标准中规定的空气洁净度等级等同采用国际标准 ISO1466-1 中的有关规定。

制作 LED 的生产环境一般为净化车间，其温度和湿度都是可调控的。LED 的生产环境中要有防静电措施。

3.1.5.2 温度和湿度要求

温度控制在（25±5）℃，湿度控制在（50±10）% 即可。

3.1.6 LED 封装过程中的安全防护

在生产、测试、存储、运输及装配过程中，LED 仪器设备、材料和操作人员都很容易因摩擦而产生几千伏的静电电压。

3.1.6.1 相关术语及定义

1. 静电的产生

静电即由于电荷和电场的存在而产生的一切现象。静电并非静止不动的电，而是缓慢移动的电荷，其磁效应可以忽略。静电与常用电在性质上是一样的，本质都是电荷。任何物体上的静电都是由摩擦和感应两个过程产生的。这是一种普通的物理过程，尤其是干燥环境下的气体或者高纯水高速流过物体表面，都会使物体带上电荷。一般情况下，无机材料（如石棉、玻璃、云母等）更易带正电荷；有机高分子材料（如聚四氟乙烯、聚乙烯、聚丙烯树脂、聚氨醋等）易带负电荷。

摩擦：在日常生活中，任何两个不同材质的物体接触后再分离，即可产生静电，而产生静电的最普通方法就是摩擦生电。材料的绝缘性越好，越容易通过摩擦生电。另外，任何两种不同物质的物体接触后再分离，也能产生静电。

感应：针对导电材料而言，因电子能在它的表面自由流动，如将其置于一电场中，由于同性相斥，异性相吸，正负电子就会转移。

传导：针对导电材料而言，因电子能在它的表面自由流动，如与带电物体接触，将发生电荷转移。

总而言之，静电产生不仅取决于材质内部的分子、原子结构，而且在相当程度上还与外界因素有关。人在室内走动（尤其是穿塑料鞋在地板上滑行），拖动、搬动物体，或是翻书、使用电风扇、使用空调、撕开胶带、手或袖子在桌面上移动，都可引起静电放电效应。

从物质结构来看，静电易发生在非导体表面，这是因为非导体（如介质材料、绝缘体及高阻半导体材料）在外因作用下，容易产生极化电荷或感应电荷。这部分电荷不像导体上的电子一样可以自由运动，它是在正负电荷相互吸引状态下存在的，难以在物体表面移动。当表面有一定电荷积累时就会产生表面电势，表面电荷只有通过空气中的离子中和或靠物体表面漏电流才能慢慢消失。只要物体所处环境潮湿或表面有一定的湿度，就可以增强表层的电导率，这样能使表面静电较快消失。

2. 影响静电大小的因素

①材料：绝缘材料最容易起静电。②物体的表面条件：光滑的表面产生较多的电荷。③相对湿度：湿度大的空气带电量很低；干燥的空气带电量比湿度大的空气高 50 倍左右。④摩擦的程度：强烈的摩擦会增加带电量。⑤材料之间分离的速度：速度越快，带电量越高。⑥受摩擦或分离的面积：较大的表面积产生较多的电荷。

3. 生产环境中的静电

光刻车间塑料板地面的静电电位为 500—1 000V；扩散间、洗手间的塑料墙纸的静电电位为 500—1 500V；清洗间的瓷质地面的静电电位为 0—1 500V；扩散间塑料墙地面的静电电位为 700V；塑料顶棚的静电电位为 0—1 000V；工作台面的静电电位为 500—2 000V，最高可达 5kV；风口、扩散间铝孔板送风口的静电电位为 500—700V；人和服装的静电电位可达 30kV；非接地操作人员的静电电位一般可达 3—5kV，高时可达 10kV；喷射清洗液高压纯水的静电电位为 2kV；聚四氟乙烯支架的静电电位可达 8—12kV；芯片托盘的静电电位为 6kV；硅片间隔纸的静电电位可达 2kV。

4. 静电对电子工业的影响

集成电路元器件的线路缩小，耐压降低，线路面积减小，使得器件耐静电冲击能力减弱，静电电场（Static Electric Field）和静电电流（ESDcurrent）成为这些高密度元器件的致命杀手。同时，大量的塑料制品等高绝缘材料的普遍应用，导致产生静电的机会大增。日常生活中，如走动、空气流动、搬运等都能产生静电。人们一般认为只有 CMOS 类的晶片才对静电敏感，实际上，集成度高的元器件电路都很敏感。

静电对电子元件的影响：①静电吸附灰尘，改变线路间的阻抗，影响产品的功能与寿命。②因电场或电流破坏元件的绝缘或导体，使元件不能工作（完全破坏）。③因瞬间的电场或电流产生的热，元件受伤，仍能工作，寿命受损。

静电损伤的特点：①隐蔽性。人体不能直接感知静电，除非发生静电放电，但发生静电放电，人体也不一定能有电击的感觉，这是因为人体感知的静电放电电压为 2—3kV。②潜伏性。有些电子元器件受到静电损伤后性能没有明显下降，但多次累加放电会给器件造成内伤而形成隐患，而且增加了器件对静电的敏感性。已产生的问题并无任何方法可治愈。③随机性。电子元件什么情况下会受到静电破坏呢？可以这么说，从一个元件生产后一直到它损坏以前，所有的过程都受到静电的威胁，而这些静电的产生也具有随机性。由于静电的产生和放电都是瞬间发生的，很难预测和防护。④复杂性。静电放电损伤分板工作，因电子产品精细、微小的结构特点而费时、费事、费钱，要求较复杂的技术往往需要使用扫描电镜等精密仪器，即使如此，有些静电损伤现象也难以与其他原因造成的损伤加以区别，使人误把静电损伤失效当作其他失效，这是对静电放电损害未充分认识之前，常常归咎于早期失效或情况不明的失效，从而不自觉地掩盖了失效的真正原因。⑤严重性。ESD 问题表面上看来只影响了制成品的用家，但实际上亦影响了各层次的制造商，如保用费、维修及公司的声誉等。

5.ESD 三种型式

（1）人体型式，指当人体活动时身体和衣服之间的摩擦产生摩擦电荷。当人们手持 ESD 敏感的装置而不先拽放电荷到地，摩擦电荷将会移向 ESD 敏感的装置而造成损坏。

（2）微电子器件带电型式，指这些 ESD 敏感的装置，尤其对塑料件，当在自动化生产过程中，会产生摩擦电荷，而这些摩擦电荷通过低电阻的线路非常迅速地释放到高度导电的牢固接地表面，因此造成损坏；或者通过感应使 ESD 敏感装置的金属部分带电而造成损坏。

（3）场感类型，即有强电场围绕，这可能来于塑性材料或人的衣服，会发生电子转化跨过氧化层。若电位差超过氧化层的介电常数，会产生电弧以破坏氧化层，其结果为短路。

另外，还有机器模式、场增强模型、人体金属模型、电容耦合模型、悬浮器件模型等类型。

3.1.6.2　静电防护

1. 接地

防静电系统必须有独立可靠的接地装置；防静电地线不得接在电源零线上，不得与防雷地线共用；使用三相五线制供电时，其大地线可以作为防静电地线（零线、地线不得混接）；接地主干线截面积应不小于 $100mm^2$，支干线截面积应不小于 $6mm^2$，设备和工作台的接地线应采用截面积不小于 $1.25mm^2$ 的多股敷塑导线，接地线颜色以黄绿色为宜；接地主干线的连接方式应采用轩焊；防静电设备连接端子应确保接触可靠，易装拆，允许使用各种夹式连接器，如鳄鱼夹、插头座等；对接地电阻值要求较高的工作场所应该安装接地系统监测报警仪。

（1）保护接地。保护接地就是将电气设备不带电的金属部分与接地体之间作良好的金属连接。当没有保护接地的电气设备绝缘损坏时，其外壳有可能带电，如果人体触及电气设备的外壳就可能被电击伤或造成生命危险。在中性点直接接地的电力系统中，接地短路电流经人身、大地流回中性点。

如果装有接地装置的电气设备绝缘损坏使外壳带电时，接地短路电流将同时沿着接地体和人体两条通路流过，我们知道：在一个并联电路里，通过每条支路的电流值与电阻的大小成反比。接地装置的接地电阻越小，流经人体的电流也越小，通常人体电阻要比接地电阻大数百倍，流经人体的电流也比流过接地体的电流小数百倍。当接地电阻较小时，流过人体的电流几乎等于零。实际上，由于接地电阻很小，接地短路电流流过时所产生的压降很小，故外壳对大地的电压是不高的。人站在大地上去碰触外壳时，人体所承受的电压很低，不会有危险。因此，加装保护接地装置并且降低它的接地电阻是避免触电危险的有效措施。

（2）工作接地。将电力系统中的某一点（通常是中性点）直接或经特殊设备（如消弧线圈、阻抗、电阻等）与大地作金属连接，称为工作接地。工作接地的作用如下：①主要是中性点接地，这是系统运行的需要。在高压系统里，采取中性点接地方式可使接地继电保护准确动作并消除单相电弧接地过电压。中性点接地可以防止零序电压偏移，保持三相电压基本平衡，对于低压系统很有意义，可以方便使用单相电源。另外在两线一地供电系统中，由于将一相工作接地，借助大地作一相导体，降低了线路建设投资。②降低人体的接触电压：在中性点绝缘的系统中，当一相接地，而人体又触及另一相时，人体所受到的接触电压将超过相电压而成为线电压，即为相电压的 3 倍。当中性点接地时，因中性点的接地电阻很小或近似于零，与地间电位差亦近似于零，当一相碰地而人体触及另一相时，人体的接触电压只接近或等于相电压。因此，降低了人体的接触电压。③迅速切断故障设备在中性点绝缘的系统中，当一相接地时接地电流很小，因此，保护设备不能迅速动作切断电流，故障将长期持续下去。在中性点接地系统中就不同了，当一相接地时，接地电流成为很大的单相短路电流，保护设备能准确而迅速动作切断故障线路，保证其他线路和设备正常运行。④降低电气设备和电力线路的设计绝缘水平：如上所述，因中性点接地系统中一相接地时，其他两相的对地电压不会升高至相电压的 3 倍，而且近似于或等于相电压，所以在中性点接地系统中，电气设备和线路在设计时，其绝缘水平只按相电压考虑。故降低了建设费用，节约了投资。

（3）重复接地。在有重复接地的低压供电系统中，当发生接地短路时，能降低零线的对地电压；当零线发生断路时，能使故障程度减轻；对照明线路能避免因零线断线又同时发生某相碰壳时而引起的烧毁灯泡等事故。在没有重复接地的情况下，当零线发生断线时，在断线点后面只要有一台用电设备发生一相碰壳短路，其他外壳接零设备的外壳上都会存在着接近相电压的对地电压。而有重复接地时，断线点后面设备外壳上的对地电压 Ud 的高低，由变压器中性点的接地电阻与重复接地装置的接地电阻分压决定。由上述分析可知，零线断线是影响安全的不利因素，故应尽量避免发生零线断线现象。这就要求在零线施工时注意安装质量，零线上不得装设保险丝及开关设备，同时，在运行中应注意加强维护和检查。

（4）中性点、零点和中性线、零线。发电机、变压器和电动机的三相绕组星形连接的公共点称为中性点，如果三相绕组平衡，由中性点到各相外部接线端子间的电压绝对值必然相等。如果中性点是接地的，则该点又称作零点。从中性点引出的导线，称作中性线；从零点引出的导线，称作零线。

（5）防雷接地。为把雷电流迅速导入大地以防止雷害为目的的接地叫作防雷接地。防雷接地装置包括以下部分：①雷电接受装置：直接或间接接受雷电的金属杆（接闪器），如避雷针、避雷带（网）、架空地线及避雷器等。②接地线（引下线）：雷电接受装置与接地装置连接用的金属导体。③接地装置：接地线和接地体的总和。雷电接受装置、引下线和接地装置总称为防雷保护装置。各种防雷接地装置的工频接地电阻，一般应根据落雷时的反击条件来确定。防雷装置与电气设备的工作接地合用一个总的接地网时，接地电阻应符合其中最小值的要求，各类防雷专用接地装置的接地电阻，一般不大于下列数值：①室外单独装设的避雷针，一般不大于 1Ω，在高土壤电阻率地区，在满足不反击的条件下，也可适当增大；②变电所构架上允许装设的避雷针，其接地点除与主接地网相连外，还应做集中接地装置（接地电阻不大于 10Ω），但避雷针的接地点与主变压器的接地点在地中沿接地体的长度必须大于 15m；③电力线路架空避雷线的接地电阻，根据土壤电阻率不同，分别为 10—30Ω；④单独装设的阀型避雷器、管型避雷器、保护间隙其接地电阻为 10Ω；⑤烟囱的避雷针接地电阻为 30Ω；⑥水塔上避雷针接地电阻为 30Ω；⑦架空引入线瓷瓶脚接地电阻为 20Ω。

（6）静电接地。将带静电物体或有可能产生静电的物体（非绝缘体）通过导静电体与大地构成电气回路的接地叫静电接地。静电接地电阻一般要求不大于 10Ω。

（7）防静电接地和其他几种接地的关系。防静电工程中静电防护区的地线较为常用的敷设方法有两种：一种是专从埋设的地线接地体引出的接地线，单独敷设到生产线的防静电作业岗位，以便做静电泄漏之用，单独敷设的接地导线通常使用大于 1mm 厚、约 25mm 宽镀锌铁皮或用截面大于 4—6mm^2 的铜芯软线单独引入。另一种是采用三相五线制供电系统中的地线，引出电源零线的同时，单独引出大地地线作防静电接地母线，工程上称为"一点引出电阻隔离"，电源主变电箱至大地的接地电阻应小于 4Ω。

在一般情况下静电接地可以和保护接地或有重复接地的工作接地共用一个接地体。静电接地应尽可能避开和某些精密仪器的信号接地、微小参量仪器的接地共用一个接地体。因为静电接地泄放静电有时可产生较高脉冲，对仪器产生干扰。

静电接地应和防雷接地分开。因为防雷接地在泄放雷电流时，可产生较高反击电压，通过静电接地能将反击电压引入静电防护区造成安全事故或将仪器设备损坏。在工程中静电接地应与防雷接地相隔 20m 距离。对于某些建筑物，由于在设计中将防雷接地和其他接地共用一个接地体，此时系统接地电阻必须小于 1Ω。另外，在其他地线支路（不包括防雷地线支路）必须装设防反击的装置。

2. 静电屏蔽

静电敏感元件在储存或运输过程中会暴露于有静电的区域中，用静电屏蔽的方法可削弱外界静电对电子元件的影响，最通常的方法是用静电屏蔽袋和防静电周转箱作为保护。另外，防静电衣对人体的衣服具有一定的屏蔽作用。

3. 离子中和

绝缘体往往是易产生静电，对绝缘体静电的消除，用接地方法是无效的，通常采用的方法是离子中和（部分采用屏蔽），即在工作环境中用离子风机等，提供一等电位的工作区域。因此，在防静电材料和防静电设施中，均是按这三种方式派生出来的产品，可分为：防静电仪表，接地系统类防静电产品，屏蔽类防静电包装，运输及储存防静电材料，中和类静电消除设备，以及其他防静电用品。

4. 防静电仪表

①手腕带/脚带/防静电鞋综合检测仪：用于检测手腕带、脚带、防静电鞋是否符合要求。②测试脚带及防静电鞋时，需增加一块金属板及仪表连接的导线。③除静电离子风机检测仪：定期对离子风机平衡度和衰减时间进行检测及校验以确保离子风机工作在安全的指标范围。④静电场探测仪：测量静电场以反映静电的存在，以电压形式读数，用来测试环境的静电强度。一般受环境和静电瞬间特性影响，很难真实反映实际情况。⑤静电屏蔽袋测试仪：用于检测静电屏蔽袋的屏蔽效果。⑥表面电阻测量仪：用于测量材料表面电阻，体积电阻。

5. 接地类防静电产品

（1）防静电手腕带：广泛用于各种操作工位，手腕带种类很多，建议一般采用配有 1MΩ 电阻的手腕带，线长应留有一定余量。

（2）防静电手表：需要其他防静电措施的补救（如增设离子风机、戴防静电脚跟带等）才能取得较好的防静电效果，建议不要大量采用佩带防静电手表的方式。

（3）防静电脚带 / 防静电鞋：厂房使用防静电地面后，应配戴防静电鞋带或穿防静电鞋，建议车间以穿防静电鞋为主，可降低灰尘的引入。操作员工再结合佩戴防静电手腕带效果将会更佳。

（4）防静电台垫：用于各工作台表面的铺设，各台垫串上 1MΩ 电阻后与防静电地可靠连接。

（5）防静电地板：防静电地板分为 PVC 地板、聚氨酯地板、活动地板。

（6）防静电蜡和防静电皂油漆：防静电蜡可用于各种地板表面，增加防静电功能，使地板更加明亮干净。防静电油漆可用于各种地板表面，也可涂于各种货架、周转箱等容器上。

6. 屏蔽类防静电包装运输及储存材料

（1）防静电周转箱、防静电元件盒：用于车间单板和部件的周转、运输及储存。

（2）防静电屏蔽袋：压于单板和部件的包装、运输和储存，具有一定的防潮效果。

（3）防静电胶带：用于各种包装箱等。

（4）防静电 IC 料条及 IC 托盘：用于生产车间 IC 元器件的储存、搬运。禁止在使用前露天存放 IC，或拆开包装运输。

（5）防静电货架、手推车及工作台：防静电货架、手推车广泛用于电子装配车间的单板、部件的周转、搬运等。防静电货架及工作台要有防静地连接，手推车上的防静电垫应有金属链与防静电地接触。

（6）防静电工作服、工作鞋：在具有静电敏感元器件、具有一定洁净度要求的加工车间，一般应严格要求员工穿戴防静电工作服、工作鞋。

（7）防静电手指套：如操作工位员工需经常手拿工件或静电敏感元器件时，有必要戴防静电手指套。

7. 天花板材料

应选用抗静电型天花板材料，一般情况下允许使用石膏板制品，禁止使用普通塑料制品。

8. 墙壁面料

应使用抗静电型墙纸，一般情况下允许使用石膏涂料或石灰涂料墙面，禁止使用普通墙纸及塑料墙纸。

9. 湿度控制

防静电工作区的环境相对湿度以不低于 50% 为宜；在不对产品造成有害影响的前提下，允许使用增湿设备喷洒制剂或水，以增加环境湿度；计算机机房的湿度应符合 GB2887 中的有关规定，类似的机房也应符合此规定；区域界限防静电工作区应标明区域界限，并在明显处悬挂警示标志，警示标志应符合 GJB1649 的规定，工作区入口处应配置离子化空气风浴设备。静电源防静电工作区内禁止使用及接触易产生静电荷的产品，如工作台表面油漆或浸深表面，普通塑料贴面，普通乙烯及树脂表面地板，塑料及普通地板革，抛光打蜡木地板，普通乙烯树脂工作服、帽、鞋，普通涤纶、合成纤维及尼龙面料，塑料及普通胶底鞋操作工具及设备，普通塑料盒、架、瓶、盘类用品及纸制品，普通泡沫及一般移动工具，压缩机，喷射设备，蒸发设备等。

10. 人员与工作过程防静电

（1）各环节要尽量减少接触这类 LED 器件的人数，限制人员不必要的走动、搬推椅子。

（2）使用电导率好的包装袋来包装 LED。

（3）应戴上手套接触 LED 器件（但不能戴尼龙和橡皮手套）。

（4）取出备用的 LED 器件后不要堆叠在一起，器件尽量不要互相接触。从包装袋中取出暂时不用的器件应用防静电袋包起来。

（5）必须用于接触 LED 的器件时，应接触管壳而避免接触 LED 器件的引出端。接触 LED 器件前，应将手或身体接"地"一下，把静电释放干净。

（6）电烙铁要求永久接地。

（7）椅子和工作台上应附加一层静电耗散材料。

（8）棉制工作服有一定的导电性，最好使用防静电服。工作鞋要用静电耗散型材料做成。

（9）应戴上防静电手镯，其原理是手镯与手接触，再把手镯接"地"，这样手与地同电位，可将人身上的静电释放。

（10）在工作区域使用离子风扇防止静电积累，因为离子风扇送出的负离子能与静电中和，不会使静电积累成很高的电压。

（11）车间入口处一定要有接地金属球，人进入时先摸金属球，以释放身上的静电。

3.1.6.3　防静电的一般工艺规程要求

防静电的常规工艺规程要求：①操作者必须戴有线防静电手腕。②涉及操作静电敏感器件的桌台面须采用防静电台垫。③ESD 敏感型器件必须用静电屏蔽与防静电器具转运。④准备开封、测试静电敏感器件时必须在防静电工作台上进行，有条件的可配用离子空气发生器清除空气中的电荷。⑤组装所用的焊接设备及成形工装设备都必须接地，焊接工具使用内热式烙铁，接地要良好，接地电阻要小。⑥电源供电系统要改装用变压器进行隔离，地线要可靠，防止悬浮地线，接地电阻小于10 Ω。⑦产品测试时，在电源接通的情况下，不能随意插拔器件，必须在关掉电源的情况下插拔。⑧凡 ESD 敏感型器件不应过早地拿出原封装，要正确操作，尽量不摸 ESD 敏感型器件管腿。⑨用波峰焊接时，焊料和传递系统必须接地。

在防静电要求严格的场合，下列防静电工艺要求也是常常需要的：①凡 ESD 敏感型整机进行高低温试验或老化试验时，必须先对工作场地及高低温箱进行静电位测试，其电位不能超过安全值，否则，要进行静电消除处理。②焊接好的印制电路板要作三防处理时，也要采用防静电措施。不要用一般的刷光，超声波清洗或喷洗。③调试、测量、检验时所用的低阻仪器、设备（如讯号、电桥等）应在 ESD 敏感型器件接上电源后，方可接到 ESD 敏感型器件的输入端。④在 ESD 敏感型测试仪器生产线上，应严格使用静电电位测试监视静电电位的变化情况，以便及时采取静电消除措施。

3.1.7　LED 衬底材料的选择要求

对于制作 LED 芯片来说，衬底材料的选用是首要考虑的问题。应该采用哪种合适的衬底，需要根据设备和 LED 器件的要求进行选择。目前市面上一般有三种材料可作为衬底：蓝宝石（Al_2O_3）、硅（Si）、碳化硅（SiC）。

3.1.7.1　蓝宝石衬底

通常，GaN 基材料和器件的外延层主要生长在蓝宝石衬底上。蓝宝石衬底有许多优点：首先，蓝宝石衬底的生产技术成熟、器件质量较好；其次，蓝宝石的稳定性很好，能够运用在高温生长过程中；最后，蓝宝石的机械强度高，易于处理和清洗。

因此，大多数工艺一般都以蓝宝石作为衬底。使用蓝宝石作为衬底也存在一些问题，例如晶格失配和热应力失配，这会在外延层中产生大量缺陷，同时给后续的器件加工工艺造成困难。蓝宝石是一种绝缘体，常温下的电阻率大于 1 011 Ω•cm，在这种情况下无法制作垂直结构的器件；通常只在外延层上表面制作 N 型和 P 型电极。在上表面制作两个电极，造成了有效发光面积减少，同时增加了器件制造中的光刻和刻蚀工艺过程，结果使材料利用率降低、成本增加。由于 P 型 GaN 掺杂困难，当前普遍采用在 P 型 GaN 上制备金属透明电极的方法，使电流扩散，以达到均匀发光的目的。但是金属透明电极一般要吸收 30%—40% 的光，同时 GaN 基材料的化学性能稳定、机械强度较高，不容易对其进行刻蚀，因此在刻蚀过程中需要较好的设备，这将会增加生产成本。蓝宝石的硬度非常高，在自然材料中其硬度仅次于金刚石，但是在 LED 器件的制作过程中却需要对它进行减薄和切割（从 400nm 减到 100nm 左右）。添置完成减薄和切割工艺的设备又要增加一笔较大的投资。蓝宝石的导热性能不是很好 [在 100℃约为 25W/（m•K）]，因此，在使用 LED 器件时，会传导出大量的热量，特别是对面积较大的大功率器件，导热性能是一个非常重要的考虑因素。为了克服以上困难，很多人试图将 GaN 光电器件直接生长在硅衬底上，从而改善导热和导电性能。

3.1.7.2 硅衬底

目前有部分 LED 芯片采用硅衬底。硅衬底的芯片电极可采用两种接触方式，分别是 L 接触（Laterial-contact，水平接触）和 V 接触（Vertical-contact，垂直接触），以下简称为 L 型电极和 V 型电极。通过这两种接触方式，LED 芯片内部的电流可以是横向流动的，也可以是纵向流动的。由于电流可以纵向流动，因此增大了 LED 的发光面积，从而提高了 LED 的出光效率。因为硅是热的良导体，所以器件的导热性能可以明显改善，从而延长了器件的寿命。

3.1.7.3 碳化硅衬底

碳化硅衬底的导热性能 [碳化硅的导热系数为 490W/（m•K）] 要比蓝宝石衬底高出 10 倍以上。蓝宝石本身是热的不良导体，并且在制作器件时底部需要使用银胶固晶，这种银胶的传热性能也很差。使用碳化硅衬底的芯片电极为 L 型，两个电极分布在器件的表面和底部，所产生的热量可以通过电极直接导出；同时这种衬底不需要电流扩散层，因此光不会被电流扩散层的材料吸收，这样又提高了出光效率。但是相对于蓝宝石衬底而言，碳化硅的制造成本较高，实现其商业化还需要降低相应的成本。

SiC 作为衬底材料应用的广泛程度仅次于蓝宝石，目前还没有第三种衬底用于 GaN LED 的商业化生产。SiC 衬底有化学稳定性好、导电性能好、导热性能好、不吸收可见光等优点，但不足方面也很突出，如价格太高，晶体质量难以达到 Al_2O_3 和 Si 那么好，机械加工性能比较差，另外，SiC 衬底吸收 380nm 以下的紫外光，不适合用来研发 380nm 以下的紫外 LED。由于 SiC 衬底良好的导电性能和导热性能，可以较好地解决功率型 GaN LED 器件的散热问题，故在半导体照明技术领域占重要地位。碳化硅衬底（美国的 CREE 公司专门采用 SiC 材料作为衬底）的 LED 芯片电极是 L 型电极，电流是纵向流动的。采用这种衬底制作的器件的导电和导热性能都非常好，有利于做成面积较大的大功率器件。

同蓝宝石相比，SiC 与 GaN 外延膜的晶格匹配得到改善。此外，SiC 具有蓝色发光特性，而且为低阻材料，可以制作。

表 3-11　三种衬底材料的性能比较

衬底材料	导热系数	膨胀系数	稳定性	导热性	成本	抗静电能力
蓝宝石	46	1.9	一般	差	中	一般
硅	150	5—20	良	好	低	好
碳化硅	490	— 1.4	良	好	高	好

氮化物衬底材料的评价因素及研究与开发 GaN、AlN、InN 及其合金等材料，是作为新材料的 GaN 系材料。对衬底材料进行评价，要就衬底材料综合考虑其因素，寻找到更加合适的衬底是发展 GaN 基技术的重要目标。

3.1.7.4　评价衬底材料综合考虑因素

除了以上三种常用的衬底材料之外，还有 GaAS、AlN、ZnO 等材料也可以作为衬底，通常根据设计的需要选择使用。衬底材料的评价：①衬底与外延膜的结构匹配：外延材料与衬底材料的晶体结构相同或相近、晶格常数失配小、结晶性能好、缺陷密度低；②衬底与外延膜的热膨胀系数匹配：热膨胀系数的匹配非常重要，外延膜与衬底材料在热膨胀系数上相差过大不仅可能使外延膜质量下降，还会在器件工作过程中，由于发热而造成器件的损坏；③衬底与外延膜的化学稳定性匹配：衬底材料要有好的化学稳定性，在外延生长的温度和气氛中不易分解和腐蚀，不能因为与外延膜的化学反应使外延膜质量下降；④材料制备的难易程度及成本的高低：考虑到产业化发展的需要，衬底材料的制备要求简洁，成本不宜很高。衬底尺寸一般不小于2in。考虑到产业化发展的需要，衬底材料的制备要求简洁，而且其成本不宜很高。

3.1.7.5　InN 的外延衬底材料的研究与开发

目前，InN 的外延衬底材料被广泛应用，其中有：InN；α-Al$_2$O$_3$（0001）；6H-SiC；MgAl$_2$O$_4$（111）；LiAlO$_2$ 和 LiGaO$_2$；MgO；Si；GaAs（111）等。

Ⅲ-Ⅴ族化合物，例如 GaN、AlN、InN，这些材料都有两种结晶形式：一种是立方晶系的闪锌矿结构，另一种是六方晶系的纤锌矿结构。以蓝光辐射为中心形成研究热点的是纤锌矿结构的氮化镓、氮化铝、氮化铟，而且主要是氮化镓、氮化铝、氮化铟的固溶体。这些材料的禁带是直接跃迁型，因而有很高的量子效率。用氮化镓、氮化铝、氮化铟这三种材料按不同组分和比例生成的固溶体，其禁带宽度可在 2.2eV 到 6.2eV 之间变化。因此，用这些固溶体制造发光器件是光电集成材料和器件发展的方向。

1.InN 和 GaN

因为异质外延氮化物薄膜通常带来大量的缺陷，缺陷损害了器件的性能。与 GaN 一样，如果能在 InN 上进行同质外延生长，可以大大减少缺陷，那么器件的性能就有巨大的飞跃。自支撑同质外延 GaN，AlN 和 AlGaN 衬底是目前最有可能首先获得实际应用的衬底材料。

2. 蓝宝石（α-Al$_2$O$_3$）和 6H-SiC

α-Al$_2$O$_3$ 单晶，即蓝宝石晶体。（0001）面蓝宝石是目前最常用的 InN 的外延衬底材料。因为衬底表面在薄膜生长前的氮化中变为 AlON，InN 绕 α-Al$_2$O$_3$（0001）衬底的六面形格子结构旋转30°，这样其失匹配度就比原来的 29% 稍有减少。虽然（0001）面蓝宝石与 InN 晶格的失配率高达 25%，但是由于其六方对称，熔点为 2 050℃，最高工作温度可达 1 900℃，具有良好的高温稳定性和机械力学性能，加之对其研究较多，生产技术较为成熟，而且价格便宜，现在仍然是应用最为广泛的衬底材料。

6H-SiC 作为衬底材料应用的广泛程度仅次于蓝宝石。同蓝宝石相比，6H-SiC 与 InN 外延膜的晶格匹配得到改善。此外，6H-SiC 具有蓝色发光特性，而且为低阻材料，可以制作电极，这就使器件在包装前对外延膜进行完全测试有了可能，因而增强了 6H-SiC 作为衬底材料的竞争力。又由于 6H-SiC 的层状结构易于解理，衬底与外延膜之间可以获得高质量的解理面，这将大大简化器件的结构；但是同时由于其层状结构，在衬底的表面常有给外延膜引入大量的缺陷的台阶出现。

3. 镁铝尖晶石（$MgAl_2O_4$）

$MgAl_2O_4$ 晶体，即铝酸镁晶体。$MgAl_2O_4$ 晶体是高熔点（2 130℃）、高硬度（莫氏 8 级）的晶体材料，属面心立方晶系，晶格常数为 0.8085nm。$MgAl_2O_4$ 晶体是优良的传声介质材料，在微波段的声衰减低，用 $MgAl_2O_4$ 晶体制作的微波延迟线插入损耗小。$MgAl_2O_4$ 晶体与 Si 的晶格匹配性能好，其膨胀系数也与 Si 相近，因而外延 Si 膜的形变扭曲小，制作的大规模超高速集成电路速度比用蓝宝石制作的速度要快。此外，国外又用 $MgAl_2O_4$ 晶体作超导材料，有很好的效果。近年来，对 $MgAl_2O_4$ 晶体用于 GaN 的外延衬底材料研究较多。由于 $MgAl_2O_4$ 晶体具有良好的晶格匹配和热膨胀匹配，（111）面 $MgAl_2O_4$ 晶体与 GaN 晶格的失配率为 9%，具有优良的热稳定性和化学稳定性以及良好的机械力学性能等优点，$MgAl_2O_4$ 晶体目前是 GaN 较为合适的衬底材料之一，已在 $MgAl_2O_4$ 基片上成功地外延出高质量的 GaN 膜，并且已研制成功蓝光 LED 和 LD。此外，$MgAl_2O_4$ 衬底最吸引人之处在于可以通过解理的方法获得激光腔面。

在前面的研究基础上，近来把 $MgAl_2O_4$ 晶体用作 InN 的外延衬底材料的研究也陆续见之于文献报道。其之间的匹配方向为：InN（001）//$MgAl_2O_4$（111），InN（110）//$MgAl_2O_4$（100），InN 绕 $MgAl_2O_4$（111）衬底的四方、六方形格子结构旋转 30°。研究表明（111）面 $MgAl_2O_4$ 晶体与 InN 晶格的失配率为 15%，晶格匹配性能要大大优于蓝宝石，（0001）面蓝宝石与 InN 晶格的失配率高达 25%。而且，如果位于顶层氧原子层下面的镁原子占据有效的配位晶格位置以及氧格位，那么这样就有希望将晶格失配率进一步降低至 7%，这个数字要远远低于蓝宝石。所以 $MgAl_2O_4$ 晶体是很有发展潜力的 InN 的外延衬底材料。

4. $LiAlO_2$ 和 $LiGaO_2$

以往的研究是把 $LiAlO_2$ 和 $LiGaO_2$ 用作 GaN 的外延衬底材料。$LiAlO_2$ 和 $LiGaO_2$

与 GaN 的外延膜的失配度相当小，这使得 $LiAlO_2$ 和 $LiGaO_2$ 成为相当合适的 GaN 的外延衬底材料。同时，$LiGaO_2$ 作为 GaN 的外延衬底材料，还有其独到的优点：外延生长 GaN 后，$LiGaO_2$ 衬底可以被腐蚀，剩下 GaN 外延膜，这极大地方便了器件的制作。但是由于 $LiGaO_2$ 晶体中锂离子很活泼，在普通的外延生长条件下（例如，MOCVD 法的化学气氛和生长温度）不能稳定存在，故其单晶作为 GaN 的外延衬底材料还有待于进一步研究，而且目前也很少把 $LiAlO_2$ 和 $LiGaO_2$ 用作 InN 的外延衬底材料。

5.MgO

MgO 晶体属立方晶系，是 NaCl 型结构，熔点为 2 800℃。因为 MgO 晶体在 MOCVD 气氛中不够稳定，所以对其使用少，特别是对于熔点和生长温度更高的 InN 薄膜。

6.GaAs

GaAs（111）也是目前生长 InN 薄膜的衬底材料。衬底的氮化温度低于 700℃ 时，生长 InN 薄膜的厚度小于 0.05μm 时，InN 薄膜为立方结构，当生长 InN 薄膜的厚度超过 0.2μm 时，立方结构消失，全部转变为六方结构的 InN 薄膜。InN 薄膜在 GaAs（111）衬底上的核化方式与在 α-Al_2O_3（001）衬底上的情况有非常大的差别，InN 薄膜在 GaAs（111）衬底上的核化方式没有在白宝石衬底上生长 InN 薄膜时出现的柱状、纤维状结构，表面上显现为非常平整。

7.Si

单晶 Si 是应用很广的一种半导体材料。以 Si 作为 InN 衬底材料是很引起注意的，因为有可能将 InN 基器件与 Si 器件集成。此外，Si 技术在半导体工业中已相当成熟。可以想象，如果在 Si 的衬底上能生长出器件质量的 InN 外延膜，就可以大大简化 InN 基器件的制作工艺，减小器件的大小。

8.ZrB_2

ZrB_2 是 2001 年日本科学家首次提出的氮化物外延新型衬底。ZrB_2 与氮化物晶格匹配，而且具有匹配的热膨胀系数和高的电导率，主要采用助熔剂法和浮区法生长。自支撑同质外延衬底的研制对发展自主知识产权的氮化物半导体激光器、大功率高亮度半导体照明用 LED 以及高功率微波器件等是很重要的。

当前用于 GaN 基 LED 的衬底材料比较多，但是能用于商品化的衬底只有两种，即蓝宝石和碳化硅衬底。其他诸如 GaN、Si、ZnO 衬底还处于研发阶段，离产业化还有一段距离。

9.GaN

用于 GaN 生长的最理想衬底是 GaN 单晶材料，可以大大提高外延膜的晶体质量，降低位错密度，提高器件工作寿命，提高发光效率，提高器件工作电流密度。但是制备 GaN 体单晶非常困难，到目前为止还没有行之有效的办法。

10.ZnO

ZnO 之所以能成为 GaN 外延的候选衬底，是因为两者具有非常惊人的相似之处。两者晶体结构相同、晶格识别度非常小，禁带宽度接近（能带不连续值小，接触势垒小）。但是，ZnO 作为 GaN 外延衬底的致命弱点是在 GaN 外延生长的温度和气氛中易分解和腐蚀。目前，ZnO 半导体材料尚不能用来制造光电子器件或高温电子器件，主要是材料质量达不到器件水平且 P 型掺杂问题没有得到真正解决，适合 ZnO 基半导体材料生长的设备尚未研制成功。

3.1.8　LED 生产车间进出管制规定

有下列健康状况或体质者原则上不能进入封装车间：①因日晒、湿疹或烫伤而皮肤有问题者；②对化学纤维有过敏性体质者；③对溶剂等化学药剂有过敏性体质者；④容易流汗或出手汗者；⑤容易流鼻涕或常从鼻子流出排出物者；⑥常咳嗽、打喷嚏或患气喘病者；⑦经常有搔抓习惯者；⑧有精神病、神经过敏或闭锁性恐惧症者。

物品限制：非生产或工作所需之物品一律禁止携入封装车间；物品携入封装车间前，必须先擦拭干净，才可带入封装车间。

进入封装车间的程序：①人员进入封装车间之流程：取得进入封装车间资格，刷卡进入更衣室，换穿无尘衣 / 鞋，带上手套。②物品进入封装车间之流程：取得物品携入许可。③仪器设备进入封装车间之流程：取得仪器设备进入许可。

无尘衣穿着注意事项：①清洗干净且包装好的无尘衣 / 鞋 / 帽等，请放置于个人衣柜内。②换穿无尘衣过程中，应尽量避免无尘衣接触地面。③戴网帽时应尽量将头发、耳朵都包覆在内，勿使其外露。④无尘衣拉链均应拉到底；扣子应扣好；魔术贴亦应粘妥。⑤无尘衣穿着应松紧适中，不可过松或太紧（可利用腰带来调整松紧度）。⑥无尘衣若有破损时，不可继续穿，应修补后才可使用（若不堪修补时应报废更换新品）。⑦穿无尘鞋时，应穿袜子以维持个人卫生。⑧穿无尘鞋时应全脚穿入，不可踩住鞋后跟。⑨穿无尘衣或戴口罩、手套时，不可边走边穿戴。⑩封装车间内不可打瞌睡。

穿好无尘衣进入风淋室前，应于镜子前检查下列各项：①头发、网帽不可外露。②裤脚不可外露（大衣式静电袍除外）。③无尘衣、鞋不可破损或脏污。④无尘衣、鞋之拉链、扣子、魔术贴等，应拉好不可松脱。⑤手套端缘不可外露。⑥无尘衣、帽之识别名牌，应贴合固定牢靠（新人尚无识别名牌者不在此限）。⑦披肩帽帽缘不可外露。

封装车间的注意事项：未取得封装车间进入资格者，不得进入封装车间；严禁裸手接触产品；表单、记录簿等应谨慎填写，任何涂改必须于旁边签名并标注日期；手套应保持干燥清洁，并且不可在手套上涂写；严禁坐卧桌面、脚踏板、地板、垃圾桶、护栏，以及斜靠机台或储存柜；若手易出汗或过敏者，可先戴细棉手套再带PVC 手套或乳胶手套；应随时注意各项公告及标语；应主动相互支持，但不可单独操作未认证合格之机台；大家应随时取缔、纠正不合规定之人员、物品、标示等，并通知相关主管，应随时注意头发不可外露；不可将无尘衣、帽等随意置于地板上；只能在更衣室内穿、脱无尘衣，不可在其他地方为之；风淋室前后两门不可同时打开；封装车间内严禁奔跑、嬉戏、喧哗、睡觉等；封装车间内严禁吃东西或喝饮料；剧烈运动或流汗后，不可立即进入封装车间，需待呼吸平稳且不再流汗后，方可进入；若有抽烟，须于抽后 30min 并且洗手漱口后，方可进入；封装车间内工作人员，应保持头发、身体之清洁，并经常盥洗；进入封装车间的人员禁止使用香水、口红、发胶及其他化妆品，若有化妆者应先卸妆后才可进入；原物料进入封装车间，需先在外面拆箱并擦拭干净后才可进入封装车间；不可面对产品、物料、机台交谈；即使已戴手套或指套，亦须减少对产品做非必要之碰触；封装车间内文件、半成品、物品或生产工具，非经部门主管允许，不可携出；在封装车间内使用电话，宜简短扼要，勿占线，封装车间内逃生路线不可有障碍物阻碍逃生；封装车间内产品、化学品、工具、文件、记录簿等，应放置整齐；进入风淋室前，双脚应先踏脚踏粘垫，将无尘鞋底之脏污去除；无尘衣／鞋不可穿出封装车间外，静电鞋亦不可穿出工厂外之区域；风淋室内的正确动作应为双手举起，并缓慢旋转身体（至少三圈）；各风淋室均有规定人数，不可超过所规定人数，若人数过多时应分批进入；安全门仅供紧急状况时使用，平时严禁由安全门进出工厂。

来宾（厂商）进入封装车间前必须先申请，并取得许可，始可由相关人员陪同进入。来宾在封装车间内活动须全程有相关人员陪同；封装车间内不可摄影或拍照；不可携带违禁品进入封装车间；来宾进入封装车间须穿着来宾专用无尘衣（黄色）；来宾或厂商进入封装车间，未经允许不可任意触摸、操作机台。

封装车间的安全注意事项：①操作机台前，必须先认证合格取得操作资格后，才可独立操作机台。②特殊作业请确实依照操作规范之相关规定。③油、水、化学品等液体漏洒于地面（桌面）或机台时，应迅速清除以免发生危险。④走道应保持畅通，不可有阻碍，以免妨碍逃生通道。⑤封装车间内不可存放易燃品，如系工作所需则必须有安全防护措施。⑥机台或封装车间中的各项安全措施，不可任意关闭或暂停，若有损坏应迅速修复。⑦工作人员如发现任何危害安全之行为、物品、状况时，除立即采取必要措施外，亦应快速向主管报告。⑧工作中应时时注意各项安全警告标语或注意标语，并确实遵守。⑨急救箱、灭火器、氧气筒及其他安全急救消防等装备，须置于指定位置。⑩各类清洁液、有机溶剂、化学品等瓶盖，于使用后应立即盖紧。⑪应避免单独一人于封装车间内工作。⑫各机台仪器及其他电气设备等，应作好接地及绝缘措施。⑬操作雷射等高能光源时，眼睛不可直视光源，以免发生危险。⑭应每日检查各项安全护具、装备，并保持随时可用之状态。⑮于封装车间内进行施工或维修时，若有登高、动火或其他特殊作业时，应先向安全主管部门取得许可并知会生产线。

3.2　LED 封装的分类及工艺流程

3.2.1　LED 封装的重要性及其分类

（1）引脚式封装。引脚式封装是制造直插式 LED 灯珠的封装过程，采用引线架作为各种封装外形的引脚，常见的有直径为 5mm 的圆柱形（简称 Φ5mm）封装。引脚式封装的工艺过程为：将边长为 0.25mm 的正方形管芯黏结或烧结在引线架（一般称为支架）上；芯片的正极用金属丝键合连到另一引线架上；负极用银浆黏结在支架反射杯内或用金属丝与反射杯引脚相连；顶部用环氧树脂包封，制成直径为

5mm 的圆形外形。其中，反射杯的作用是收集管芯侧面、界面发出的光，并向期望的方向角内发射。顶部包封的环氧树脂的作用：保护管芯等不受外界侵蚀；采用不同的形状和材料（掺或不掺散色剂），起透镜或漫射透镜作用，以控制光的发散角。

（2）平面式封装。平面式封装 LED 器件是由多个 LED 芯片组合而成的结构型器件。通过 LED 的适当连接（包括串联和并联）和合适的光学结构，可构成发光显示器的发光段和发光点，然后由这些发光段和发光点组成各种发光显示器，如数码管、"米"字管、矩阵管等。平面式封装即是制作 LED 数码管或点阵的过程。

（3）表贴式封装。表贴式封装也称贴片式封装，是制作贴片式 LED 灯珠的过程。表面贴片 LED 是一种新型的表面贴装式半导体发光器件，具有体积小、散射角大、发光均匀性好、可靠性高等优点。其发光颜色可以是包含白光在内的各种颜色，可以满足表面贴装结构的各种电子产品的需要，特别是手机、便携式计算机。

（4）食人鱼封装。食人鱼封装就是制作食人鱼 LED 的过程。由于食人鱼 LED 所用的支架是铜制造的，面积较大，因此传热和散热快。LED 点亮后，PN 结产生的热量很快就可以由支架的四个支脚导出到 PCB 的铜带上。食人鱼 LED 比 Φ3mm、Φ5mm 引脚式的管子传热快，从而可以延长器件的使用寿命。一般情况下，食人鱼 LED 的热阻比 Φ3mm、Φ5mm 管子的热阻小一半，所以很受用户的欢迎。

（5）功率型封装。以上均是小功率的 LED 封装类型。近年来，随着大功率 LED 应用场合的不断拓展，许多大功率 LED 封装企业也应运而生。由于普通照明将是 LED 发展的下一个重要领域，因此，大功率 LED 是未来半导体照明的核心。大功率 LED 的特点：大的耗散功率、大的发热量、较高的出光效率、长寿命。

3.2.2　LED 封装工艺流程

LED 封装过程主要包括固晶、焊线、配粉（对白光 LED）、封胶、分光与包装等工序。针对上述不同类型 LED 产品的封装方式，封装过程的工艺与设备相应也会有小的调整，但主要岗位的技术和工艺要求是大致相通的，单个灯珠的 LED 封装工艺流程及要点介绍如下。

（1）芯片检验。芯片检验主要是用显微镜观察芯片的外观，检验其材料表面是否有机械损伤及麻点、麻坑，检验芯片尺寸及电极大小是否符合工艺要求，电极图案是否完整等。

（2）扩晶。由于 LED 芯片在划片后依然排列紧密、间距很小（约 0.3mm），不利于后续工序的操作。因此，必须先对带结芯片的膜进行扩张，将 LED 芯片的间距拉伸到约 0.6mm。扩晶一般采用扩片机进行半自动的扩片，也可以采用于工扩张，但很容易造成芯片掉落。

（3）点（固晶）胶。在 LED 支架的相应位置点上银胶或绝缘胶（对 GaAs、SiC 导电衬底，背面电极上的红光、黄光、黄绿光 LED 芯片，采用银胶来固定芯片。对蓝宝石绝缘材底的蓝光、绿光 LED 芯片，采用绝缘胶来固定芯片）。点胶的工艺难点在于点胶量的控制，在胶体高度、点胶位置也有详细的工艺要求。由于银胶和绝缘胶在储存和使用时均有严格的要求，所以要特别注意它们的解冻、搅拌、使用时间。

（4）备（固晶）胶。与点胶相反，备胶是用备胶机先把银胶涂在 LED 芯片背面电极上，然后把背部带银胶的 LED 芯片安装在支架上。备胶的效率远高于点胶，但不是所有产品均适用备胶工艺（备胶一般应用于数码管封装）。

（5）手工刺片（手动固晶）。将扩张后的 LED 芯片（备胶或未备胶）安置在刺片台的夹具上，LED 支架放在夹具底下，在显微镜下用针将 LED 芯片一个一个地刺到相应的位置上。与自动装架相比，手工刺片有一个好处，就是便于随时更换不同的芯片。于工刺片适用于要安装多种芯片的产品。点胶和备胶两种操作通常是针对手动固晶而言的。

（6）自动装架（自动固晶）。自动固晶是目前 LED 封装企业批量生产的主要固晶方式。自动装架结合点胶和芯片检验两大步骤，先在 LED 支架上点上银胶（绝缘胶），然后用真空吸嘴将 LED 芯片吸起并移动位置，再安置在相应的支架位置上。在工艺上主要是熟悉自动装架设备操作编程，同时要对设备的点胶及安装精度进行调整。尽量选用胶木吸嘴，防止对 LED 芯片表面的损伤，特别是蓝色、绿色芯片，必须使用胶水吸嘴，因为钢嘴会划伤芯片表面的电流扩散层。

（7）烧结（烘烤）。烧结的目的是使银胶固化。烧结时要求对温度进行监控，防止出现批次性不良品。银胶烧结时，温度一般控制在 150℃，烧结时间为 1.5h，也可根据实际情况调整到 170℃、1h。绝缘胶烧结时一般为 150℃、1h。银胶烧结的烘箱必须按工艺要求每隔 2h（或 1h）更换烧结的产品，中间不得随意打开。

（8）压焊。压焊的目的是将电极引到 LED 芯片上，完成产品内外引线的连接工作。LED 的压焊工艺主要是金丝球焊，还可采用铝丝压焊。铝丝压焊的步骤为：先在 LED 芯片电极上压上第一点；再将铝丝拉到相应的支架上方，压上第二点后拉断铝丝。金丝球焊的操作过程则在压第一点前先烧个球，其余过程类似。压焊是 LED 封装技术中的关键环节，工艺上主要需要监控压焊金丝拱丝的形状（弧形），规定第一、二焊点形状大小。

（9）点胶封装。点胶封装工艺控制的难点是气泡、多胶、少胶、黑点，设计上主要是材料的选型。要选用结合良好的胶水和支架，SMD-LED 和芯片模组 LED 适用于点胶封装。手动点胶封装对操作水平要求很高（特别是白光 LED），主要难点是对点胶量的控制。白光 LED 的点胶封装还存在荧光粉沉淀导致光色差的问题。

（10）灌胶封装。Lamp-LED、大功率 LED 的封装一般采用灌胶封装的形式。灌胶封装的步骤为：先在 LED 成型模腔内注入液态胶体；然后插入压焊好的 LED 支架，并放入烘箱让其固化；最后将 LED 从模腔中脱出即成形。

（11）模压封装。模压封装的步骤为：将压焊好的 LED 支架放入模具中；将上、下两副模具用液压机合模并抽真空；将固态环氧放入注胶道的入口加热并用液压顶杆压入模具胶道中；环氧顺着胶道进入各个 LED 成形槽中并固化。

（12）短烤、长烤。短烤是指封装胶水的初步固化。透镜封装固化条件一般为 100℃、30min，模压封装固化条件一般为 150℃、40min。长烤是为了让胶体充分固化，同时对 LED 进行热老化。长烤对提高硅胶与支架（PCB）的站接强度非常重要，一般固化条件为 150℃、4h。

（13）切筋、切脚和划片。由于 LED 在生产中是连在一起的（不是单个），所以直插式 LED 需要采用切筋工序切断 LED 支架的连筋。此外，还需要将灯珠正、负极的两个引脚切成正极长负极短的状态以示区分，这称为切脚。负、正引脚的切脚分别称为半切、全切或一切、二切。SMD-LED 或大功率 LED 通常为多个支架在一片支架片上，需要划片机或拨料机来完成分离工作。

（14）分光、测试与包装。测试 LED 的光电参数、检验外形尺寸，要根据客户要求对 LED 产品进行分选。目前，批量生产一般在自动分光机上进行。对不同类型的 LED 成品，采用不同的设备或容器进行包装以出厂或入库。对小功率 SMD 产品，通常还要采用编带这种包装方式，这是在自动编带机上进行的。封装是 LED 产业链的中游环节，我国 LED 封装环节的实力比较强，有各种规模的 LED 封装企业。

3.2.3　LED 封装技术的发展

3.2.3.1　LED 灯具对 LED 封装的要求

与传统照明灯具相比，LED 灯具不需要使用滤光镜或滤光片来产生有色光，不仅效率高、光色纯，而且可以实现动态或渐变的色彩变化，在改变色温的同时保持其高的显色指数，满足不同的应用需要。为了使 LED 具有理论上的各种高品质特性，对 LED 的封装技术也提出了新的要求，具体体现在以下几点。

（1）模块化。通过多个 LED 灯（或模块）的相互连接，可实现良好的照明输出叠加，满足高亮度照明的要求。通过模块化技术，可以将多个点光滑或 LED 模块按照随意形状进行组合，满足不同领域的照明要求。

（2）系统效率最大化。为了提高 LED 灯具的出光效率，除了需要合适的 LED 电源外，还必须采用高效的散热结构和工艺，优化内 / 外光学设计，以提高整个系统效率。

（3）低成本。LED 灯具要走向市场，必须在成本上具备竞争优势（主要指初期安装成本），而封装在整个 LED 灯具生产成本中占了很大部分。因此，采用新型封装结构和技术，提高光效 / 成本比，是实现 LED 灯具商品化的关键。

（4）易于替换和维护。由于 LED 光源寿命长，维护成本低，因此对 LED 灯具的封装可靠性提出了较高的要求。要求 LED 灯具设计易于改进以适应效率更高的 LED 芯片封装要求，并且要求 LED 芯片的互换性要好，以便灯具厂商自己选择采用何种芯片。

3.2.3.2　LED 封装的新技术

LED 封装是一个涉及多学科（如光学、热学、机械、电学、力学、材料、半导体等）的研究课题。从某种角度而言，LED 封装不仅是一门制造技术（Technology），而且是一门基础科学（Science），良好的封装需要理解和应用热学、光学、材料和力学等的物理本质。LED 封装设计应与芯片设计同时进行，并且需要统一考虑光、热、电、结构等性能。在封装过程中，虽然材料（散热基板、荧光粉、灌胶封装）选择很重要，但封装结构（如热学界面、光学界面）对 LED 光效和可靠性影响也很大，大功率白光 LED 封装必须采用新材料、新工艺、新思路。对 LED 灯具而言，更需要集成考虑光源、散热、供电和灯具等性能。为了达到以上要求，LED 封装技术在经历了前述各种单个灯珠封装方式的不断优化或性能提高之后，进入了一个更加高层次的技术平台，这个平台以提高 LED 最终产品性能为目标，并逐渐将 LED 技术各环节进行合理的融合。在此情形下，出现了各种新的封装技术。

1. 板上芯片（COB）封装式 LED 封装

LED 光源是 21 世纪光源市场的焦点，LED 作为一种新型的节能、环保绿色光源产品，必然是未来发展的趋势，被称为第四代新光源革命，具有寿命长、光效高、稳定性高、安全性好、无汞、无辐射、低功耗等优点。但高光效低成本的集成光源产业技术的缺乏，是目前制约国内外白光 LED 室内通用照明迅速发展的瓶颈，是亟待解决的共性关键问题。"COB-LED 高光效集成面光源"封装技术是 LED 产业非常独特、创新的一种技术形式，具有独立自主知识产权，由众多专利和软件著作权形成的专利集群化保护，其极高的性价比特性将逐渐成为整个 LED 室内照明光源的主流封装技术。

COB 是 Chip On Board（板上芯片）的英文缩写，是一种通过教胶剂或焊料将 LED 芯片直接粘贴到 PCB 板上，再通过引线键合实现芯片与 PCB 板间电气互连的封装技术。PCB 板可以是低成本的 FR-4 材料（玻璃纤维增强的环氧树脂），也可以是高热导的金属基或陶瓷基复合材料（如铝基板或覆铜陶瓷基板等），而引线键合可采用高温下的热超声键合（金丝球焊）和常温下的超声波键合（铝劈刀焊接）。COB 技术主要用于大功率多芯片阵列的 LED 封装，与表贴式封装相比，不仅大大加大了封装功率密度，而且减小了封装热阻 [一般为 6—12W/（m·K）]。

COB-LED 光源技术中文含义解释为 LED 芯片直接贴在高反光率的镜面金属基板上的高光效集成面光源技术，此技术剔除了支架概念，无电镀、无回流焊、无贴片工序，因此工序减少近 1/3，成本也节约了 1/3。目前，LED 封装形式多种多样。但整体沿用半导体封装工艺技术来适应，不同的应用场合、不同的外形尺寸、散热方案和发光效果，其封装形式也不同。总的来说，COB-LED 封装技术是目前国内外产业界趋于认同的 LED 通用照明产业主流技术方案，全世界 LED 通用照明产业界都在努力寻求高性价比的生产方案。但是，以上封装形式无论何种 LED 都需要针对不同的运用场合和灯具类型设计合理的封装形式，因为只有性价比和光源综合性能封装好的才能成为终端的光源产品，才能获得好的实际应用。与以上几种封装形式不同。

COB 技术的效果和优点：①本项目已形成了一整套完善完整的产业化工艺，技术含量高，成熟。类似于 SMT 产业的 COB 工艺，与同类平面光源封装形式比较，集成化程度更高，可靠性更高，效率大大提高，必将成为 LED 未来室内照明光源封装的主流技术。②本工艺完全自主研发，独立创新，从原材料控制到成品检测工艺，已完全不同于支架式、SMD-LED 式工艺，集 COB 封装形式之集成化优点，其工序大大减少，降低了劳动强度，提高了生产效率。③不仅产品节能环保，无辐射无汞，其生产过程也节能、环保，减少了 PCB 工艺中电镀工艺的高耗能、高污染过程，不存在节能灯生产车间的高耗能及大量粉尘的空气污染。④本工艺采用了特殊的进口高反光率（发射率大于 98%）的原材料基板，大大激发了芯片和荧光粉的出光效率，与同类面光源相比，其光效提高了 15%。⑤独特的铝线焊线技术，独立自主开发与之配套的软件程序，减少了多次对点，提高了对点准确度和可靠性，提高了工作效率；增加了工件的工作面积，提高了集成化程度。⑥面光源出光效果得到更完美体现，与支架式、SMD 点阵发光效果不同，更接近于普通日光灯面光源效果，且降低了眩光效果。⑦LED 灯管及其制造方法，采用镜面铝板作为 LED 发光体的并联线路承载体，可更方便地按发光体要求进行配光曲面设计，使得第二次配光的要求得已方便实现，并且简化了后续制作工艺，在保证光源板质量的前提下降低了原材料成本，使出光端的出光效率得到有效提高。⑧取缔了回流焊工艺，减少了死灯故障，提高了芯片寿命；取消了焊锡工艺，采用效率更高的微点焊技术，大大提高了灯管总装的可靠性和效率。

COB 技术的创新难度：COB 技术涵盖光学、热学、力学、电学、材料和机械等多学科，涉及的技术门类和专业知识面广，是多学科、多种技术相结合的集成创新工程，因此，不仅对理论知识要求较高，还能创新性突破日、美及欧洲等西方发达国家在 LED 项目技术上的国际性专利封锁，研发出拥有完全自主知识产权的 LED 灯管全产业链的工艺生产新工艺，成功解决 LED 灯管封装出光效率提高、散热性能改善和低成本制造三大世界性难题，同时，制造成本大幅度降低，体现出的卓越性价比特征，更可傲视 LED 灯管产业界。

2. 系统封装（SiP）式 LED 封装

SiP（System in Package）是近几年来为适应整机的便携式发展和系统小型化的要求，在系统芯片（System on Chip，SOC）基础上发展起来的一种新型封装集成方式。对 SiP-LED 而言，不仅可以在一个封装内组装多个发光芯片，还可以将各种不同类型的器件（如电源、控制电路、光学微结构、传感器等）集成在一起，构建成一个更为复杂、完整的系统。与其他封装结构相比，SiP 具有工艺兼容性好（可利用已有的电子封装材料和工艺）、集成度高、成本低、可提供更多新功能、易于分块测试、开发周期短等优点。按照技术类型不同，SiP 可分为四种：芯片层叠型、模组型、MCM 型和三维（3D）封装型。

目前，高亮度 LED 器件要代替白炽灯以及高压钠灯，必须提高总的光通量，或者说必须提高可以利用的光通量。光通量的增加可以通过提高集成度、加大电流密度、使用大尺寸芯片等措施来实现。而这些都会增加 LED 的功率密度，如散热不良将导致 LED 芯片的结温升高，从而直接影响 LED 器件的性能（如发光效率降低、出射光发生红移、寿命降低等）。多芯片阵列封装是目前获得高光通量的一种最可行的方案，但是 LED 阵列封装的密度受限于价格、可用空间、电气连接，特别是散热等因素。由于发光芯片的高密度集成，散热基板上的温度很高，必须采用有效的热沉结构和合适的封装工艺。常用的热沉结构可分为被动散热和主动散热。被动散热一般选用具有高肋化系数的翅片，通过翅片和空气间的自然对流将热量耗散到环境中。该方案结构简单，可靠性高，但由于自然对流换热系数较低，只适合于功率密度较低、集成度不高的情况。对大功率 LED 封装，则必须采用主动散热方案，如翅片＋风扇、热管、液体强迫对流、微通道制冷、相变制冷等。

在系统集成方面，中国台湾地区新强光电公司采用系统封装（SiP）技术，并通过翅片＋热管的方式搭配高效能散热模块，研制出了 72W、80W 的高亮度白光 LED 光源。由于其封装热阻较低（4.38℃/W），当环境温度为 25℃时，LED 结温控制在 60℃以下，从而确保了 LED 的使用寿命和良好的发光性能。华中科技大学则采用 COB 封装和微喷主动散热技术，封装出了 220W 和 1 500W 的超大功率 LED 白光光源。

集成电路技术的进步以及其他元件微小型化的发展为电子产品性能的提高、功能的丰富与完善、成本的降低创造了条件。现在不仅军用产品、航天器材需要小型化，工业产品甚至消费类产品，尤其是便携式产品也同样要求微小型化。这一趋势反过来又将进一步促进微电子技术的微小型化。这就是近年来系统级封装（System in Package，SiP）之所以取得了迅速发展的背景。SiP 已经不再是一种比较专门化的技术，它正在从应用范围比较狭窄的市场向更广大的市场空间发展，它正在成长为生产规模巨大的重要支持技术。它的发展对整个电子产品市场产生了广泛的影响，它已经成为电子制造产业链条中的一个重要环节。它已经成为影响种类繁多的电子产品提高性能、增加功能、扩大生产规模、降低成本的重要制约因素之一。它已经不是到了产品上市前的最后阶段才去考虑的问题，而是必须在产品开发的开始阶段就加以重视，纳入整体产品研究开发规划，和产品的开发协同进行。再有，它的发展还牵涉到原材料、专用设备的发展，是一个涉及面相当广泛的环节。因此整个电子产业界，不论是整机系统产业，还是零部件产业，甚至电子材料产业部门、专用设备产业部门，都很有必要更多地了解，并能够更好地促进这一技术的发展。经过这几年的发展，国际有关部门比较倾向于将 SiP 定义为：一个或多个半导体器件（或无源元件）集成在一个工业界标准的半导体封装内。按照这个涵义比较广泛的定义，SiP 又可以进一步按照技术类型划分为四种工艺技术明显不同的种类：芯片层宗司摘译叠型；模组型；MCM 型和三维（3D）封装型。现在，SiP 应用最广泛的领域是将存储器和逻辑器件芯片堆叠在一个封装内的芯片层叠封装类型，和应用于移动电话方面的集成有混合信号器件以及无源元件的小型模组封装类型。这两种类型 SiP 的市场需求在过去 4 年里十分旺盛，在这种市场需求的推动下，建立了具有广泛基础的供应链，这两个市场在成本方面的竞争也十分激烈。而 MCM（多芯片模组）类型的SiP 则是一贯应用于大型计算机主机和军用电子产品方面。MCM 已经建立多年，是比较成熟的技术。在这个传统领域 MCM 将继续获得广泛应用，但是预计也不会显著地向这个领域以外扩大其应用范围。估计汽车电子产品将是其扩展的领地之一。

此外，现在还出现了各种各样的有关 3D 封装的新颖构想。3D 封装近来越来越受到人们的关注，成为吸引研究人员注意的焦点，它的研究进展有助于推动未来系统性能的提高与功能集成的进步。SiP 和系统级芯片（SOC）一样，也已经发展成为推动电子系统集成的重要因素。SiP 与 SOC 相比，在某些应用市场有着一定的优势，在这些市场范围内它可以作为一种变通方案代替 SOC。SiP 的集成方式比较灵活多样，进入市场的周期比较短，研究开发的费用也比较低，NRF 费用也比较低，在一些应用领域生产成本也比较低，这是它的优势。但是，SiP 技术并不能作为一种高级技术完全取代具有更高集成度水平的单芯片硅集成技术 SOC，应该把 SiP 看作 SOC 技术的一种补充技术。尤其是对于许多产量规模巨大，又是以 CMOS 技术为基础的应用，SOC 将仍然是不可取代的优先选择。和大多数新兴市场一样，对于 SiP 的应用也仍然有一些关键的属于基础性的问题需要解决和改进，例如，如何在产业链的各个环节上降低成本，如何提高性能与可靠性，以推进市场的进一步扩大。其中也应该包括如何降低高连接线密度基板材料的成本；开发 EDA 设计工具；开发 SiP 电特性与机械特性的高速计算机模拟工具，并使之与 IC 设计工具相连接；研究开发晶圆级封装技术；降低专用装配设备的成本；改进包封用材料的性能等问题。

下面将分别介绍对系统级封装（SiP）产品的市场驱动因素，各方面要求 SiP 达到的目标，以及在发展 SiP 产业的过程中需要克服的困难。在过去的两年里 SiP 市场规模的增长幅度比一般封装市场的增幅大得多，预计其增长幅度在今后的三年内仍将超过一般封装市场的平均增长幅度。为了抓住这个不断扩大的市场机遇，IDM 公司、半导体封装厂商、测试分包厂商以及 EMS（电子产品制造服务）公司等都在向 SiP 的有关研究开发与扩大生产能力的项目增加投资。但是由于在 2000—2002 年间遭遇严重的半导体不景气，这些投资还是偏于保守，以至于目前在某些需要大力加强生产能力方面的投资显得不足。目前在生产能力方面呈现明显不足的部分，集中在以下几处：高密度互连线（HDI）多层线路板基板、0201 无引出线零部件、高密度组装以及 RF 混合信号测试等。

从根本上说，推动 SiP 技术发展的主要动力是对于电子产品小型化的强烈需求，希望产品体积更紧凑，集成度更高。如果有可能，许多厂商还是希望采用能够集成整个系统的硅单片 SOC 的解决方案。应用 CMOS 工艺技术实现的 SOC，仍然是成本最低、集成度最高的首选。但是这些系统级芯片目前受技术限制，只能局限于数字式逻辑产品。然而，许多系统往往需要具有混合信号功能和模拟的功能，并且在电子产品中还需要应用许多特殊的器件，这些特殊器件往往是不能应用以 CMOS 工艺技术为基础的制造方法实现的。在这些应用方面，采用 SiP 技术来制成集成化的子系统，甚至整个系统的模组，是很有竞争力的。在这些关键的应用市场中，SiP 预计仍将继续大幅度增长。RF 移动电话一直是 SiP 增长最快的市场之一。移动电话系统为了达到最高的性能水平，现在在一个简单的无线电系统中，往往混合采用硅、硅锗（SiGe）和砷化镓（GaAs）以及其他无源元件。将这些不同工艺技术制造的零部件制作在一块硅单晶芯片上，目前的技术还不太可能，或者可以说在经济上还不划算。但是采用 SiP 模组却可以应用表面安装技术（Sllrface Mount Technology，SMT）集成硅和砷化镓裸芯片，还可以采用嵌入式无源元件，非常经济有效地制成高性能 RF 系统。这样的模组具有高度的灵活性，有利于系统的划分，分别对其进行优化，并且设计周期与样品制作周期都比较短。对于模组的客户亦即模组组装厂商，采用 SiP 技术以后，还可以简化装配过程，降低测试的复杂性与难度，同时由于减少了零部件的数目还可以节省整个系统的成本。

对于单纯的数字式电子产品市场，SiP 的重要驱动力来自逻辑电路与存储器相结合的产品；为了降低这类产品的成本，提高其集成度往往需要采用 SiP。成本的降低是由于 SiP 可以将几个芯片叠加起来封装在一个封装内，从而减少了零部件的数量；同时也由于采用成本比较低的引线键合或倒叩焊的工艺实现存储器与逻辑电路的连接，从而降低了成本。特别是当系统内芯片之间存在大量的共同连接时，由于能够共用封装提供的 I/O，这种方式的 SiP 是最经济有效的解决方案。除了节省封装的成本以外，这种芯片层叠式封装还可以大量节约电路板面积，降低电路板上互连的复杂程度。在目前的层叠芯片封装中，有各种各样的叠加芯片的方式。不论采用哪一种叠加方式，都是在对各个零部件进行过测试以后，再使用焊料或者其他连接方法将元件层叠起来再进行封装的。它最大的优势是减少了电路板的面积，降低了电路板的复杂程度。但是，还可以在每个封装内部安排布线，以便更精确地实现 I/O 的对准。而在线路板上安置裸芯片，一般不能达到很高的精度。

SiP 最复杂的形式是 MCM。MCM 的出现主要是受到改进与提高性能，尽量缩小体积要求的推动。大多数这类应用都采用陶瓷基板，应用倒叩芯片互连技术，可以在比较高的环境温度下运行，具有比较高的可靠性。MCM 主要应用于汽车电子、军用系统以及航天器材。目前基板上的互连密度与半导体芯片上的互连密度间存在相当大的差距，采用 MCM 技术有助于缩短这个差距。估计在今后的 10 年内，MCM 技术将发展成为真正意义上的 3DSiP。这样可以进一步改进系统的性能，提供最高的集成密度。

SiP 技术的复杂多样性（在某种程度上）是由市场要求的多样化所决定的。估计在相当长的时期内，这些纷繁的市场驱动仍然会要求 SiP 技术继续保持其多样性，促使 SiP 技术继续向多样性发展，近来又新增加了另外一个原因，就是系统的发展需要将许多新型器件集成到系统中去。例如，当前就十分有兴趣将光学器件与电子器件集成在一个 SiP 之中；也关心将传感器为基 MEMS（微电子与机械系统）与其他电子零部件一起集成在电子产品内。将来还必然会要求将生物结构、纳米结构以及化学器件（Chemical Devices）集成进来。这些特殊类型的器件和目前的砷化镓或者滤波器器件的情况十分类似。随着 12 英口晶圆与深亚微米工艺技术的大量采用，随着其他技术门类的发展，在当前技术大融合的形势下，电子产品将会更为复杂多样。将这些不同类型的各种各样的器件集成在 SiP 内，看来是最为经济实效的方式。

根据上述各种不同类型的应用与要求，去年美国电子制造业促进会邀请了一些专家，经过讨论，综合了在设计、装配过程、材料、零部件以及可靠性等方面对 SiP 的不同技术要求，并确定了一组数量不多的指标，并对上述要求加以量化，以便易于参考使用。这些专家分别来自 IDM（垂直集成的半导体器件制造司）公司、EMS（电子制造服务）公司、半导体封装 / 测试承包公司、有关的材料与设备供应公司以及各大学和研究机构。这些来自不同产业与机构的专家，带来了有关 SiP 市场、技术的最新信息，以及围绕扩展这一新兴技术产业所需要开展的研究工作的规划等方面的最新观点。由于应用范围广，各种应用要求自然有很大的差异；也由于 SiP 技术发展尚不成熟，所选择的指标主要考虑能否表明技术的发展趋势，并尽可能和研究团体所追求目标相一致。鉴于 SiP 发展变化异常迅速，预计在今后两三年内，这些要求很可能会随着技术的发展成熟出现很大的变化，需要及时进行修正。MCM 的最大端口数量是受大型计算机系统与网络市场的要求驱动的。这些复杂的应用系统采用了规模庞大的复杂 MCM 技术。对于这部分市场，系统的性能是最重要的驱动。I/O 端口数量曾经受到大型主机应用的影响，被推进到 PCB 技术的极限；以后再没有遇到过更高数量的要求，因此没有必要再进一步增加。

RF 模组的端口数量主要受 RF 系统的推动。一般 RF 系统没有要求很大的 I/O 端口数量。预计随着模组功能的增加及向数字化接口的转移，RF 系统所需求的 I/O 数量将迅速增加，一直达到 I/O 密度的极限。现在大多数模组产品利用一个周边安置 I/O，节距现在为 0.5mm。因此，预计随着 I/O 数量的增加，将会在 2007 年要求节距缩短到 0.4mm，以增加 I/O 的数量。这一改进将影响测试插座、SMT 工艺技术以及电路板母板，要求它们也作相应的改进。在对于体积缩小要求十分严格的应用领域，它们所使用的存储器容量越来越大。这一要求将 SiP 内叠加的芯片数提高至极限。不断增大的存储器容量除了增加芯片层叠的数量以外，也在推动晶圆片的减薄，改进芯片焊接，改进引线键合工艺技术，以便改善芯片层叠封装的装配过程。

在模组 SiP 内安装的芯片数量，由于预计到许多应用将逐步转向采用集成水平更高的 SOC 芯片，因此模组内的总芯片数增加至一定数量以后将会逐步减少。这时出现的一个重要转变是将在模组内引入传感器之类的特殊器件，以改进系统的功能。这些特殊器件，估计将采用晶圆级封装，并且是可以采用 SMT 技术进行装配的。但是如果晶圆级封装一时还不能被采用，则这时模组内所安置的总芯片数可能增加。

现在嵌入式无源元件正在日益广泛地应用于 SiP，它们可以被安置在陶瓷基板或有机多层板基板上，甚至也可以安置在引线框架上。但是在不同的基板上安置的无源元件的类型与复杂程度却有着明显的不同。在引线框上形成的电感器，大都是简单的螺旋形状的导电体，电感的数值范围很有限。对于有机材料的多层板基板，可以安置的电感器类型与电容器结构就比较宽，采用新的电介质材料的电容器结构也已开始出现。对于陶瓷基板的 MCM，可以安置的电阻器、电容器和电感器类型就更为广泛了；它还可以采用不同的特殊电介质，因此元件类型也更广泛。对于嵌入式元件最为重要的共同要求，则是缩小参数公差和降低成本。此外，专家们还对今后约 10 年内，SiP 的主要性能特征进行了预测。

零部件是根据对系统的要求所明确的需要推进技术发展进步的一个领域。现在有些零部件的技术立足于采用新的材料，可以增加电容器的电容量以满足系统的发展需要，但是不能达到降低成本的目标。现在也有一些技术，确实可以改进插入损耗（例如 RF 应用方面基于 MEMS 技术的开关器），提供比较高的 Q 因子；但是这些技术还需要进一步开发以便降低成本，提高性能，满足所要求的指标。

可目前还没有以用于芯片与封装协同设计的集成化设计工具，这是在采用 SiP 的早期就需要解决的问题之一，也是当前的一项关键项目。有几家 EDA 厂商现在已经有一些标准的工具，可以应用于 SiP 的设计。例如，版图设计工具、DRC 验证工具、电性能分析工具，以及与机械特性分析工具的连接工具等，可以应用于现在正在进行的 SiP 设计。随着 SiP 复杂性的增加与性能的提高，需要改进这些工具的性能，以便能够更迅速地进行 3D 电性能与机械性能的仿真。为了能够计算制造误差对电性能的影响，需要大幅度改进这些工具的仿真能力，例如，基板尺寸的细微变化对于 RF 电路电性能的影响等。此外，还需要开发一些新型的设计工具，以便能够将不同种类的技术集成在一起。这些工具可以用来设计复杂的 SiP，这些 SiP 可能包括半导体器件、MEMS 元件、光学元件，甚至还包括生物器件。这些工具还应该能够用来进行产品概念构思阶段的分析比较，以便设计人员能够对不同的设计方案权衡利弊，分析得失，对各种不同类型方案的性能、成本、可靠性以及风险程度进行计算。

当前的许多模组主要应用 SMT 来进行 0201 元件的焊接，采用的焊接材料、零部件以及工艺专用设备都是最先进的，接近各自的极限能力。所使用的无铅焊料膏还需要继续进行改进，以便能够与回流温度更相适应，也便于进行清洗。这个要求十分重要，因为应用 SiP 技术时，芯片焊接与引线键合工序都是在 SMT 安装以后进行的。因此，对于焊接处的清洗的要求是十分严格的，并且它直接影响附着力的好坏和键合的可靠性。无论是对于陶瓷基板还是对于有机多层板基板，零部件的顶部包封（Over-molding）仍然存在许许多多的困难，其中的一个重要环节是模塑化合物材料的性能，要求它具有非常低的吸湿性，能够在复杂的 SiP 表面保持良好的流动性，并且对于 SiP 内所安置的各种各样的材料都具有良好的附着性。设计模塑所使用的模铸模具时，如何能够使这些模塑材料在各种各样形状的零件上顺畅地流动，也是非常重要的事情，而这些零件的材料又是千差万别的。即使在完成零部件的顶部包封以后，如何消除残余应力也是一个重要的问题，否则在这些残余应力的作用下在现场实际使用过程中就容易失效。

为了提高生产效率、节约材料，大多数 SiP 的组装工作都是以阵列组合（Matrix Format）的方式进行，在完成模塑与测试工序以后，再进行划分，分割成为单个的器件。划分分割可以采用锯开或者冲压工艺。锯开工艺灵活性比较强，也不需要很多专用工具，冲压工艺则生产效率比较高，成本较低，但是需要使用专门的工具。需要研究开发新的分割工艺（Singulation），使之能够高速、精确地处理各种不同类型材料制成的阵列组合器件，也便于更进一步降低成本。

为了进一步提高集成度，进一步改进系统的性能，需要首先改进基板材料和基板加工技术。目前芯片上的互连密度继续以每两年提高 30% 的速度在提高，而基板上互连密度的提高速度则低得多。因此，两者之间的差距越来越大。需要开发小于 25μm 线宽与间距的互连线的制造加工技术以及与之相联系的材料，以缩小上述差距，这是非常重要的举措，这些制造加工技术与材料的成本也不能过高。

由于大多数 SiP 的应用都以无铅电子产品为目标，因此，SiP 产品必须能够适应无铅材料较高回流温度的要求，这就要求所采用的材料与加工的零件能够承受多次 260℃回流温度的加工。许多有机 HDI 多层板基板应用具有比较低的 Ts（玻璃软化温度）的材料，这些材料在如此高的回流温度下容易产生扭曲变形，性能也可能降低。因此，需要开发新的材料以提高低成本 HDI 基板材料的加工温度极限。

不论是模组类型的 SiP，还是层叠芯片类型的 SiP，或者是引线框架类型的 SiP，大多数情况下都在装配过程中采用顶部包封技术。一般情况下，零部件产业部门并没有针对这方面的应用对零件进行质量鉴定，而这方面的应用又的确有一些特殊的要求需要特别留意。因此，产业界需要为这方面的应用开发标准的鉴定程序以及相对应的加速测试方法等，并且需要确定这方面的应用所呈现的特殊失效模式与机理。针对不同的零件类型，进行特性测试，制定合适的技术规范条件。

为了尽可能降低整个封装的外形尺寸，在封装内安置尽可能多的芯片，芯片层叠类型的 SiP 正在千方百计地努力改进，在更薄的芯片上键合引线的工艺技术，以减轻引线跨越（Overhans）所引起的不良影响。采用引线键合工艺技术的 SiP 在芯片上和芯片下面的空间所产生的引线跨越是不可避免的。解决引线跨越问题需要认真减薄芯片的厚度，仔细注意键合力的大小。对于材料性质比较脆弱、机械强度比较低的 GaAs 器件，更需要特别注意防止引线跨越所产生的不良影响。

随着芯片厚度的减薄和高深宽比腐蚀技术的改进，现在有可能在芯片上制造穿孔，以便将引出线焊接块安置在 IC 芯片的背面，这就为垂直层叠芯片之间实现引线的 3D 互连创造了条件。这样芯片之间的空间已经不再需要，因此可以降低器件外形的总厚度。微小的穿孔和相应的微小的焊接块都需要高度精确的对准技术，也需要掌握能够对厚度达到 10μm 甚至更薄的芯片进行背面加工，以及处理这种薄芯片的其他工艺技术。使用焊料球来实现芯片与芯片之间的直接互连，在芯片之间不可避免地存在一个缝隙，其高度决定于焊料球的直径。多次反复的回流工序可能会对焊料下的金属冶金层（Under Bump-Metallurgy，UBM）产生不良影响。Cu-Sn 和 Cu 之间的固液互扩散技术以及铜与铜的直接键合技术有可能为大幅度减小垂直层叠芯片之间的缝隙，以及使之能够承受多次回流工序的影响创造了条件。

固液相互扩散的结果生成 Cu_3Sn 与 Cu_6Sn 金属间化合物层，此金属间化合物层的熔点温度比加工处理温度（Sn 的熔点温度）要高。因此，有可能连续地进行许多次芯片的层叠时，经过随后的高温存储 Cu_6Sn_5 转变为 Cu_3Sn，仅仅留存下含 Cu 比较多的 Cu_3Sn，应该仔细控制 Sn 层的厚度。薄 Cu 层（在几毫米附近）要求具有 1μm 的表面平整度。应用等离子体激活工艺可以使 Cu 与 Cu 直接键合温度从 450℃ 降低至 200℃，这样也为多芯片层叠时进行多次键合创造了条件。这时也要求具有极好的表面平整度，精度在 1μm 左右。3D 封装的优点在于可以提高互连线的密度，降低器件外形的总体高度。由于有可能将不同类型的 IC 芯片层叠在一起，而又具有较高的互连线密度，因此，3D 封装技术具有很好的应用前景。但是，加工的成品率和测试的方案将决定它是否能够成功地实现。此外除了上述困难以外，它还需要与成本低廉的普通的 SiP 竞争，才能够胜利地抢占市场。

系统级封装技术融合了电子制造服务产业（EMS）的表面安装技术、半导体封装服务产业（SAS）的半导体装配技术与测试技术。这种融合强迫表面安装技术工序和裸芯片的装配技术工序必须在同一个工厂内进行，这一改变遇到了一些困难，要求必须解决一些基本的产业结构问题。这两部分产业（EMS 与 SAS）的商业运行模式并不相同，对这两种产业的要求也不相同；各自遵循的技术规范、使用的设备、所需要具有的操作技巧也不相同。为了达到合理的利润率，SAS 公司确定毛利率指标为 20％ 左右，而 EMS 公司的毛利率一般在 10％ 左右。这种商务运行模式的不同，是由于两种工厂需要摊销的管理费用、间接成本存在差异，例如，一家需要洁净厂房，一家只需要标准厂房环境，所承担的研究开发费用、劳动力费用、设备费用也不尽相同。因此如果要发展 SiP 技术产业，电子制造公司就必须建立一种新的运行模式，这种模式应该融合 SAS 与 EMS 两种模式的结构。这种模式还必须能够保证达到每年降低 15％ 产品制造成本的产业目标，这样才能够具有起码的竞争能力。

此外，EMS 与 SAS 运行时所遵循的质量规范与可靠性标准并不相同。EMS 厂商采用 IPC 电路板组装的技术规范，而 SAS 厂商则遵循 JEDEC 零部件技术规范。这样一来，同样的 SiP，如果加工的场地不同，就可能产生重要的区别。关于这一点，必须按照最终产品的市场要求来进行调整。综合技术素质是另外一个重要问题。SiP 所要求具备的融合了的综合技术素质，现有的公司一般是不能完全具备的。因此需要聘请来自不同领域的专家，并将他们的专业知识融会贯通在一起。一般是以本公司的特有技术为基础，聘请其他领域的专家，互相结合起来，共同培训每一个职工，使之掌握所需要的技能，这个学习过程一般需要两年。产业界也应该考虑举办一些进行 SiP 培训的讲座，促进这一问题的解决。

3. 封装大生产技术

晶片键合（Wafer Bonding）技术是指芯片结构和电路的制作、封装都在晶片上进行，封装完成后再进行切割，形成单个的芯片；与之相对应的芯片键合是指芯片结构和电路在晶片上完成后，即进行切割后形成芯片，然后对单个芯片进行封装（类似现在的 LED 封装工艺）。很明显，晶片键合封装的效率更高、质量更好。由于封装费用在 LED 器件制造成本中占了很大比例，因此，改变现有的 LED 封装形式（从芯片键合到晶片键合），将大大降低封装制造成本。此外，晶片键合封装还可以提高 LED 器件生产的洁净度，防止键合前的划片、分片工艺对器件结构的破坏，提高封装成品率和可靠性，因而是降低封装成本的一种有效手段。

此外，对大功率 LED 封装，必须在芯片设计和封装设计过程中，尽可能采用工艺较少的封装形式，同时简化封装结构，尽可能减少热学和光学的界面数，以降低封装热阻，提高出光效率。

习题：

1. 简述 LED 芯片的制造流程。

2. 利用哪些芯片制造过程中的工艺技术措施，可以提高芯片的光强与出光效率？

3. LED 芯片一般可以封装成哪几种形式？它们在结构上有什么不同？

4. LED 芯片封装器件的一般制造流程是什么？

5. 为什么要将芯片进行封装？封装后的器件与裸芯相比在性能上有什么不同？

第 4 章　LED 封装的几种结构

LED 芯片只是一块很小的固体，它的两个电极要在显微镜下才能看得见，加入电流之后才会发光。在制作工艺上，除了要对 LED 芯片的两个电极进行焊接，引出正极、负极之外，还要对 LED 芯片和两个电极进行保护。这就需要对 LED 进行封装，即封装的最基本功能。

研发低热阻、优异光学特性、高可靠的封装技术是 LED 走向实用、走向市场的产业化必经之路。LED 技术大都是在半导体分离器件封装技术基础上发展与演变而来的。将普通二极管的管芯密封在封装体内，作用是保护芯片和电气互连。LED 封装是：实现输入电信号、保护芯片正常工作、输出可见光的功能，其中既有电参数的设计及技术要求，又有光参数的设计及技术要求。相比普通二极管封装，光参数的设计及技术要求是 LED 封装需要额外强调的地方，只有这样才能使 LED 的光品质更加优良。这是封装的扩展功能。

LED 中，PN 结发出的光子是非定向的，即向各个方向发射的几率相同。因此，并不是芯片产生的所有光都可以发射出来。能发射多少光，取决于半导体材料的质量、芯片结构、几何形状、封装内部材料和包装材料。因此，LED 封装要根据 LED 芯片的大小、功率大小来选择合适的封装方式。

LED 的封装方式包括：引脚式封装、平面式封装、表贴式封装、食人鱼封装、功率型封装，分别对应于第 2 章所述的 LED 按照灯珠封装方式分类的几种类型。

4.1　引脚式封装结构

引脚式封装如图 4-1 所示，将外引线连接到 LED 芯片的电极上，同时保护好 LED 芯片，并且起到提高光取出效率的作用。LED 引脚式封装采用引线架作为各种封装外型的 pin，其品种数量繁多，技术成熟度较高，封装内结构与反射层仍在不断改进。采用标准 LED 被大多数客户认为是目前显示行业中最方便、最经济的解决方案，典型的传统 LED 安置在能承受 0.1W 输入功率的包封内，其 90% 的热量是由负极的引脚架散发至 PCB（印刷线路板），再散发到空气中的，如何降低工作时 PN 结的温度升高是封装与应用必须考虑的。包封材料多采用高温固化环氧树脂，其旋光性能优良，工艺造应性好，产品可靠性高，可做成有色透明或无色透明和有色散射或元色散射的透镜封装。相同的透镜形状构成多种外形及尺寸，例如，圆形按直径分为 2mm、3mm、4.4mm、5mm、7mm 等数种，环氧树脂的不同组分可产生不同的发光效果。引脚式 LED 封装的三要素为芯片、支架、环氧树脂透镜。LED 引脚式封装采用引线架作为各种封装外型的引脚，常见的是直径为 5mm 的圆柱型（简称 Φ5mm）封装。

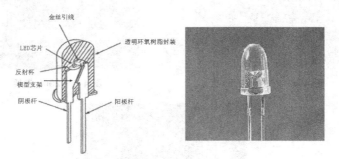

金丝引线

LED 芯片

反射杯

模型支架

阴极杆

透明环氧树脂封装

阳极杆

图 4-1　引脚式 LED 封装

4.1.1　引脚式封装需要的材料

4.1.1.1　支架

支架用来导电和支撑，由支架素材经过电镀而形成，由里到外是支架素材、铜、镍、铜、银这五层。支架可分为如下几类：① 2002 杯 / 平头支架。此种支架如图 4-2 所示，一般用来制作对角度、亮度要求不是很高的芯片，其 pin 长度比其他支架的要短 10mm 左右。pin 间距为 2.28mm。② 2003 杯 / 平头支架。此种支架（见图 4-3）一般

用来制作 Φ5mm 以上的 LED。外露 pin 长为＋ 29mm、－ 27mm 的 LED。pin 间距为 2.54mm。③ 2004LD/DD 支架。此种支架用来制作蓝光、白光、纯绿光、紫光的 LED。可焊双线，杯较深，如图 4-4 所示。④ 2006 支架。此种支架两极均为平头型，用来制作闪烁 LED。可焊多条线，如图 4-5 所示。⑤ 2009 支架。此种支架用来制作双色的 LED，杯内可固 2 颗芯片，3 个 pin 控制极性，如图 4-6 所示。

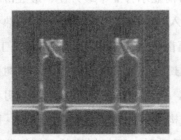

图 4-2　2002 杯／平头支架

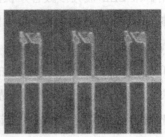

图 4-3　2003 杯／平头支架

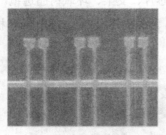

图 4-4　2004 LD/DD 支架

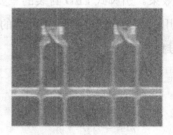

图 4-5　2006 支架

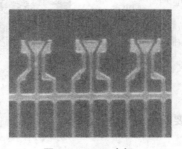

图 4-6　2009 支架

为了减少 LED 镀银支架在仓储及使用过程中受损，必须注意以下事项：①镀银支架在使用前必须密封保存；②勿用手直接接触支架（汗液将加速银氧化变色）；③封装完毕的支架应尽快镀锡处理。

4.1.1.2　银胶

固晶材料有很多种，根据导电（热）性能的好坏可以分为导电（热）胶（又称银胶）和绝缘胶。银胶是用来固定芯片和导电的，主要成分为银粉、环氧树脂（Epoxy）、添加剂。对于单电极芯片，必须使用导电胶；对于双电极芯片，导电胶和绝缘胶均可使用。导电（热）胶内一般都掺有银粉等导电微粒，颜色较暗，易吸光；而绝缘胶较透明，透光性好，因此两者对 LED 的光学参数的影响程度不同。另一方面，由于导电（热）胶具有良好的导热性能，因此可大大减缓光衰的速度。

银胶在使用前需要冷藏，使用时要解冻并充分搅拌均匀，因为银胶放置一段时间后，银粉会沉淀，如不搅拌均匀将影响银胶的使用性能。银胶固晶后需要烘烤：导电（热）胶烘烤条件为在 150℃条件下持续 30min；绝缘胶主要成分为环氧材料，烘烤条件为在 150℃条件下持续 60min。用银胶固晶的蓝光 LED 初始光通量比用绝缘胶固晶的低很多，但随着使用时间的延续，用银胶固晶的蓝光 LED 由于衰减缓慢而具有优势。

点胶过程中的常见问题有：①同一批银胶，有时带度高，有时勃度低。银胶含有环氧树脂，而环氧树脂黏度会随着环境温度升高而降低。②银胶怎么烤也烤不干。银胶受潮后，水的密度大于环氧树脂的密度，而且两者不相溶，所以下层的银粉和水分含量高，而环氧树脂的含量低。如果不搅拌，则下层的银胶怎么烤也不会干。③辨别银胶是否变质。如果银胶能够在规定的固化条件下烘烤固化，则没有变质；反之，则已经变质。④点胶后需要立即固晶。如果不立即烘烤，则银胶颗粒易被环氧树脂完全包裹，这将使导电性能变差。

4.1.1.3　环氧树脂

为了维护 LED 芯片的气密性，保护管芯等不受湿气等外部环境侵蚀，以机械方式支援导线，有效地将内部产生的热排出，防止电子元件受到机械振动、冲击产生破损而造成元件特性变化，必须采用环氧树脂封装。同时，环氧树脂封装结构可以产生透镜或漫射透镜功能。

环氧树脂泛指分子中含有两个或两个以上环氧基团的有机高分子化合物，环氧基团可以位于分子链的末端、中间或成环状结构。环氧树脂的硬化温度一般为120℃—130℃。在环氧树脂中添加硬化剂可以使硬化时间缩短。

灌封胶过程中的常见问题如下。

（1）固化后的环氧树脂太软、表面过黏。原因可能为：①混合比例不对，有时候为了加快固化的速度，加入过多的固化剂。一般情况下，固化剂的加入量，不应该超过混合比例的5%。同时要特别注意混合比例是体积比还是质量比，不可搞错。②在混合前主剂没有搅拌均匀。多数的环氧树脂都加入了不同的添加剂，以达到预定的要求，这样会有不同程度的沉淀。因此使用前一定要把主剂彻底混合均匀方可汲取所需量的环氧树脂。③主剂或者固化剂和其他的化学物质反应（如溶剂、脱模剂、油脂或者其他未完全固化的主剂），也会影响固化效果。对于环氧树脂来说，它对空气中的水分特别敏感，因此在混合与储存时都不要混入水分。许多高性能的树脂在混合和储存时都要求充氮，所以要严格按照产品说明书设定固化条件。

（2）固化后只是部分很硬，还留有很软的部分。①如果主剂和固化剂混合后没有搅拌均匀，则会出现这种情况。搅拌的过程中一定要注意刮边和清底，保证混合均匀。最好在主剂和固化剂混合均匀后，将其倒入另外一个杯子搅拌一会儿再注入产品。②取料用的容器和搅拌用的棒料一定要用金属、塑料、玻璃等表面光滑的材质，不可用纸、木头等材质，因为后者表面有大料的微孔，非常容易把空气和水分带入环氧树脂系统中，从而影响固化的质量。③在取料前，要保证容器和搅拌棒的干燥。在条件许可的情况下，可以对容器和搅拌棒加热（80℃）30min左右。如果条件不具备，则至少也要用干抹布将其擦拭干净。④为了保证混合均匀，在采用手工方式混合时，推荐的搅拌时间为10—15min，同时要注意搅拌的力度，尽量不要把空气带入环氧树脂中。

（3）固化后有气泡。固化后产品中会有气泡，不同的气泡有不同的解决方法。①小气泡的解决方法。如果在搅拌时有空气进入，在注入产品及整个固化过程中空气没有完全被抽掉，则固化后会有很小的气泡。解决方法如下：将主剂和固化剂搅拌在一起以后，对其抽真空；预热要灌封的产品有助于空气的逸出；适当降低固化温度，使空气有足够的时间逸出。②大气泡的解决方法。如果湿气与固化剂反应产生了气体，则固化后会有很大的气泡，解决方法如下。可能主剂已经被使用过很多次，或者包装的盖子没有盖紧，每次搅拌的过程中都有湿气混入。为了查明原因，可将主剂和固化剂在一个干燥的杯子里混合，并将其放入烘箱里干燥，温度为 60—80℃。如果气泡仍然会产生，则说明主剂已经变质，不能再次使用。将产品预热后重新进行试验。如果主剂和固化剂的混合物表面易于和周围空气中的湿气反应，则应在干燥的环境中固化。如果产品性能允许，可以在升温后的烘箱里固化。液态的主剂和固化剂混合物可能在固化前接触过其他的化学物质（如溶剂、脱模剂、清漆、胶水等），确保这些物质在下次试验前被去除。

（4）盲目改变固化 / 操作时间。大多数环氧树脂灌封胶的操作时间是 1—45min，不要试图通过加固化剂的方式改变操作时间。对于手动操作，操作时间大约是 45min，固化时间是 4—24h，这个时间主要取决于产品中的主剂类型、温度和注胶量。加热固化，温度为 60℃—80℃，使用烘箱或者红外线可以显著加快固化速度。

（5）盲目改变浇注系统的勃度。不要通过多加或少加固化剂来改变黏性。这样的操作虽然会降低混合物的黏度，但这对固化后的环氧树脂的机械性能、电气性能和热学性能会有改变。如果可能，应在专业人士的指导下，通过加入触变剂而增加蒙古度。这也有助于改进液态主剂和固化剂混合物的稳定性和触变性，而不改变其机械性能、电气性能和热学性能。

（6）盲目改变树脂臣化后的硬度。不要试图通过加入过多主剂或固化剂来改变硬度，因为这将对固化后环氧树脂的机械性能产生负面影响，同时可能会引起环氧树脂不固化或者硬度不达标。不要试图通过使用另一种型号的固化剂来改变固化后环氧树脂的硬度。如果需要另外一种级别的硬度，则可选用树脂系统，即系统更换主剂和固化剂。

4.1.2　引脚式 LED 的封装流程

引脚式 LED 的封装流程如图 4-7 所示。

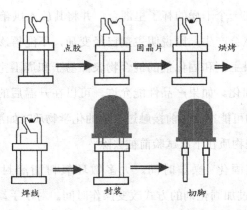

点胶　　　　　固晶片　　　　　烘烤

焊线　　　　　封装　　　　　切脚

图 4-7　引脚式 LED 封装流程图

4.1.3　引脚式 LED 封装的主要步骤

4.1.3.1　排支架

工具为手套、支架座、铝盘、颜色笔，作业规范如下：①作业前先戴手套；②根据当天要生产的品名规格，选用所需的支架与晶片；③依规定在支架底部画上颜色，以便于后段作业区分。

注意事项如下：①排料要整齐，每一支架座最多排 50 根，支数不够时应标明数量。②固双色支架直角排向右边，单色支架碗形排向左边。③排料过程中，如发现变黄、变黑等不正常颜色的支架，应将其挑出。④如果支架变形，则挑出作不良品处理。如发现数量较多的支架变形，则应将此情况向品质管理人员反映。

4.1.3.2　扩晶

工具为扩晶机、子母环。由于 LED 芯片划片后在蓝膜上间距很小，为 0.1mm，不利于后续加工。用扩晶机可以将蓝膜上的芯片间距拉伸到 0.6mm。根据片膜的特性，设计一个加热炉，炉温在 75℃左右，套进内箍，再铺上片膜，在片膜的四周用一个上压环均匀用力压紧后，炉体匀速慢慢上升，片膜在恒温下扩张，当达到设定值后炉体停止运动，然后用外箍锁紧片膜，剪掉边缘，取出已经扩好的片膜，即可放到全自动粘片机上进行粘片。

4.1.3.3　点胶 / 背胶

点胶是指在 LED 支架的相应位置点上银胶或绝缘胶的操作。对于 GaAs，SiC 导电衬底，具有背面电极的红光、黄光、黄绿光芯片，采用银胶来固定芯片；对于蓝宝石绝缘衬底的蓝光、绿光 LED 芯片，采用绝缘胶来固定芯片。背胶和点胶相反，是用背胶机先把银胶涂在 LED 背面电极上，然后把背部带银胶的 LED 安装在 LED 支架上的操作。背胶的效率远高于点胶的效率，但不是所有产品均适用背胶工艺。

　　手动点胶所需作业设备及工具包括点胶机、支架座、手套、固晶座、注射器、针头、显微镜、鸽丝、台灯。作业方式如下：作业前先戴手套；从冰箱中取出银胶，室温解冻 30min，待完全解冻后，搅拌均匀（20—30min），将其装入点胶注射器内；根据需生产的品名规格，准备好支架并核对支架型号，按每一支架座最多排列 25 根的限制，排好支架，不够 25 根的标明数量，再用拍板拍平；将排好的夹具放到显微镜下，将显微镜调到最佳位置（调节显微镜高度和放大倍数，使下方支架顶部固晶区清楚显现）；调节点胶机时间为 0.2—0.45h，气压表旋钮指向 0.05—0.12MPa，再调节点胶旋钮，使出胶量合乎标准；依晶片高度调整合适胶量并点试；点胶时，右手握针筒，左手拿排好支架的支架座，依次在碗内点胶（针头要从碗形上方正中间点下去，从正中间提上来，使其银胶或绝缘胶点在碗底中间，点胶量要均匀）；重复上述操作，按竖直方向点完一排支架，再向右移动，点邻近竖直方向的一排支架，直到点完夹具的全部支架为止。

　　点胶工艺难点在于如何控制点胶量，同时，对肢体高度、点胶位置均有严格的工艺要求，如：①胶量要求芯片必须四面包胶，银胶高度不得超过芯片高度的 1/3。②点胶位置要求银胶要点在固晶区中间，偏心距离应小于晶片直径的 1/3。③芯片要求放置平整，无缺胶、黏胶，不能装反（电极），芯片无损伤、沾污。

4.1.3.4　固晶

　　（1）手工固晶。将扩张后的 LED 芯片安置在固晶后的夹具上，LED 支架放在夹具底下，将 LED 芯片一个个刺到相应的位置。手工固晶与自动装架相比有一个好处，即便于随时更换不同的芯片，适用于需要安装多种芯片的产品，其工序如下：①调节显微镜的高度和倍数。②将扩好晶的蓝膜压入固晶台内。③将砌好的支架放在滑板上并固定，调节固晶座高度。④左手拿装在滑板上的支架，放在固晶台底下，并寻找合适的位置，对准其中的任意一颗晶粒。⑤右手拿刺晶笔，按住晶粒，轻轻一划，使晶粒固定在平台或杯底。固晶位置应在正中间，刺晶力度要适中。

（2）自动固晶机。LED 自动固晶机是一种将 LED 晶片贴装到 PCB 上的自动化设备，它适合用于各种高品质、高亮度 LED（红光、绿光、白光、黄光等）的生产。固晶机的精度很高，因为 LED 晶粒放入杯内位置精确与否会影响整个器件发光效能的发挥。

LED 自动固晶机的主要功能是实现 LED 晶片的自动键合和对缺陷晶片的检测，在把晶片从晶片盘吸取后，贴装到 PCB 上。LED 自动固晶机的工作原理如下：由上料机构把 PCB 传送到工作台（卡具上的工作位置），先由点胶机在 PCB 需要键合晶片的位置点胶，然后键合臂从原点位置运动到吸取晶片位置，晶片放置在薄膜支撑的扩张器晶片盘上，键合臂到位后吸嘴向下运动，顶针向上运动顶起晶片，在拾取晶片后键合臂返回原点位置（漏晶检测位置），键合臂再从原点位置运动到键合位置，吸嘴向下键合晶片后键合臂再次返回原点位置，这就是一个完整的键合过程。当一个节拍运行完成后，由机器视觉检测得到晶片下一个位置的数据，并把数据传送给晶片盘电动机，让晶片盘电动机走完相应的距离后，使下一个晶片移动到对准的拾取晶片位置。PCB 的点胶键合位置也是如此，直到 PCB 上所有的点胶位置都键合好晶片，再由传送机构把 PCB 从工作台移走，装上新的 PCB 开始新的工作循环。

不同规格的芯片要注意选择不同大小和不同材质的吸嘴，一般来说，吸嘴的内径应为芯片大小的 3/4 左右，大芯片一般用软吸嘴，如橡胶吸嘴或者胶木吸嘴等，而小芯片一般用钨钢吸嘴。但是有一些特殊的芯片可能要上机台试过后才能最后决定用什么样的吸嘴。点胶头的选择也很重要，特别是对于大功率芯片而言。为了保证胶的面积大，而厚度又尽量薄，建议使用方形点胶头，这样既能保证芯片四个角都能有胶，而且银胶厚度也比较好控制。

（3）固晶质检。要检查固晶作业有无晶片倒置、固晶位置错误、晶片沾胶、多固、晶片破损、铝垫刺伤、胶过高和过低等品质问题，同时对蓝光、白光、双色光类产品固晶方向还要做确认，这些都属于固晶质检的范围。

4.1.3.5 烘烤

烘烤的目的是使银胶固化，要求对温度进行监控，防止批次性不良。银胶烘烤的温度一般控制在 150℃，烘烤时间为 2h。根据实际情况可以调整到 170℃、1h。绝缘胶烧结的参考参数一般为 150℃、1h。银胶烧结烘箱必须按工艺要求，每隔 2h（或

1h）打开，并更换烧结的产品，中间不得随意打开。烧结烘箱不得用于其他用途，以防止污染。还原固化后的银胶呈银白色，黏结牢固且无裂缝。

4.1.3.6　焊线

焊线的目的是将电极引到 LED 芯片上，完成产品内外引线的连接工作。不同类型电极芯片的焊线形式不同。

（1）超声波压焊原理。超声波能是机械的振动能，工作频率超过声波频率（正常的人类听力，其频率上限为 18kHz）。半导体封装所用的超声波压焊的频率一般是 40—120kHz。超声波压焊是一种固相焊接方法，这种特殊的焊接方法可简单地描述如下。在焊接开始时，金属材料在摩擦力作用下发生了强烈的塑性流动，为纯净金属表面之间的接触创造了条件。而接头区的温升及高频振动又进一步造成了金属晶格上原子的受激活状态。因此，当有共价键性质的金属原子互相接近到以纳米数量级的距离时，就有可能通过公共电子形成原子间的电子桥，即实现了金属键合过程。其中摩擦起主导作用，这不仅仅可作为焊接中的主热源，而且通过排除氧化膜为纯净金属表面间接触创造了条件。

（2）超声波压焊的种类。超声波压焊分为热超声波压焊和冷超声波压焊两类。其中，热超声波压焊也称为键合，常用的方法是金丝球焊，适用于大批量生产，其制程速度快；冷超声波压焊主要使用铝线压焊，适用于封装或者 PCB 不能加热的场合。

热超声波压焊往往需要采用加热的方式，通过加热块对工件进行加热，所以焊接温度往往成为需要控制的工艺参数。此外，该工艺需要对焊接金属丝（主要是金丝）末端通过火花放电和表面张力作用预先烧制成球，故又称为金丝球压焊，对放电电流、时间和距离的控制要求也是比较高的。该工艺多用于大规模、超大规模集成电路的内互联，是一种比较成熟的工艺。压焊是 LED 封装技术中的关键环节，工艺上需要监控的主要是压焊金丝（铝丝）的拱丝形状、焊点形状和拉力。通常要求焊接强度越大越好，但也受材料的强度极限限制。此外，对于直接作用在芯片表面的焊点来说，除了考虑焊接强度外，还要检查芯片的内部结构是否受损。一般来说，焊接强度的质量指标是焊线拉断力的大小。检查芯片内部结构状况的方法是使用饱和的强碱溶液来腐蚀掉焊点及芯片表面的铝层，在足够倍率的显微镜下观察内部结构是否受损，这种测试方法称为 etching。焊点厚度越大，抗裂性能越好。

4.1.3.7 灌胶

灌胶是将一定浓度的液态环氧树脂胶液注入模壳的过程，是封装过程中最关键的工序，它直接影响 LED 的成品质量。模壳为标准件，每个模壳都有 10—30 个孔，每次可以封装 10—30 个 LED。

（1）灌胶材料及设备。封装环氧树脂胶液由 A 胶（主剂）、B 胶（硬化剂）、DP（扩散剂）、CP（着色剂）四部分组成。其主要成分为环氧树脂（Epoxy Resin）、酸西干类（酸无水物）、高光扩散性填料及热安定性染料（Dye）。树脂模粒的形状一般为圆形、方形、塔形等。

（2）灌胶机操作步骤：①将灌胶机用丙酮清洗干净，保证无杂物，并检查其功能是否完好；②核对"LED 生产指令单"，看料单是否符合；③将模粒预热至 105℃，预热时间为 0.5—1h；④在料斗内装上配制好的胶液，用外置温控器控制加热体温度，以维持料斗和排胶、进胶通道内的胶液黏度，便于流动。此时间芯处于进胶通道接通、排胶通道截断的状态。

其中调胶操作如下：①将 A 胶预热至 50℃，预热时间为 1h。②将不锈钢杯用丙酮清洗干净，并将搅拌棒清洗干净。③根据"LED 生产指令单"和实际工作量，算出实际需配制的胶量。④打开电子秤开关，将不锈钢杯称重后去皮，归置为零。⑤打开 A 胶，根据计算的实际量，倒入定量 A 胶。⑤按"LED 生产指令单"所示的比例，倒入相应的 B 胶。⑦如果需要加扩散剂和色素，则倒入相应比例的扩散剂和色素。③将配置好的混合胶从电子秤拿下，置于搅拌机，按同一方向搅拌 5—10min。⑨步进电动机带动推杆回退，胶液吸入排胶通道中并充满整个通道。⑩当空模壳到达注胶工位时，升降气缸上升，托起模壳，让注射针头插入模壳。旋转气缸带动阀芯旋转 90°，使进胶通道截断，排胶通道接通。由于存在真空吸力，胶液不会流出。

4.1.3.8 固化与后固化

固化是指使封装环氧树脂固化的工艺，一般环氧树脂的固化条件为 135℃、1h。模压封装的固化条件为 150℃、4min。后固化是为了让环氧树脂充分固化，同时对 LED 进行热老化的工艺。后固化对于提高环氧树脂与支架的黏结强度非常重要。其一般条件为 120℃、4h。

4.1.3.9 半切与全切

由于 LED 在生产中是多个连在一起的（不是单个的），引脚式封装 LED 采用切断 LED 支架连筋的方法切断各个 LED。半切用于切筋及阳极 pin，全切用于切阴极 pin。

切脚步骤：①切脚前先按不同品名、规格分类，支架要放在同一个方向上。②具体所用刀模依支架规格及"LED 生产指令单"的要求选取。③切脚分为正切和反切两种，一般情况下为正切，芯片极性反向时为反切，具体参见"LED 生产指令单"之要求，此时上模垂直下来，压下模具，把支架压架，自动回原处。④根据客户的脚长要求，调整机台后面的挡板。⑤将待切的支架底部、顶部分别顶住切脚机后挡板，踩下脚踏开关，完成二切动作。

切脚过程的注意事项：①不能放反，以免造成切反。②未切脚之前，支架应先整齐摆放好。③切好的支架要摆放整齐，以免划伤外观及混料。④操作机台前，需先检查安全开关是否动作正常，有故障的需暂停使用，并通知维修人员进行修理。⑤机台卡料时，需先停机，并用镊子将材料取下，不能直接用手去取材料。⑥必须将支架放置在完全正确位置后才能启动脚踏开关。⑦二切后的 LED 不得有毛刺、切坏等不良现象。

4.1.3.10　分选

测试 LED 的光电参数，检验外形尺寸，同时根据客户要求对 LED 产品进行分选。封装后的 LED 通常按照主波长、光强、光通量、色温、工作电压、反向击穿电压等几个关键参数进行测试与分选。其结果是把 LED 分成很多类，然后测试分选机会自动根据设定的测试标准把 LED 分装在不同的 bin 盒内。由于人们对于 LED 的要求越来越高，早期的测试分选孔为 32bin，后来增加到 64bin，现在已有 72bin 的商用分选机。即使这样，分 bin 的 LED 技术指标仍然无法满足生产和市场的需求。LED 测试分选机是在特定的工作电流（如 20mA）下对 LED 进行测试的，一般还会做一个反向电压值的测试。

4.1.3.11　包装

将成品进行计数包装。超高亮 LED 需要防静电包装。

4.1.4　引脚式 LED 的电学、光学参数的检测万法

4.1.4.1　测量标准

（1）国际标准。目前，国际上还没有专门命名为半导体照明的标准，只有有关

普通 LED 的测试标准和与普通光源有关的照明方面的标准。国际照明委员会（CIE）1997 年发表"CIE127-1997 LED 测试方法"，把 LED 光强测试确定为平均光强的概念，并且规定了统一的测试结构和探测器大小，这样就为 LED 准确测试比对奠定了基础。虽然"CIE127-1997 LED 测试方法"并非国际标准，但它容易实施准确测试比对，目前已被世界上主要企业采用。但是随着技术的快速发展，对于许多新的 LED 技术特性，"CIE127-1997 LED 测试方法"都没有涉及。

目前，随着半导体照明产业的快速发展，发达国家非常重视 LED 测试标准的制定。如美国国家标准检测研究所（NIST）正在开展 LED 测试方法的研究，准备建立整套的 LED 测试方法和标准。同时，许多国外大公司的研究和开发人员正在积极参与国家和国际专业化组织，制定半导体照明测试标准。如 2002 年 10 月 28 日，美国的 Lumileds 公司和日本的 Nichia 公司宣布双方进行各自 LED 技术的交叉授权，并准备联合制定功率型 LED 标准，以推动市场应用。

（2）国内相关标准现状。国内目前没有较全面的 LED 及其照明器具的国家和行业测试标准，也没有相应的检测系统。在生产实际中，企业往往以样管封存的参数为对比依据。不同性质的相关生产厂家、用户、研究所、高校对此存在很大争议，这种在学术界内部、企业界内部及相互之间对标准认识的不一致严重阻碍了产品的应用和产业化的发展。

4.1.4.2　测试方法分类

测试方法可分为如下类别。

（1）1000 类，电特性测试方法：①方法 1001，正向电压测试方法；②方法 1002，反向电压测试方法；③方法 1003，反向电流测试方法；④方法 1004，总电容测试方法。

（2）2000 类，光特性测试方法：①方法 2001，LED 平均光强测试方法；②方法 2002，半强度角和偏差角测试方法；③方法 2003，光通量和发光效率测试方法；④方法 2004，辐射通量和辐射效率测试方法；⑤方法 2005，峰值发射波长、光谱辐射带宽和光谱功率分布测试方法。

（3）3000 类，尤也特性测试方法：方法 3001，开关时间测试方法。

4.2　平面式封装

平面式封装要求掌握确定支架型号、扩晶参数、点胶参数、固晶参数、烘烤参数、焊线参数、脱模参数、分选参数的方法，会编制基本工艺卡片，运用相应软件编写点胶、固晶、焊线程序，能用 PLC（可编程控制器）进行简单的编程，能安全操作固金机、焊线机、切脚机、分选机。对产品相关指标进行检测，对未达标的产品进行返工，修正加工参数和程序，使其达到加工质量要求。能够整理基本技术文件资料，并向客户交付产品。

4.2.1　平面式发光 LED 的分类

（1）数码管。数码管最早是用来制作显示屏和数码显示器的，按其位数可分为 1 位、2 位、3 位、4 位数码管等。其表面颜色有灰面黑胶的，也有黑面白胶的。另外，数码管按极性分为共阴极和共阳极两种，其颜色也和 LED 一样可以分为很多种类。

（2）点阵。这个产品和数码管差不多，都是应用于信息显示的。按间距和孔的直径不同，点阵可分为不同的产品，现在常用的有 5×7 和 8×8 两种类型。其颜色有单色、双色、三基色等，具体分为单红、单绿、双基色、三基色等。点阵按孔的直径可分为 2.0mm、3.0mm、3.75mm、5.0mm 等。

（3）其他。如像素管、侧光源、红外线接收和发射产品等。

4.2.2　LED 显示屏

4.2.2.1　LED 显示屏概述

LED 显示屏（LED Panel）是一种通过控制半导体 LED 的显示方式，来显示文字、图形、图像、动画、行情、视频、录像、信号等各种信息的显示屏幕。

LED 显示屏分为图文显示屏和视频显示屏，均由 LED 矩阵块组成。图文显示屏可与计算机同步显示汉字、英文文本和图形；视频显示屏采用微型计算机进行控制，图文并茂，以实时、同步、清晰的信息传播方式播放各种信息，还可显示二维和三维动画、录像、电视、节目及现场实况。LED 显示屏显示的画面色彩鲜艳，立体感强，静如油画，动如电影，广泛应用于车站、码头、机场、商场、医院、宾馆、银行、证券市场、建筑市场、拍卖行、工业企业和其他公共场所。

户内显示屏面积一般从小于 $1m^2$ 至十几平方米，点密度较高，在非阳光直射或灯光照明环境中使用，观看距离为几米，屏体不具备密封防水能力。户外显示屏面积从几平方米到几十甚至上百平方米，点密度较稀（1 000—4 000 点 /m²），发光亮度为 3 000—6 000cd/m²（朝向不同，亮度要求不同），可在阳光直射条件下使用，观看距离为几十米，屏体具有良好的防风、抗雨及防雷能力。

4.2.2.2　LED 显示屏的基本构成

简单地讲，LED 显示屏就是由若干个可组合拼接的显示单元（单元显示板或单元显示箱体）构成屏体，再加上一套适当的控制器（主控板或控制系统）组成的，所以多种规格的显示板（或单元箱体）配合不同控制技术的控制器就可以组成许多种 LED 显示屏，以满足不同环境、不同显示要求的需要。一个 LED 显示屏由以下一些要素构成（以较为复杂的同步视频显示屏为例）。

（1）金属结构框架。户内显示屏一般由铝合金（角铝或铝方管）构成内框架，搭载显示板等各种电路板及开关电源，外边框采用茶色铝合金方管、铝合金包不锈钢或钣金一体化制成。户外显示屏框架根据屏体大小及承重能力一般由角钢或工字钢构成，外框可采用铝塑板进行装饰。

（2）显示单元。显示单元是显示屏的主体部分，由发光材料及驱动电路构成。户内显示屏的显示单元就是各种规格的单元显示板，户外显示屏的显示单元就是单元箱体。

（3）扫描控制板。该电路板的功能是缓冲数据，产生各种扫描信号及占空比灰度控制信号。

（4）开关电源。LED 户外显示屏的供、配电系统将 220V 交流电变为各种直流电提供给各种电路。控制开关必须实现局部控制。如果采取自动控制配电系统，则开机时要抑制开关电源的启动冲击。配电系统的保护措施包括过流、短路、断路、过压、欠压、温升保护措施等，并具有故障指示、异常报警安全功能。

（5）双绞线传输电缆。主控仪产生的显示数据及各种控制信号由双绞线传输电缆传输至屏体。

（6）主控仪。主控仪将输入的 RGB 数字视频信号缓冲、变换灰度、重新组织，产生各种控制信号。

（7）专用显示卡及多媒体卡。除具有计算机显示卡的基本功能外，专用显示卡及多媒体卡还可同时输出数字 RGB 信号，以及行、场消隐等信号给主控仪。多媒体卡除以上功能外还可将输入的模拟视频信号变为数字 RGB 信号（即视频采集）。

（8）计算机及其外部设备。LED 计算机控制系统分为显示屏异步控制系统和显示屏同步控制系统。LED 显示屏异步控制系统又称 LED 显示屏脱机控制系统或脱机卡。采用这种模式工作的 LED 显示屏具有存储及自动播放功能，在计算机上编辑好的内容通过串口或其他网络接口传入 LED 显示屏，由 LED 显示屏脱机自动播放。它主要用来显示各种文字、符号、模拟时钟、图片、表格、动画。画面显示信息由计算机编辑，经 RS232/485 串口预先置入 LED 显示屏的帧存储器，然后逐屏显示播放，循环往复，显示方式丰富多彩、变化多样。LED 显示屏异步控制系统除具有简易控制系统的功能外，最大的特点是还具有分区域控制显示屏内容、定时开关机、温度控制等功能。LED 显示屏同步控制系统主要用来实时显示视频、图文、通知等内容，其工作方式等同于计算机监视器的工作方式，它以大于 60 帧 /s 的更新速率点点对应地映射计算机监视器上的图像，具有多灰度的颜色显示能力，可达到多媒体的广告宣传效果，但操作较为复杂，价格较高。一套 LED 显示屏同步控制系统由发送卡、接收卡和 DVI 显卡组成。

4.2.3　数码管封装生产操作步骤

4.2.3.1　插 pin、压 pin

（1）备料。①备好 PCB、pin，每种产品的 PCB 和 pin 针都是配套的，不得混用；②备好已吹干净的铁架、铝盘。

（2）插 pin。①将铁架整齐地放入铝盘；②手抓 PCB 的两侧，不得接触 PCB 的正面；③将 PCB 固晶面朝上拿，将 pin 针朝 PCB 的 pin 孔插入，插到位为止；④将插好 pin 的 PCB 放在铁架上，防止 PCB 翻倒、pin 针脱落（不得漏插、不插、插错）。

（3）压 pin。①调好插 pin 液压机的压力及时间，并用抹布及高压气枪清洗机台，打开插 pin 液压机电源；②调整压 pin 治具，使其在插 pin 液压机模船的中间位置上；③戴好手指套，将插好 pin 的 PCB 放入压 pin 治具；④按一下冲压开关即完成一次压 pin，取出压好 pin 的 PCB，放入周转箱。

（4）善后处理切断电源，清理工作场所。

注意事项如下：①冲压后，每根 pin 头都必须跟 PCB 平齐；②一次冲压多片

PCB 时注意 PCB 不得重叠，以免压坏 PCB；③插 pin 液压机详细操作规程参见重要设备操作规程。

控制重点如下：①每压 pin 2h，需用高压气枪吹净插 pin 液压机工作台表面；②必须戴好手指套，手不能与 PCB 固晶位置直接接触；③压板机工作台必须每天清洗干净。

4.2.3.2　清洗

（1）备料。①备好已压 pin 的 PCB。②备好超声波清洗机、铁盘、铁盆、高压气枪、橡皮擦。③根据 PCB 的大小，选取合适的擦板治具，以 PCB 两侧的 pin 针刚好紧扣住治具为准，不能太松，否则会影响擦板的整体效率。注意，如果 pin 针被挤压变形，则将影响下一道作业。

（2）擦板。①将 PCB 固定在擦板治具上，左手扶着板，右手手臂稍使劲儿，用橡皮擦将 PCB 的固晶、焊线面反复逐片擦三次以上。特别注意 PCB 的四个边缘也要擦，并整理 pin，不得弯曲。②取出 PCB，放入铝盘待吹。

（3）吹板。①将塑料盘吹净，放置于桌面右侧，擦好的 PCB 放置于桌面左侧。②左手抓 PCB 的两侧，注意正面朝上，右手用高压气枪先将 PCB 的反面来回吹两次，再转到正面从右自左、从上自下，根据板面大小吹不少于三次，将其吹干净。③将吹干净的 PCB 放入塑料盘里，并用另一个干净的塑料盘倒扣盖好放置。

（4）善后处理作业完毕，关闭高压气间，清理工作台面。

注意事项如下：①PCB 正面每个固晶和焊线点都要用橡皮擦擦到位。②在吹板时请注意高压气枪不要离 PCB 太近，一般为 2cm 左右。控制重点是手不能和 PCB 接触。

4.2.3.3　背胶

（1）备料。①从冰箱冷藏室中取出银胶（C850-6）罐，并将银胶罐放在室温中解冻 45min。②备好备胶机、扩张机、剪刀、酒精、棉花、芯片盒、插栓、绷子、刷子、镊子、显微镜、记号笔、干燥瓶。③在芯片膜的一处写上芯片型号、批号、光强、芯片数。④用酒精棉清洗机台胶池、刮刀和小瓢。⑤扩张机最佳温度为 50℃，上绷子。绷子是由内绷与外绷配套组合而成的，首先内绷光滑面套紧到加热块上，其次将芯片撕开，晶片朝上放入加热块中间，最后扩张机顶盖向下压两次，压紧后取出即可。⑥将绷好的芯片上露出的多余塑料膜用剪刀剪去。⑦解冻时间到后，将银胶搅拌数次（1—2min）。

（2）背胶。①将已解冻的银胶用小瓢移置于背胶机的银胶池，左手握住背胶机的手柄向后使力，胶池上升，右手移动平板刮刀，以水平方向刮过胶池，务必使银胶表面光滑且没有气泡、杂物或纹路。重复以上动作，直到光滑无暇为止。②将上过绷子的芯片水平放在背胶机上。③左手重复使胶池慢慢上升的动作，使其靠近芯片，右手用刷子在芯片表面轻刷，使芯片底部沾满银胶。在刷胶的过程中，手的力度一定要保持一致。④刷完取出，并在显微镜下检查背胶情况：如果出现胶不足的情况，则需重新背胶；如果出现相邻两芯片被银胶粘在一起的情况，则需将其分开。⑤将检好的芯片银胶面朝下放入空芯片盒里。⑥用镊子将掉落在胶池上的晶粒及杂物挑出，并将掉落晶粒数量详细填写在记录本上。注意，芯片底部的银胶要沾饱满。控制重点是银胶厚度不能超过芯片高度的 1/2。

4.2.3.4　固晶

（1）准备。①在随工单上填写工作日期、点阵型号，芯片的批号、片号、晶粒数、投料数及操作者的工号②备好照明台灯、拔针、镊子、显微镜、固晶座、底尺、针笔、500 目细砂纸、铁盘。③针笔需用 500 目细砂纸磨好。针要从上到下逐渐变细，针尖要尖，四周圆且光滑，不能有毛刺。④开启照明灯，将背好胶的圆片正面向上，反面（有晶一面）在下，平稳放入固晶座。将固晶座移到显微镜下，对着晶粒调整显微镜，以清楚看到晶粒为宜。

（2）固晶。①把 PCB 放在底尺上（注意 PCB 要放平），左手将底尺移到固晶座下，对着晶粒调整固晶座上的四个螺钉，调整到针笔，以扎下去晶粒既不会上来也不会滑掉为最佳。调整时，应从高往低调，以免太低磨晶粒，最后微调一下显微镜的高度，右手握住旋转轮旋转，直到清晰为止。②用刺晶针笔将晶粒逐一扎到 PCB 上的固晶位置，根据点阵的晶数，可采用 5×7、8×8 等固法。③固完一片，左手抽出底尺，将 PCB 放在铁盘中，每盘按适当的数量放好后送 QC（质量控制）站检验。

注意事项如下：①固晶、烘烤好的产品要及时焊线，而未焊线产品的最长放置时间为 3 天，不得超过 3 天。控制重点在于固晶的位置、取芯片方法。②操作人员需戴防静电手套。

4.2.3.5　烘烤

（1）准备。备好烘箱、手推车、电风扇、手套。

（2）烘烤。①检验完的 PCB 应及时（4h 内）送烘箱烘烤。PCB 进烘箱时应填写烘烤记录表。正常烘烤温度为 150℃ ±5℃，返修烘烤温度为 135℃ ±5℃，正常烘烤时间为 60min，返修烘烤时间为 90min。②将烘烤完的 PCB 取出烘箱，若有需要可用电风扇冷却。③将冷却好的 PCB 放在焊线区，以待焊线。

注意事项如下：①使用烘箱前应先将烘箱预热至所需的温度。②用完烘箱应及时切断电源。③正常使用的烘箱每隔 2 周用丙酮擦洗内箱壁，晾干后方可使用。

4.2.3.6 焊线

（1）准备。①备好超声波焊钱机、镊子、拔针、材料固定座（治具）、丙酮、鸽钢焊嘴。②接通电源，开机预热 20min。③装钢嘴（由机修人员安装）。④装铝丝。A.取出铝丝，将其套在铝丝固定轴上，红色缺口朝上。B.用镊子将铝丝轴上红色缺口线轻轻夹起，穿过玻璃管经过两个过孔到线夹。C.打开线夹，用镊子将铝丝穿过换能杆，到后一个陶嘴再经过线夹，最后倾斜 45°过钢嘴。⑤用丙酮清洗钢嘴。A.右手拿装有丙酮的容器，使钢嘴泡在丙酮中。B.左手按一下测试按钮（每次不可超过 2s），即让钢嘴浸在丙酮中清洗，清洗四五次。⑥调节显微镜。A.用专用纸将显微镜的物镜、目镜擦净。B.调节焊线机上的灯光强弱，使之适合自己的眼睛，并调节目镜眼距。C.调节显微镜的高度，使之能看清 PCB，并固定显微镜。⑦调整焊线机。在焊线机正上方有四个调节钮，从上到下每个钮的作用依次为：第一个钮调节第一点焊线功率，一般调在"3：00"（称为一压 3.00）左右；第二个钮调节第一点焊线时间，一般调在 30ms 左右；第三个钮调节第二点焊接功率，一般调在"3：00"（称为二压 3.00）左右；第四个钮调节第二点焊接时间，一般调在 30ms 左右。A.上工件：左手拿焊线的夹具，右手拿 PCB，使 PCB 的 pm 朝下放入夹具中，并将夹具移到钢嘴下（这一动作要在显微镜下进行），注意不要碰到钢嘴。B.断线：左手扶控位盘，用左手中指掴住控位盘中点处的开关，移动夹具使钢嘴对准 PCB 上的任一金道，调节第二焊点预备高度，使钢嘴高于金道 1/2 个晶粒高度，松开中指，即完成断线，最后用镊子夹去留在 PCB 金道上的铝丝。

（2）焊线。将夹有 PCB 的夹具放到钢嘴下，左手按控位盘上中点处的开关，用右手调第一焊点高度至 2/3 个晶粒高度（离 PCB 的高度），移动夹具使 PCB 上晶粒的铝垫对准钢嘴，松开中指，即完成第一焊点的焊接。

左手将控位盘向后退适当距离，使钢嘴处于晶粒上方金道高度的 1/2 以内（靠晶粒的一边），左手中指按控位盘中点处的开关，右手调节第二点预备高度至 1/2 个晶粒高度，松开中指，完成第二点焊接。重复以上动作，直至焊完整片，然后再焊金道短接线，注意焊短接线第一点时预备高度要调低。完成一片后，将其放入铁盘。

注意事项如下：①当钢嘴脏时，应依清洗步骤清洗钢嘴。②焊的第一片应送 QC 站测拉力，每天至少需测 2 次拉力，单点拉力不得小于 $6.86×10^{-2}$N，平均拉力不得小于 $8.33×10^{-2}$N，否则调整后再送检。③换品种、修机台后都要送检一片，测定拉力和弧度。④ PCB 上多余的铝丝等异物一定要用镊子夹走。

控制重点如下：①焊点品质；②焊线拉力；③当焊线板相对湿度低于 30% 时，应提高地板湿度；④操作人员需戴防静电手锄、布手指套；⑤焊点要正。

4.2.3.7　前测

备好 LED 显示模块自动测试仪、测试工装铁盘。将 PCB 的 pm 插入测试工装，并盖上相应的反射盖，按一下测试按钮，即开始自动测试。

自动测试后观察测试台上的故障显示模块，其相应的点不应亮；若亮，则相应的点就为电性不良。如果故障模块红灯亮，则被测器件对应点 VF 不合格；如果故障模块绿灯亮，则被测器件对应点 IR 不合格；黄灯亮，则被测器件对应点、IR 均不合格；故障模块显示全绿灯亮，则被测器件内部有短路。

自动测试完后，取下 PCB，按良好、VF 不良、IR 不良或短路、不均等标准分开，各用铁盘装好。测完一盘后，应填写相对应的随工单。

注意事项如下：①在整个测试过程中，应注意保护 PCB 正面，以免造成塌线、断线现象；②作业结束，关闭测试机电源。

控制重点如下：①亮度不均的判断；②操作者的手法等。

4.2.3.8　全检

（1）准备。备好需要检的产品、铁盘，开启照明灯，调整显微镜。

（2）全检。拿一片产品放在显微镜底下，检查产品的每一个点。如果发现有塌线，则需要把线铲掉，同时该产品需要另外返修。

注意事项如下：①手要保持干燥；②注意压丝。

4.2.3.9　吹反射盖

（1）准备。①备好点阵反射盖、高压气、高压气枪、排气扇、铁盘、抹布。②将排气扇打开。③用半湿抹布将铁盘擦拭一遍。④用高压气枪将铁盘吹干净。

（2）吹盖。拿一片反射盖，用高压气枪将反射盖的六面均吹干净，特别是反射盖的字节内。将吹干净的反射盖用干净的铁盘装好，装满一盘后，用另一个干净的铁盘盖好，以待贴高温胶带。

注意事项如下：吹好的反射盖必须于 24h 内贴高温胶带，否则需要重吹。

4.2.3.10　高温胶带

（1）准备。①备好已吹干净的反射盖、橡皮滚轮、剪刀、抹布、美工刀片、铁盘台灯。②用半湿布擦拭工作台及各工具。

（2）贴胶带。①根据各型号点阵的尺寸大小与高温胶带的宽度，将已吹干净的反射盖整齐地排在工作台上（各反射盖间的间距为 2—3mm）。②将高温胶带平整地贴在反射盖表面，两头的高温胶带紧贴工作台。注意，两头的高温胶带不能拉出太长。③用橡胶滚轮在高温胶带上来回滚动，使高温胶带贴在反射盖表面上。④用剪刀柄将高温胶带与反射盖间的气泡推掉，特别是反射盖字节旁不得有气泡。⑤将整板贴好胶带的反射盖用美工刀片切成一条一条的，放入铁盘（其长度可根据铁盘的长度而定）。

（3）检杂物。①将贴好胶带的反射盖拿到台灯下逐个字节检查杂物。若有杂物，且杂物尺寸大于 5mil 者，将其从胶带上取出，以待重贴（做散色）。②将合格的反射盖按一定的数量用干净的铁盘装好。

注意事项如下：①贴好高温胶带的反射盖必须于 24h 内灌胶。②检过杂物的反射盖必须于 6h 之内灌胶，否则要重检。

4.2.3.11　反射盖预热

步骤：①用刀片把玻璃上残留的胶削掉。②将玻璃两面用湿布擦干净。③检查贴好的反射盖是否有杂物，是否贴到位，是否模糊。④将烘箱预热到 55℃，预热时间为 30—40min。⑤开启烘箱的鼓风电源，加热 20min，将贴好胶带并检查无杂物的反射盖移到干净的玻璃上摆整齐，放入烘箱预热。注意，此工序应与上 PCB 工序作时间上的配合。

4.2.3.12　配胶

（1）准备。

①打开烘箱机电源，加热，将烘箱温度分别设定为 38℃（5010A），70℃（700A）。

加热环氧树脂胶。②将烧杯、玻璃棒用丙酮清洗干净。③插上电子天平电源，并打开开关。

（2）配胶。①备好环氧树脂胶 700A、700B、5010A、5010B，扩散剂 DF-090，以及电子天平、量杯、玻璃棒、丙酮、抽真空机。②将干净烧杯放在电子天平托盘上，并将电子天平清零。③按一定的比例，往烧杯中依次倒入扩散剂、环氧树脂胶。注意，每倒入一次原料，将电子天平清零一次，以便读数；5010A 与 5010B 的比例为 150 ∶ 50，700A 与 700B 的比例为 100 ∶ 100。④用干净的玻璃棒搅拌，直至各原料均匀混合为止。扩散剂在烧杯底部，应特别注意将其搅拌均匀。

注意事项如下：①此工序要与灌胶工序配合。②配胶顺序：扩散剂 → 700B → 700A。

控制重点如下：①配胶精确；②胶内无杂物。

4.2.3.13　灌胶

（1）准备。①配好环氧树脂胶，将反射盖贴好高温胶带，备好高压气、平面灌胶机、烘箱、铁盘。②用丙酮清洗灌胶机，并用高压气枪吹净，将部分拆装件放入 70℃烘箱加热。③将拆装件装入平面灌胶机。④从烘箱中取出已预热的反射盖。⑤打开灌胶机电源，打开高压气。

（2）灌胶。①将环氧树脂胶顺着装胶面缓慢倒入灌胶机储胶桶内，盖上顶盖，将剩余的胶放在预热机下预热。②左手将玻璃罩中的数码管反射盖翻过，使反射盖盖面朝下，方向统一（针头要对准反射盖）。③用脚踏下灌胶机的脚踏开关，排出机器内的空气，直到灌胶量均匀顺畅，无杂物。④调好灌胶机的胶量，踩一下脚踏开关，使环氧树脂胶流入反射盖，松开脚踏开关。⑤重复此动作，直到铁盘里的反射盖灌完为止。

注意事项如下：①要将针筒对准反射盖才能灌胶。②在灌胶过程中，反射盖外表不得沾上胶或将胶滴在铁盘里。③保持工作台及整个环境卫生，以免杂物进入环氧树脂胶内。④拆装平面灌胶机时应将电源开关、高压气关掉。⑤每次配好的胶可留适量，以备抽真空后补胶用。⑥每次第二盘灌胶时需要称重量，看其是否满足定额要求。

控制重点如下：①灌胶温度低于 23℃时应用加热器加热；②胶要适量。

4.2.3.14 抽真空

（1）准备。①备好已灌胶的反射盖、抽真空机、铁盘。②打开抽真空机电源，加热，设定温控仪温度为38℃，将真空机箱体预热到设定温度。③将反射盖放入真空机内，松一松皮带，并关上真空机箱体门，对反射盖及环氧树脂胶进行预热，预热时间为10—15min。

（2）抽真空。①预热时间到后，关闭真空机的所有放气口，将定时开关打开，设定时间为10min，并打开真空泵开关，开始抽真空。②定时时间到后，真空泵自动停止抽真空，此时打开真空机的放气阀门，当压力表指示为零时，打开真空机箱体门，取出反射盖。③逐片检查反射盖上的胶量，若少胶，则补上适量的胶，使每片反射盖里的胶适量且均匀。④补完胶后的反射盖应再抽真空10—20min。⑤抽完真空的反射盖应及时上PCB。

注意事项如下：①盘子要挑平整的。②发现有漏胶时应及时将其挑出来。

4.2.3.15 上PCB

（1）准备。①将反射盖灌好胶并抽真空，备好全检好的PCB、棉花、丙酮、大小镊子、铁盘。②将丙酮倒入杯子（放在盘子的正上方）。③把全检好的PCB放在桌子的旁边。

（2）上PCB。①从真空机里取出已抽真空的反射盖，把PCB放在反射盖的左边。②PCB表面沾好丙酮，缓慢地将PCB压入反射盖中，特殊的PCB要用镊子压。③调整每片反射盖里的环氧树脂胶，胶多则减少，胶少则增加。

注意事项如下：①在上PCB的过程中，注意压板速度，不要压得太快，这样会使胶溢出。②在调胶时应该小心，不要让反射盖上沾胶。③PCB一定要压到位。控制重点在于及时上PCB，不要让环氧树脂胶在外面停置太久，造成胶稠。

4.2.3.16 固化

（1）准备。①备好上好PCB的点阵、烘箱、闹钟等。②将烘箱预热到73℃。

（2）固化。①根据烘箱的大小，适当放入上好PCB的反射盖。②将钢条放好，再将玻璃盘一层一层叠上去（放7盘）。③以73℃分段烘烤3h后将烘箱温度调到83℃，再烘烤4h。④烘烤完将烘箱电源关掉，让其内部自然冷却到45℃以下，取出玻璃盘。

注意事项如下：①上好PCB的数码管应及时送入烘箱烘烤（从配胶开始到进烘

箱，应在 4h 内完成）。② 5010A/5010B 为常温胶，在 12h 内（天冷要 36h）能自然干，无须加热。③进烘箱固化时要注意端平。

4.2.3.17　检外观

（1）准备。备好已烘烤完的点阵、台灯、镊子、美工刀、铁盘。

（2）检外观。①在台灯下，逐片检查外观。反射盖外部不应有环氧树脂胶，若有，则需用美工刀片刮去。pin 上不应有环氧树脂胶，若有，则需用美工刀片刮去。之后还需整理 pin，使之笔直，不能弯曲。②撕去高温胶带，检查盖面外观。检查点阵字节内有无杂物及气泡，若有明显杂物或气泡，则 pin 朝上处理；检查点阵表面有无明显划伤及油墨脱落，若有，则 pin 朝上处理。③将检好或修好的点阵用铁盘装好，方向统一，以待后测。注意，多盘重叠时，中间应隔一层纸片，以免划伤盖面。④填写随工单，内容包括灌胶工号、数量、检外观工号等。

4.2.3.18　后测

（1）准备。①备好待后测的点阵、LED 显示模块自动测试仪、测试工装、密尔图、铁盘、刀片。②选取相应的测试程序，打开。③设定好测试台的电性参数及极性选择。④打开测试机，预热 5min。

（2）测试。①将样品校正板插入测试工装，校正亮度和波长。②将点阵的 pin 插入测试工装，按一下按钮，开始自动测试。③自动测试后，观察测试机上的故障显示模块，其相应点的指示灯不应亮，若指示灯亮，则相应的点就为电性不良。④自动测试完，在点亮的状态下，观察数码管字节内有无杂物、气泡、节变等，并观察数码管各字节间亮度的均匀性（参照样品判断）。⑤每一类别需要分开放，送检时每一类别用一个盘子存放，每次分选测试只能设置 3 个类别。

测试完后，将产品分为 A 品、B 品、C 品，并将其分开，各用铁盘装好。

A 品：节（点）内杂物、气泡的尺寸小于等于 7.5mil，而且无其他缺陷。

B 品：节（点）内杂物、气泡的尺寸大于 7.5mil，小于等于 20mil 或不均。

C 品：节（点）内杂物、气泡的尺寸大于 20mil，或存在不均、缺亮、短路等严重缺陷。

（3）填写随工单。应填写加工 / 配料计划单的检测部分，注意事项如下：①在测试过程中，若发现缺亮，则应先看相对应的 pin，可用镊子刮一下，再查 pin 与插座接触是否良好。②作业结束，应关闭测试机电源。

4.2.3.19 打印、包装

（1）准备。①备好后测合格的数码管、印油、丙酮、棉花、泡沫片、包装箱、油印滚轮、印章、有机玻璃板、镊子、铁盘。②将印油滴在有机玻璃板上，用油印轮将印油均匀地分散在有机玻璃上。注意，印油不可太多，薄薄一层即可。③根据产品的型号，选用相应的印章。

（2）打印。①右手持印章，在有机玻璃板上沾印油。②检查将要打印的产品是否存在气泡、杂物、外观不良等问题，将合格产品按方向摆放。③将印章在点阵的打印位置上轻按下，即完成打印。注意，打印字迹应清晰，否则单片用棉花沾上丙酮擦去字迹，重新打印。④打印完后检查 pin 是否弯曲，是否存在外观不良、胶斜等情况，如果有，则将其挑出。⑤将检查好的点阵用铁盘装好。

（3）包装。①先把产品反面朝上放整齐，用泡沫片把产品压好，然后倒过来正面朝上。②将检好后的点阵一层一层放入包装箱。③外包装箱应标明产品名称、型号、数量，箱内应有合格证，标明型号、生产日期、操作者及最小包装的数量。④填写送检单以待送检。

控制重点在于对不良品做好记录。

4.3 表贴式封装

SMD（Surface Mount Device）表面贴装元件，简称表贴元件，包括电阻、二极管、三极管、电容、电感、LED 等。

表面贴片 LED 是一种新型的表面贴装式半导体发光器件，具有体积小、散射角大、发光均匀性好、可靠性高等优点。其发光颜色可以是白光在内的各种颜色，可以满足表面贴装结构的各种电子产品的需要，特别是手机、笔记本电脑。在制作 SMD 白光 LED 时，因为器件的体积较小，点荧光粉是一个难题。有的厂家先把荧光粉与环氧树脂配好，做成一个模子；然后把配好荧光粉的环氧树脂做成一个胶饼，将胶饼贴在芯片上，周围再灌满环氧树脂，从而制成 SMD 封装的白光 LED。

4.3.1 SMD–LED 简介

在 2002 年，表面贴装封装的 LED（SMD-LED）逐渐被市场所接受，并获得一定的市场份额，从引脚式封装转向 SMD 封装符合整个电子行业发展的大趋势，很多生产厂商推出此类产品。早期的 SMD-LED 大多采用带透明塑料体的 SOT-23 改进型，卷盘式容器编带包装，外形尺寸为 3.04mm×1.11mm。在 SOT-23 基础上，研发出带透镜的高亮度 SMD 的 SLM-125 系列、SLM-245 系列 LED。前者为单色发光，后者为双色或三色发光。近些年，SMD-LED 成为一个发展热点，很好地解决了亮度、视角、平整度、可靠性、一致性等问题，采用更轻的 PCB 和反射层材料，在显示反射层需要填充的环氧树脂更少，并去除较重的碳钢材料 pin，通过缩小尺寸、降低重量，可轻易地将产品重量减轻一半，最终使应用更趋完美，尤其适合户内、半户外全彩显示屏应用。

焊盘是其散热的重要渠道，厂商提供的 SMD-LED 的数据都是以 4.0mm×4.0mm 的焊盘为基础的，采用回流焊可设计为焊盘与 pin 相等。超高亮度 LED 产品可采用 PLCC（带引线的塑料芯片载体）-2 封装，外形尺寸为 3.0mm×2.8mm，通过独特方法装配高亮度管芯，产品热阻为 400K/W，可按 CECC（欧洲电子元件协会标准）方式焊接，其光强在 50mA 驱动电流下达 1 250mcd。七段式的 1 位、2 位、3 位和 4 位数码 SMD-LED 显示器件的字符高度为 5.08—12.7mm，显示尺寸选择范围宽。PLC 封装避免了 pin 七段数码显示器所需的手工插入与 pin 对齐工序，符合自动拾取一贴装设备的生产要求，应用设计空间灵活，显示鲜艳清晰。多色 PLCC 封装带有一个外部反射器，可简便地与发光管或光导相结合，用反射型替代目前的透射型光学设计，可为大范围区域提供统一的照明，例如，研发在 3.5V，1A 驱动条件下工作的功率型 SMD-LED 封装。SMD-LED 常用于便携式设备、车载用途等的高亮度薄型封装的产品系列。

4.3.2 SMD 芯片介绍

现阶段 SMD 生产线主要以下列两种芯片型号封装为主：

（1）320 芯片（蓝光、绿光）。蓝光芯片型号为 MB0320IT；绿光芯片型号为 NGü-320IT。芯片表面左下角圆形电极为 P 区电极（正极），右上角扇形电极为 N 区电极（负极）。芯片尺寸为 320μm×320μm。

（2）280 芯片（红光、蓝光、绿光）。VR0280BA 红光芯片为倒装芯片，表面圆形电极为负极，芯片底部为正极，芯片尺寸为 280μm×280μm。蓝光芯片型号为 MB0280IT，绿光芯片型号为 MG0280IT。芯片表面下方圆形电极为 P 区电极（正极），上方扇形电极为 N 区电极（负极），芯片尺寸为 250μm×300μm。

4.3.3　SMD–LED 的结构

（1）PCB 型。PCB 型 SMD-LED 又可分为 0402、0603、0805、1206 等型号。

（2）金属支架型（片式）。金属支架型（片式）SMD-LED 又可分为 0402、0603、0805、1206，3mm、5mm、6mm、8mm、10mm 等型号，如图 4-8 所示。

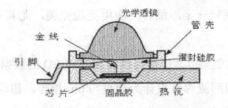

图 4-8　SMD–LED 内部结构图

（3）金属支架型（小蝴蝶型）。金属支架型（小蝴蝶型）又可分为 2mm、3mm 等型号。

（4）Top-LED（白壳）型。Top-LED 型 SMD-LED 又可分为 1208、1311、1312、2220、3528 等几种型号。

（5）侧光 LED 型。侧光 LED 型 SMD-LED 又可分为 0905、1105、1605 等几种型号。

4.3.4　典型的 SMD 封装结构——Top–LED3528

Top-LED3528 是 SMD-LED 的一个主要产品规格，以这种产品为例，了解 SMD 的产品结构及整个生产过程（包括芯片制造）。其生产原材料包含晶片、支架、固晶胶、焊接金丝、胶水、荧光粉等。

（1）晶片。晶片是 LED 发光的核心，具有单向导通特性。一般红光、橙光、黄光、黄绿光晶片分别由二元（GaAs）、三元（A1GaAs）、四元（A1GalnP）材料制造。蓝光、绿光晶片为在蓝宝石衬底上生长的 InGaN 层次。通常情况下，红光、橙光、黄光、黄绿光晶片是 L 型电极晶片，用银胶固晶，焊一条金丝就可以导通；绿光、蓝光、紫光晶片是 V 型电极晶片，用绝缘胶固晶，需要焊接两条金丝。

（2）支架。1 根 Top-LED3528 支架有 180 个碗杯，以铁作为主要原料，在其外镀上镍及银制作成支撑晶片和焊线的原料。Top-LED3528 支架可分为单晶支架和全彩支架，这两种支架的区别表现在单个杯碗的形状不同。

（3）固晶胶。这里的固晶胶包含固晶银胶与绝缘胶。其中，银胶的成分为银粉（约 70%）和胶水（约 30%），银胶可以导电，用于固单电极晶片；绝缘胶不导电，用于固双电极晶片。

（4）焊接金丝。金丝的原料是纯度为 99.99% 的黄金，外径一般为 0.8—1.2mil，低端产品使用外径为 0.8mil 的金丝，一般照明产品用外径为 0.9mil 的金丝，显示屏用外径为 1.0mil 的金丝，大功率产品用外径为 1.1mil 的金丝。

（5）胶水。SMD-LED 的封胶选用散热效果好的双组分硅胶（硅胶 A 与硅胶酚），低端产品也可以选用环氧树脂 A/B 胶，配比一般为 1∶1。世界尖端硅胶生产厂家在日本和美国，如美国的道康宁、日本的信越和东芝等，国内硅胶厂家有广州杰果等。硅胶的价格比较昂贵，使用时要注意节约。

（6）荧光粉。只有在封装白光 LED 时才使用荧光粉。荧光粉是应用高科技把稀土提纯、打磨成球粒状的化学材料。白光 LED 使用的荧光粉有日本日亚获得专利的 YAG 和 Osram（德国西门子独资）获得专利的 TAG。我国一般使用 YAG 荧光粉，著名的生产商有中国台湾弘大、美国英特美、北京中村宇极。荧光粉价格很高，市场价约为 25 元 /g，使用时要注意节约。

需要特别强调的是，只有特定的蓝光晶片才能激发黄色荧光粉，发出白光（波段范围是 450—462.5nm），白光是各种颜色光混合在一起的复合光。其他波段的晶片一律不能激发荧光粉发光。

4.3.5　SMD–LED 封装流程

在实际生产中，完整的封装流程包含：支架进料检验；清洗支架；红光芯片固晶，红光芯片的背胶（固晶胶）前固化；蓝光、绿光芯片固晶，蓝光、绿光芯片的背胶前固化；引线键合（焊线）；封装点胶；后固化；切筋；测试分光；编带包装；产品入库等步骤。

（1）支架进料检验。在生产之前第一步要做的就是对即将要生产的支架进行支架进料检验，采取的方式为抽检。其主要目的是查看支架的各个尺寸是否与标准支架尺寸相符，尺寸不符会对后序的工艺产生重要影响。注意，支架可分为两种，即白胶 SMD（3030）和黑胶 SMD（3030）。

（2）清洗支架。经过进料检验后的支架需要进行清洁工作。其目的是让后面的焊线工序共金质量更好、更稳定。利用等离子清洗机的等离子轰击，对支架表面的一些沾污进行清除，以净化表面。

（3）点银胶、固晶。主要设备为 ASM 自动固晶机、烘烤箱、等离子清洗机、扩晶机、干燥箱。首先在碗杯内将要固晶的部位点上少量固晶胶，然后将芯片放在碗杯内已点胶部位上方即可。其中，固晶工序主要是把 RGB 三色芯片放入单颗 SMD-LED 的碗杯中，使芯片粘在支架上。

本工序应特别注意芯片在整个碗杯中的位置、固晶时点胶量的控制、固晶胶的使用时间、背胶在前固化时的烘烤条件。

现阶段，在固晶生产过程中，实行的是先固红光晶片，再固蓝光、绿光晶片。红光晶片固晶胶为导电胶。蓝光、绿光晶片固晶胶为绝缘胶。

在实际固晶的过程中，要注意如下几点：①固晶胶是在 − 40℃ 的条件下保存的，生产前首先要将固晶胶醒胶 30min。②由于固晶胶在常温下的工作时限较短，而且现阶段固晶机数量有限，所以为了确保产品的质量，在固完红光晶片后应将其拿去用烘箱前固化。③待红光晶片银胶前固化后，将固化完的整根支架放入固晶机内，将蓝先、绿光等光晶片固在红光晶片之上。④蓝光、绿光晶片固完后需再次进行透明胶前固化。

（4）焊线。把芯片的某个电板和外部的框架通过金丝进行连接、导通的过程称为焊线，也称为引线键合。焊线的主要设备为 Eagle 60/V。焊线时要注意压力、功率、温度、时间、焊球的大小、一焊、二焊、金丝的弧度、劈刀的型号、金丝的尺寸等方面的要求。

（5）封装点胶。封装点胶是往焊线后的碗杯内注入外封胶的工序。外封胶由 A/B 胶和扩散剂混合搅拌组成，其中，A 胶为环氧树脂胶，B 胶为固化剂。

点胶时使用的主要设备包括自动点胶机、磨压机、烤箱。点胶时应注意点胶量，胶既不能过多溢出，也不能过少，必须将胶量控制为与碗杯表面刚好平齐。由于点胶后的胶体还未经过固化，所以在取料过程中应避免触碰支架表面点胶处。

如果是白光 LED，则还需要点荧光粉。在点荧光粉时应注意环氧树脂胶的种类，A 胶、B 胶、荧光粉的比例，分散、表面修饰、脱泡、点胶的方法，烘烤的方式，温度，时间。

（6）模压（针对白光 LED，压胶饼工艺）。放材料于模穴上，合模并放入胶饼，转进，挤入胶，使胶注入胶道成型。

（7）后固化。后固化时将点胶完的支架放入烘箱内进行烘烤。经过几个小时的高温烘烤之后，胶体开始凝固。待胶完全固化之后，从烘箱内取出，然后降温。

（8）切筋。切筋即切割，切筋工序的主要目的是利用切筋机将灯管和支架分离。分离后的灯管运入下道工序进行生产，而切下的支架为了减少成本可回收处理。PCB 支架的切割需要通过高速全自动水切割机来实现，其速度为 15 000r/s。而 Top 支架则不用经过这道工序。还需要检查胶后的 Top 支架灯和经过切割后的 PCB 支架灯的外观是否有异物、气泡、碎晶等。

（9）测试分光。测试分光是将 SMD-LED 依正向电压、亮度、主波长、漏电流等特性条件进行分类，将光性相似的 SMD-LED 分在一个类别里的工序，这样可以更好地保证屏幕发光的一致性。

（10）编带、包装。编带、包装是最后一道制作工序，主要是对已分光的 SMD-LED 产品进行包装。编带：①将 bin 材料倒入震动盘。②材料入料带后，用烫头使胶带和料带结合。③将材料袋装成卷轴。包装：根据不同的型号，每个包装中的数量会不同，一般 1608 的每个肢轮的包装可包 4 000 个芯片，3508 的约有 2 000 个芯片，5060 的只有 1 000 个芯片。

4.4　食人鱼封装

食人鱼 LED 很受用户的欢迎。为什么把这种 LED 称为食人鱼 LED 呢？因为它的形状很像亚马逊河中的食人鱼。其示意图如图 4-9 所示。用"食人鱼"来命名 LED 发光器件的一种产品，也是从国外传来的。

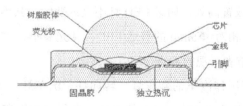

图 4-9　食人鱼结构示意图

食人鱼 LED 是 4 只脚的，比一般的 5mm LED 多了两只脚，而且 4 只脚把的发光部分和电路板焊接地方有一定间距，4 只脚的设计和留有间距就是让食人鱼 LED 的散热比一般的 LED 要好很多，可以通过的工作电流大一点，最大可以 40mA，一般的 LED 是 20mA，所以比一般的 LED 亮度要高，缺点就是体积要比普通的 5mm LED 大一点，角度在 9°—12°，没有其他的角度，做全彩的 RGB 混光的效果不好，没有 5mm 草帽的 LED 好。

在小功率 LED 里面，食人鱼 LED 是最亮的，但跟大功率的 1W、3W、5W 等相比，亮度就算不上什么，食人鱼 LED 多用在广告字的发光模块中。每种 LED 都有各自的用处，不能单比亮度，行外人是一味比亮度，行内人是看参数的配比，看一致性，用的芯片，等等。在轿车的中网灯和眉灯上，应该用 10mm 的 LED 或者大功率 1W 的 LED 比较好，都用小角度的，食人鱼没有太小的角度。

食人鱼 LED 有很多优点，例如，由于食人鱼 LED 所用的支架是铜制的，面积较大，因此传热和散热快。LED 点亮后，PN 结产生的热量很快就可以由支架的四个 pin 导出到 PCB 的铜带上，从而可以延长器件的使用寿命。

4.4.1　食人鱼 LED 的封装工艺

食人鱼 LED 的封装与其他方式 LED 的封装是一样的，区别是一个支架中放置多个 LED 芯片，提高输出光通量。食人鱼封装模粒的形状也是多种多样的，有 Φ3mm 圆头和 Φ5mm 圆头，也有凹型形状的平头形状。根据出光角度的要求，可选择各种封装模粒。食人鱼 LED 越来越受到人们重视，因为它比 Φ5mm 的 LED 要散热好、视角大、光衰小、寿命长。食人鱼 LED 非常适合制成线条灯、背光源的灯箱和大字体槽中的光源。

因为线条灯一般用来作为城市高层建筑物的轮廓灯，并且背光源的灯箱广告屏和大字体的亮灯都是放置高处，如果 LED 灯不亮或变暗，其维修十分困难。由于食人鱼 LED 的散热好，相对 Φ5mm 的普通 LED，其光衰小、寿命长，因此使用的时间也会长，这样可以节省可观的维修费用。

食人鱼 LED 也可用作汽车的刹车灯、转向灯、倒车灯。因为食人鱼 LED 在散热方面有优势，所以可承受 70—80mA 的电流。在行使的汽车上，往往蓄电瓶的电压高低波动较大，特别是使用刹车灯的时候，电流会突然增大，但是这种情况对食人鱼 LED 没有太大的影响，因此其广泛用于汽车照明中。

4.4.2　食人鱼封装流程

4.4.2.1　选定食人鱼 LED 的支架

食人鱼 LED 的封装有其特殊性，首先要选定食人鱼 LED 的支架。根据每一个食人鱼管子要放几个 LED 芯片，确定食人鱼支架中冲凹下去的碗的形状大小及深浅。如图 4-10 所示。

图 4-10　食人鱼支架

4.4.2.2　清洗支架

在使用支架时要把它清洗干净，并将 LED 芯片固定在支架碗中。经过烘干后把 LED 芯片两极焊好，然后根据芯片的多少和出光角度的大小，选用相应的模粒。在模粒中灌满胶，把焊好 LED 芯片的食人鱼支架对准模粒倒插在模粒中。待胶干（用烘箱烘干）后，脱模即可。然后放到切筋模上把它切下来，接着进行测试和分选。食人鱼 LED 的技术指标与其他方式封装的 LED 的技术指标是一样的。对于多个芯片封装在一个食人鱼支架上时应考虑有关的热阻，应尽量减小热阻，以延长使用寿命。

4.4.2.3　将 LED 芯片固定在支架碗中

由于食人鱼 LED 有四个支脚，因此为了把食人鱼 LED 安装在印制电路板上，应在其上留有四个洞。因为 LED 的两个电极连在四个支脚上，所以两个支脚连通一个电极。在安装时要确认哪两个支脚是正极，哪两个支脚是负极，然后进行 PCB 的设计。

4.4.2.4　经烘干后把 LED 芯片两极焊好

焊线是 LED 生产中非常重要的一个环节，它是通过焊线机用金线将 LED 的支架管脚和 LED 芯片电极进行焊接，这样才能完成 LED 芯片的电气连接，使之发光。焊线，也称作引线焊接、压焊、键合等。通常是采用热超声键合工艺，利用热及超声波，在压力、热量和超声波能量的共同作用下，使焊丝焊接到芯片的电极及支架上，在芯片电极和外引线键合区形成良好的欧姆接触，完成芯片的内外电路的连接工作。

（1）金线。焊线需要用到的材料为：焊丝（一般为金线）、待焊线的支架。需要用到的工具设备为：超声波金丝球焊线机、拉力计、防静电手环、布指套、镊子、螺丝刀、挑晶笔、酒精、钨丝、铁盘、夹具。LED 键合金线是由纯度为 99.99% 以上的金（Au）材质键合拉丝而成。金线在 LED 封装中起到导线连接的作用，将芯片表面电极和支架连接起来。当导通时，电流通过金线进入芯片，使芯片发光。金线进料检验主要是金线外观和拉力的检测，外观要求金线干净无尘和整洁，拉力测试对进料卷数抽取 30% 做拉力测试，取每卷的 5—10cm 做拉力测试，测试结果：1.0mil金线拉力必须大于 7g，小于或等于 7g 为不合格；1.2mil 金线拉力必须大于 15g，小于或等于 15g 为不合格。

（2）瓷嘴。瓷嘴，也称作陶瓷劈刀，是焊线机的一个重要组成部件；金线通过焊线机的送线系统最后到达瓷嘴；在瓷嘴上下移动的过程中完成烧球、焊线等操作。

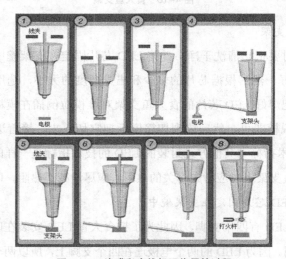

图 4-11　瓷嘴和金线相互作用的过程

（3）瓷嘴堵塞的解决方法。①轻微堵塞：用镊子夹酒精棉球包住瓷嘴尖部，然后操作焊线机左边面板上的"超声测试"开关或按键，利用超声功率（可适当调大功率）清洗瓷嘴，每次连续时间约 3s；②一般堵塞：用金球粘结法处理，首先在支架上焊接几个金球堆，然后加大压力、功率并加长时间，让瓷嘴在金球堆上焊接，即可将孔内的堵塞物粘拉出或挤拉出，最后重复第①项；③严重堵塞：用浓硝酸和浓盐酸混合液（比例 1 ：3）浸泡，即可将堵塞物腐蚀掉，然后用清水清洗几次，再重复第①项；④特严重堵塞：可用钨丝直接将堵塞物顶出，然后重复第①项。

（4）超声波金丝球焊线机。超声波金丝球焊线机，基本原理是在超声能量、温度、压力的共同作用下形成焊点，其工艺过程可简单表示为：烧球→焊→拉丝→二焊→断丝→烧球。

操作说明：①设置好工作温度，视不同的支架和芯片设定适当的温度，待工作温度达到设定值后方可工作。对于不同的产品，建议先做一次工作面高度的检测，后进行其他参数的设定。设定好参数后，便可作试焊生产。②根据产品的特性和要求，操作者可对焊接进行跟踪调节（如焊接跨度、高度、金球等参数调节）。首根支架试焊完成后送检，经检测合格后，即可进行实际生产。③在生产过程中，需中断工作时，可关闭电源或只关闭照明灯和停止夹具加温即可。即使电源关闭，原有设定参数仍然保存在记忆体中，不被清除（除非作数据清除操作）。终止操作时，应按"复位"键使整机恢复至原始位置，保证瓷嘴不被意外碰损。继续操作时，先调整显微镜，让工作面在视野中间，方可进行下一步的操作。

（5）拉力计。拉力计如图 4-12 所示，在成品 LED 使用过程中，其封装胶体环氧树脂胶等会受到环境影响，产生应力，如果该应力大于 LED 内部所焊金线的拉力，则会造成金线被拉断，从而 LED 死灯。因此，在焊线环节中，检测 LED 焊线的拉力大小是非常重要的一道 QC 工序。

图 4-12　拉力计

（6）焊线流程与工艺要求。常见的五种断线模式：A：第一焊点和电极之间的脱离；B：第一焊点上升部位断线；C：在 B—D 间断线；D：在第二焊点断线；E：第二焊接点断线。其中，断线模式 D、E 的不同在于：D 模式时，第二焊点多少有一些残留物；E 模式时，第二焊接点只有压痕，确认不了有熔溃的痕迹。

工艺要求：①焊点要正，焊球光滑一致；②无多余焊丝、无掉片、无损伤芯片、无压伤电极；③不同外观的双电极芯片焊接要有正确的走线方向，双线不能交叉、重叠；④要有一定的弧度和拉力；⑤杜绝虚、松、漏焊；⑥作业人员应每人佩戴手指套和防静电手腕；⑦房间温度应控制在 18℃—30℃，湿度应控制在 30—65%RH，当湿度低于 30%RH 时用加湿器进行加湿。

注意事项：①作业前检查机台是否接地良好，作业人员要佩戴静电环，并定时检查静电环功能是否正常。②所焊线支架必须是经过标准固化实践的材料。③焊线前必须检查所焊支架规格与随工单是否相符，须经检验确认后方可作业。④支架焊好后作业人员需自主检查支架是否有弯曲，如有发现就立即停止并请维修人员处理。

焊接四要素：功率、压力、时间、温度。焊接四要素的调节方法见上文焊线机调节部分。经过调节后，所焊线的焊点应满足：第一焊点呈圆形，且边沿有一定厚度、有光泽、大小一致；第二焊点呈鱼尾形、有细腻感、有一定厚度，并且焊线无伤痕，弧形一致。

焊线时要注意：焊线机温度一般设置为 180℃—200℃；第一焊点的压力设置为 55—70g，第二焊点压力设置为 90—115g；焊线拉力适中，焊线弧度高度应大于 1/2 芯片高度，并小于 2/3 芯片高度；第一焊点直径为金线直径的 2—3 倍，焊点应有 2/3 以上在电极上；焊线不能有虚焊、脱焊、断焊，能承受 5g 以上拉力；尾丝不能太长。

4.4.2.5　根据芯片的多少和出光角度的大小，选用相应的模粒

食人鱼 LED 封装模粒的形状是多种多样的，有 Φ3mm 圆头和 Φ5mm 圆头，也有凹型形状和平头形状，根据出光角度的要求可选择相应的封装模粒。

4.4.2.6　在模粒中灌满胶，把焊好 LED 芯片的食人鱼支架对准模粒倒插在模粒中

（1）环氧树脂胶。环氧树脂胶在 LED 封装中的作用为：注入模粒后，高温固化成形，具有保护 LED 内部结构，并导出芯片发出的光，以达到预期的外观与光学效果。

（2）硅胶。硅胶与环氧树脂成分不同，其特性也不尽相同，它在碳氢氧化合物中加入有机硅，可提高胶体的抗老化、耐高温等特点，一般用于大功率产品上。

（3）LED 用胶水使用注意事项：①主剂和固化剂混合后即慢慢起化学反应，造成黏度变高，因此须在规定时间内用完，以免因黏度过高无法灌注或产生气泡。

②灌注后须立即进烤箱，以免表面吸湿造成产品不良。③固化剂属于酸酐类物质，易吸收空气中的湿气，形成羧酸类沉淀物，造成产品不良，使用完后须立即盖紧，以免变质无法使用。瓶盖亦擦干净，以避免瓶盖粘连，打开不易。④配好的胶体暂时不用，或倒入胶桶内有剩余时，要用塑料袋封紧，以免表面吸湿，产生产品不良。⑤配胶时要戴手套作业，如果胶沾到皮肤上要用肥皂水洗净，沾到眼睛要以大量清水冲洗并请医生治疗。

（4）扩散剂与色膏。LED 扩散剂一般由树脂和散光性填充料组成，是 LED 产品的重要辅料。加入扩散剂能使 LED 从点光源变为面光源，从而使 LED 发出的刺眼光线变得柔和。LED 色膏是用来改变 LED 外观颜色的重要辅料。加入色膏能调节 LED 成品的发光效果，有利于在使用 LED 时辨别其颜色。

（5）丙酮。丙酮在 LED 封装中的作用：用来清除环氧树脂胶在工具设备上的残余。丙酮在 LED 生产中需大量储备，其储存时应注意以下几点：①储存于阴凉、通风的库房；远离火种、热源；库温不宜超过 26℃；采用防爆型照明、通风设施；禁止使用易产生火花的机械设备和工具；储区应备有泄漏应急处理设备和合适的收容材料。②保持容器密封。③应与氧化剂、还原剂、碱类分开存放，切忌混储。

（6）搅拌机。搅拌机是一种能将多种原料进行搅拌混合，使之成为具有适宜稠度的均匀混合物的机器，一般是利用电机驱动滚轴带动叶片旋转。

（7）真空箱。真空箱配胶后，搅拌胶水时会使气泡混入到胶水中，气泡对 LED 成品有很大的影响，因此灌胶之前必须要对胶水进行抽真空处理。一般是将胶水放入真空箱内进行抽真空操作。

（8）电子秤。属于平衡器的一种，是利用胡克定律或力的杠杆平衡原理测定物体质量的工具。电子秤主要由承重系统（如秤盘、秤体）、传力转换系统（如杠杆传力系统、传感器）和示值系统（如刻度盘、电子显示仪表）三部分组成。

（9）灌胶。灌胶所需的材料为：配好的胶水、焊好线的支架。需要用到的工具设备及辅料为：模条、铝船、注射针筒、铁盘、烤箱、搅拌机、沾胶机、半自动灌胶机、丙酮。

（10）模条。模条是 LED 成形的模腔，直插式单管 LED 在封装不同的外形时，都需要用到不同的模条。模条是由钢片经注塑（TPX 材质）而制成。TPX 有极佳的透明度，具有极佳的耐热性，耐化学品和耐蒸汽性等，且 TPX 在透光性聚合物中比重最轻。

模条的检验：①外观检查：模粒内是否有杂物、气泡、变形；②尺寸检查：做出 LED 的尺寸与模粒卡点高度是否匹配；③使用寿命测试：抽取 10 根模条，反复使用该批模条直到全部出现不良现象，此时该批模条的平均使用次数为此型号模条的寿命次数。

存储过程中主要要注意防湿及防锈处理，具体存放条件为：①存放环境无腐蚀性气味；②温度为 15℃—35℃；③相对湿度 Rh 为 30%—70%。

4.4.2.7　待胶干后（用烘箱烘干），脱模即可

（1）短烤。短烤的目的：使环氧树脂胶初步固化，便于离膜；减小铝船和模条的烘烤时间，提高其使用次数。短烤所需的材料：灌好胶的支架所需的工具和设备、铁盘、手套、烘烤箱。

（2）长烤。离膜后的 LED 产品需进行长烤，其目的是使环氧树脂胶充分固化，保证 LED 成品的性能稳定。长烤所需的材料：离模后的支架，所需的工具和设备：铁盘、手套、烘烤箱。

（3）烘烤工艺要求：①确保烘烤时间足够。②确保烘烤箱温度与设定温度一致。③房间温度应控制在 18℃—30℃，湿度应控制在 30—70%RH；当湿度低于 30%RH时用加湿器进行加湿；④需戴防静电手腕。

（4）烘烤注意事项：①目视烘烤箱显示器，确保长烤烘烤箱温度是在设定的范围，方可放入支架进行长烤。②认真真实记录好时间与温度。③长烤完成后，取铁盘时应戴手套，防止烫伤。④按照指定位置，将支架放入货架的冷却区（支架冷却时间需要 30min）。⑤每天用完烘烤箱及时切断电源。⑥正常使用烘烤箱每天应擦洗内箱壁，加热晾干后方可使用。

（5）离模机。离膜是指将短烤后的支架从模条中脱离出来，以便于支架进行长烤，模条进行再次循环利用。离模所需的材料：短烤后的支架；所需的工具和设备：铁盘、手套、离模机。离模机是把短烤后的 LED 支架从模条中脱离出来。一般由气缸、离膜针、底座、脚踏开关等组成，操作简单、方便。工艺要求：支架不能弯曲、变形；离膜机气压应合适。注意事项：拿取支架时，注意手指安全；不同型号产品应分开离膜。

4.4.2.8　放到切筋模上把它切下来，接着进行测试和分选

已经长烤完的 LED 性能已经稳定，但还是数十颗 LED 在支架上相连，因此必须将其分离开，才能成为独立的一颗颗 LED 产品，这就是切脚、初测环节。该环节包括一切、初测、二切这三道工序。一切，也称半切、前切，是利用一切机将长烤后的 LED 灌胶支架的连接筋切断，使 20 颗 LED 成为共阴或共阳方式，便于初测。初测包括目测和基本电性能参数检测。二切，也称全切、后切，是指利用二切机将一切后的 LED 支架切成独立的一颗颗 LED。

（1）一切（前切、半切）。一切需要用到的材料为：已长烤后的 LED 支架，需要用到的工具设备为：防静电手环、手指套、刷子、离子吹风机、一切模具、一切机。一切机的原理是液压冲床，使用一切模具将 LED 支架连接筋切断。它具有冲压速度快、操作方便、易于维护等特点。注意切脚方向及是否限位；切口要光滑无毛刺；温度应控制在 18℃—30℃，湿度应控制在 30—70%RH，当湿度低于 30%RH 时用加湿器进行加湿；需戴防静电手腕。

开始进行模具装配时，应注意是否为该型号的模具（是否限位或长短脚支架）。装配时应注意模具中的排屑孔是否通畅、铁片是否垫到位。进行一切时，如模具表面留有铁屑时，应用刷子清扫干净。如支架变形，应整理完后再切以免半切卡坏（用钳子剪去严重变形部分）。

初检主要是对一切后的 LED 支架进行目测和排测，初步分选出 A、B、C 类产品。初检需要用到的材料为：一切后的支架。需要用到的工具设备为：测试仪、记号笔、测试工装、铁盘、斜口钳。

（2）LED 排测机。发光二极管排测机是 LED 专用测试仪，它能给整个支架的 20 颗（或其他数目）LED 供电，并给出各颗 LED 的电参数。测试项目包括小电流压降、大电流压降、漏电流的检测，全点亮目测外观，闸流体效应的检测，反向电压冲击试验等。

工艺要求：A 品：符合成品检验规范，且满足客户需求可正常出货的产品。B 品：所有椭圆管、有色管、散射管、小批量样品或不常做产品在初测时会亮的不良品，如：气杂、IR、VF、插偏浅、胶多少。除椭圆管、有色管、散射管以外的其他产品在初测时出现 IR、VF 问题。C 品：缺亮或仅微亮的产品。

在整个测试过程中，如有缺亮，应先检查测试工装与支架的接触性再作判断。

作业结束，关闭排测机电源。排测机的电参数设定参见仪器说明。

（3）二切（全切、后切）。经初检后合格的 LED 支架可进行二切操作，即将 LED 支架的底部连接筋切断，使之成为一颗颗独立的 LED 成品。二切需要用到的材料为：待二切的 LED 支架。需要用到的工具设备为：防静电手腕、手指套、刷子、防静电托盘、离子吹风机、斜口钳、二切机。

（4）二切机。二切机，也叫全切机，主要适用于 LED 二切成长短脚及各类电子、五金产品切割。支架放入二切机定位槽时，观察支架的底部连接筋和二切机的切离面，切离面应平齐。二切机定位槽下的切屑应及时清理干净。管脚要光滑无毛刺；数量要正确；房间温度应控制在 18℃—30℃，湿度应控制在 30—70%RH，当湿度低于 30%RH 时用加湿器进行加湿；需戴防静电手腕。支架放入二切机定位槽时，应观察支架的底部连接筋和二切机的切离面，切离面应平齐。二切机定位槽下的切屑，应及时清理干净。如不分选的 LED 要按固定的数量（500 或 1 000）放在盘里，再进行二切。二切完毕后，关闭机器电源及高压气。

习题：

1. 平面发光式 LED 器件的主要代表有哪些？

2. 简述 LED 显示器的抽检方法。

3. 什么是动态数码管驱动方式？

4. 简述数码管的封装流程。

5. 简述表面贴片技术（SMT）。

6.SMD-LED 与引脚式 LED 在封装流程上有哪些主要的不同？

7. 如何选择 PCB 进行 SMD 封装？

8. 用于手机的 LED 产品型号有哪些？

第 5 章 LED 新工艺

5.1 大功率 LED 的封装与检测

大功率 LED 的封装方法，主要包括黏结工艺、压焊工艺、胶封工艺和大功率 LED 检测，掌握测试条件、电特性参数及其测试方法、光特性参数及其测试方法、光电特性参数及其测试方法和热参数及其测试方法，能够制作检验卡与质检报告并进行工作现场记录。

5.1.1 大功率 LED 介绍

大功率 LED 是 LED 家族的一员。针对小功率 LED 而言，大功率 LED 分为功率 LED 和 W 级功率 LED 两种。大功率 LED 单颗功率更高，亮度更亮，价格更高。小功率 LED 的额定电流都是 20mA，额定电流高过 20mA 的基本上都可以算作大功率 LED。一般大功率 LED 的功率数有 0.25W、0.5W、1W、3W、5W、8W、10W 等，其亮度（以光通量表示）单位为 lm（流明），而小功率 LED 的亮度（以光强表示）单位一般为 mcd。功率 LED 的输入功率小于 1W（几十毫瓦功率 LED 除外），W 级功率 LED 的输入功率大于或等于 1W。大功率 LED 单颗功率远大于或等于若干个单个小功率 LED 的总和，供电线路相对简单，散热结构完善，物理特性稳定。

大功率 LED 分为单芯片大尺寸和多芯片小尺寸组合两种。当然，大功率 LED 本身的参数比较多，根据不同的参数会有不同的分类标准，在此不再赘述。

在家用照明方面，大功率 LED 有很大优势，但是它存在的问题也难以克服，包括：①价格太高；②耗电很大，发热量大；③体积很小，作为一个发光体，可能会伤害观察者的眼睛；④所需驱动电流大，而工作电压又很低，对驱动电源的要求非常苛刻，必须使用专用电路，这使成本大幅上升；⑤色温太高，光线显得阴冷，虽然有暖白色的品种可供选择，但是其光效又下降太多。

5.1.1.1 L 型电极的大功率 LED 芯片封装

首先在 SiC 衬底镀一层金锡合金（一般做芯片的厂家已镀好），然后在热沉上同样也镀一层金锡合金，将 LED 芯片底座上的金属和热沉上的金属熔合在一起，称为共晶焊接。这种封装方式，一定要注意当 LED 芯片与热沉在一起加热时，二者要接触好，最好二者之间加有一定压力，而且二者接触面受力均匀，两面平衡。控制好金和锡的比例，这样焊接效果才好，这种方法做出来的 LED 的热阻较小、散热较好、光效较好。这种封装方式上下两面输入电流，如果与热沉相连的一极是与热沉直接导电的，则热沉也成为一个电极。使用这种 LED 要测试热沉是否与其接触的一极是零电阻，若为零则是连通的。因此连接热沉与散热片时要注意绝缘，而且要使用导热胶把热沉与散热片粘连好。

5.1.1.2 V 型电极的大功率 LED 芯片的封装

V 型电极的大功率 LED 芯片的衬底通常是绝缘体（如蓝宝石），而且在绝缘体的底层外壳上一般镀有一层光反射层，可以使射到衬底的光反射回来，从而让光线从正面射出，以提高光效。这种封装应在绝缘体的下表面用一种（绝缘）胶把 LED 芯片与热沉粘合，上面把两个电极用金丝焊出。

在封装 V 型电极大功率 LED 芯片时，由于点亮时发热量比较大，可以在 LED 芯片上涂一层硅凝胶，而不可用环氧树脂。这样，一方面可防止金丝热膨胀冷缩与环氧树脂不一致而被拉断；另一方面防止因温度高而使环氧树脂变黄变污，结果透光性能不好。因此，在制作 V 型电极大功率 LED 时应用硅凝胶调和荧光粉。

5.1.2 大功率 LED 的封装技术概述

大功率 LED 封装由于结构和工艺复杂，并直接影响到 LED 的使用性能和寿命，一直是近年来的研究热点，特别是大功率白光 LED 的封装更是焦点。大功率 LED 封装的功能主要包括：①机械保护，以提高可靠性；②加强散热，以降低芯片结温；③光学控制，提高出光效率，优化光束分布；④供电管理，包括交流/直流转变及电源控制等。

　　LED 的封装方法、材料、结构和工艺的选择主要由芯片结构、光电 / 机械特性、具体应用和成本等因素决定。经过 40 多年的发展，LED 封装先后经历了引脚式（lamp-LED）、贴片式（SMD-LED）、功率型 LED（power-LED）等发展阶段。随着芯片功率的增大，对 LED 封装的光学、热学、电学和机械结构等提出了新的、更高的要求。为了有效地降低封装热阻，提高出光效率，必须采用全新的技术思路来进行封装设计。

　　具体而言，大功率 LED 封装的关键技术包括以下几种。

5.1.2.1　低热阻封装工艺

　　对于现有的 LED 光效水平而言，其输入电能的 80% 左右转变成为热能。如果不及时将芯片的热量导出并消散，则芯片的结温将持续升高，发光效率将急剧下降，从而导致可靠性（如寿命、色移等）下降。同时，高温高热会使 LED 封装结构内部产生机械应力，引发一系列的问题。芯片布置合理，封装材料（基板材料、热界面材料）选择得当，并经过工艺、热沉设计等能较好地解决这个问题。

　　LED 封装热阻主要包括材料（散热基板和热沉结构）内部热阻和界面热阻。散热基板的作用是吸收芯片产生的热量，并传导到热沉上，实现与外界的热交换。常用的散热基板材料包括硅、金属（如铝、铜）、陶瓷（如 Al_2O_3、A1N、SiC）和复合材料等。如 Nichia 公司的第三代 LED 采用 CuW 做衬底，将 1mm 芯片倒装在 CuW 材底上，降低了封装热阻，提高了发光功率和光效；Lamina Ceramics 公司则研制了低温共烧陶瓷金属基板，如图 5-1 所示。该技术首先制备出适于共晶焊的大功率 LED 芯片和相应的陶瓷基板，然后将 LED 芯片与基板直接焊接在一起。该基板上集成了共晶焊层、静电保护电路、驱动电路及控制补偿电路，不仅结构简单，而且材料热导率高，热界面少，大大提高了散热性能，为大功率 LED 阵列封装提出了解决方案。德国 Curmilk 公司研制的高导热性覆铜陶瓷板，由陶瓷基板（AlN 或 A1$_2$O$_3$）和导电层（Cu）在高温高压下烧结而成，没有使用带结剂，因此导热性能好、强度高、绝缘性强。其中，A1N 的热导率为 160W/（m·K），热膨胀系数为 $4.0×10^{-6}m/℃$（与硅的热膨胀系数 $3.2×10^{-6}m/℃$ 相当），从而降低了封装热应力。研究表明，改善 LED 封装的关键在于减少界面和界面接触热阻，增强散热。因此，芯片和散热基板间热界面材料（TIM）的选择十分重要。LED 封装常用的热界面材料为导电胶和导热胶，由于其热导率较低，一般为 0.5—2.5W/（m•K），因此界面热阻很高。而采用低温或共晶焊料、焊膏或者内掺纳米颗粒的导电胶作为热界面材料，可大大降低界面热阻。

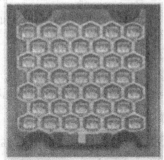

图 5-1　低温共烧陶瓷金属

5.1.2.2　高取光率封装结构与工艺

在 LED 使用过程中，辐射复合产生的光子在向外发射时产生的损失，主要包括三个方面：芯片内部结构缺陷及材料的吸收损失；光子在出射界面由于折射率差引起的反射损失；由于入射角大于全反射临界角而引起的全反射损失。因此，很多光线无法从芯片中出射到外部。在芯片表面涂覆一层折射率相对较高的透明胶层（灌封胶），该胶层处于芯片和空气之间，从而有效减小了光子在界面的损失，提高了取光效率。此外，灌封胶的作用还包括对芯片进行机械保护、应力释放，并可作为一种光导结构。因此，要求其透光率高，折射率高，热稳定性好，流动性好，易于喷涂。为提高 LED 封装的可靠性，还要求灌封胶具有低吸湿性、低应力、耐老化等特性。目前常用的灌封胶包括环氧树脂胶和硅胶。硅胶具有透光率高、折射率大、热稳定性好、应力小、吸湿性低等特点，明显优于环氧树脂胶，在大功率 LED 封装中得到广泛应用，但成本较高。

5.1.2.3　阵列封装与系统集成技术

经过 40 多年的发展，LED 封装技术和结构先后经历了四个阶段。

（1）引脚式封装。引脚式封装是常用的封装结构，一般用于电流较小（20—30mA），功率较低（小于 0.1W）的 LED 封装。其缺点在于封装热阻较大（一般高于 100K/W），寿命较短。

（2）SMT 封装。SMT 是一种可以直接将封装好的器件贴、焊到 PCB 表面指定位置的一种封装技术，具体而言，就是先用特定的工具或设备将芯片 pm 对准预先涂覆了粘接剂和焊膏的焊盘图形，然后直接贴装到未钻安装孔的 PCB 表面上，经过波峰焊或再流焊，器件和电路之间可建立可靠的机械和电气连接。

（3）COB 封装。COB 是一种先通过粘胶剂或焊料将 LED 芯片直接粘贴到 PCB上，再通过焊线实现芯片与 PCB 间电互联的封装技术。PCB 可以采用低成本的 FR-4材料（玻璃纤维增强的环氧树脂），也可以采用高热导的金属基或陶瓷基复合材料（如铝基板或覆铜陶瓷基板等）。COB 技术主要用于大功率多芯片阵列的 LED 封装，同SMT 相比，不仅大大提高了封装功率密度，而且降低了封装热阻。

（4）SIP 封装。SIP（System in Package，集成封装）是为适应整机的便携式发展和系统小型化的要求，在系统芯片（System on Chip，SOC）基础上发展起来的一种新型封装集成方式，它不仅可以在一个封装内组装多个发光芯片，还可以将各种不同类型的器件（如电源、控制电路、光学微结构、传感器等）集成在一起，构建成更为复杂的、完整的系统。目前，高亮度 LED 器件要代替白炽灯及高压钠灯，必须提高总的光通量，或者说可以利用的光通量。而光通量的增加可以通过提高集成度、加大电流密度、使用大尺寸芯片等措施来实现。而这些都会增加 LED 的功率密度，如散热不良，则将导致 LED 芯片的结温升高，从而直接影响 LED 器件的性能（如光效降低、出射光发生红移、寿命降低等）。多芯片阵列封装是目前获得高光通量的一个可行的方案，但是 LED 阵列封装的密度受限于价格、可用的空间、电气连接，特别是散热等条件。由于发光芯片具有高密度集成的特性，散热基板上的温度很高，因此必须采用有效的热沉结构和封装工艺。

在系统集成方面，中国台湾新强光电公司采用 SIP 技术，并通过翅片＋热管的方式搭配高效能散热模块，研制出了 72W、80W 的高亮度白光 LED 光源，如图 3-37所示。由于封装热阻较低（4.38℃/W），当环境温度为 25℃时，LED 结温控制在60℃以下，从而确保了 LED 的使用寿命和良好的发光性能。而华中科技大学则采用COB 技术和微喷主动散热技术，封装出了 220W 和 1 500W 的超大功率 LED 白光光源。

图 5-2　72W、80W 高亮度白光 LED 光源　　图 5-3　220W 和 1 500W 超大功率白光光源

5.1.2.4　晶片键合技术

晶片键合（Wafer Bonding）技术是指芯片结构和电路的制作、封装都在晶片上进行，封装完成后再进行切割，形成单个芯片的技术；与之相对应的芯片键合（Die Bonding）技术是指芯片结构和电路在晶片上完成后，即进行切割形成芯片，然后对单个芯片进行封装（类似现在的 LED 封装工艺）的技术。很明显，晶片键合封装的效率和质量更高。由于封装费用在 LED 器件制造成本中占了很大比例，因此，改变现有的 LED 封装形式（从芯片键合到晶片键合），可大大降低封装制造成本。此外，晶片键合还可以提高 LED 器件生产的洁净度，防止键合前的划片、分片工艺对器件结构的破坏，提高封装成品率和可靠性，因而是一种降低封装成本的有效手段。

5.1.3　大功率 LED 装举例反透镜封装方案

沿袭小功率 DIP-LED 封装思路的大尺寸环氧树脂封装如图 5-4 所示，仿食人鱼式环氧树脂封装如图 5-5 所示。

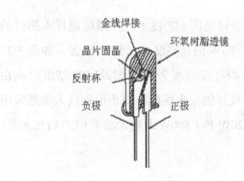

金线焊接
环氧树脂透镜
晶片固晶
反射杯
负极
正极

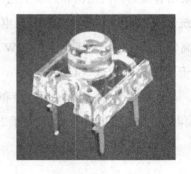

图 5-4　大尺寸环氧树脂封装　　图 5-5　仿食人鱼式环氧树脂封装

（1）Lumileds 公司的 Lxx（低发热）装。Lumileds 公司 1998 年推出 Luxeon LED。该封装结构最先采用热通路和电通路分离的方案，将倒装芯片用硅载体直接焊接在热沉上，并用反射杯、光学透镜和柔性透明胶等新材料封装，出光效率高、热阻低。

（2）UOE 公司的 Norlux 系列。美国 UOE 公司 2001 年推出用六角形铝板做衬底的多芯片组合封装的 Norlux 系列。这种封装结构的中央发光区可以装配 40 只芯片。

5.1.4　功率型 LED 封装关键技术

5.1.4.1　照明领域对半导体 LED 光源的要求

传统 LED 的光通量与白炽灯和荧光灯等通用光源相比，距离甚远。LED 要进入照明领域，首要任务是将其发光效率、光通量提高至现有照明光源的等级。

由于 LED 芯片输入功率的不断提高，对功率型 LED 的封装技术提出了更高的要求。

针对照明领域对光源的要求，照明用功率型 LED 的封装面临着以下挑战：①更高的发光效率；②更高的单灯光通量；③更好的光学特性（光指向性、色温、显色性等）；④更大的输入功率；⑤更高的可靠性（更低的失效率、更长的寿命等）；⑥更低的光通量成本。

5.1.4.2　提高发光效率

1. 提高发光效率的途径

LED 的发光效率是由芯片的发光效率和封装结构的出光效率共同决定的。提高 LED 发光效率的主要途径有：①提高芯片的发光效率；②将芯片发出的光有效地萃取出来；③将萃取出来的光高效地导出 LED 管体外；④提高荧光粉的激发效率（对白光而言）；⑤降低 LED 的热阻。

2. 芯片的选择

LED 的发光效率主要决定于芯片的发光效率。随着芯片制造技术的不断进步，芯片的发光效率在迅速提高。目前发光效率高的芯片主要有：HP 公司的 TS 类芯片；CREE 公司的 XB 类芯片；WB（Wafer Bonding）类芯片；ITO 类芯片；表面粗化芯片；倒装焊类芯片，等等。

可以根据不同的应用需求和 LED 封装结构特点，选择合适的高发光效率的芯片进行封装。

3. 出光通道的设计与材料选择

芯片选定之后,要提高 LED 的发光效率,能否将芯片发出的光高效地萃取和导出,就显得非常关键了。

(1) 光的萃取。由于芯片发光层的折射率较高,如果出光通道与芯片表面接合的物质的折射率与之相差较大,则会导致芯片表面的全反射临界角较小,芯片发出的光只有一部分能通过界面逸出被有效利用,相当一部分的光因全反射而被困在芯片内部,造成萃光效率偏低,直接影响 LED 的发光效率。为了提高萃光效率,在选择与芯片表面接合的物质时,必须考虑其折射率要与芯片表面材料的折射率尽可能相匹配。采用高折射率的柔性硅胶作与芯片表面接合的材料,既可以提高萃光效率,又可以使芯片和键合引线得到良好的应力保护。采用倒装芯片封装的 LED 的出光通道折射率匹配比正装芯片要好,出光效率更高。

(2) 光的导出。设计良好的出光通道,使光能够高效地导出到 LED 管体外。①反射腔体的设计;②透镜的设计;③出光通道中各种不同材料的接合界面设计和折射率的匹配;④尽可能减少出光通道中不必要的光吸收和泄漏现象。出光通道材料的选择:①高的透光率;②匹配良好的折射率;③抗 UV、防黄变特性;④高的温度耐受能力和良好的应力特性。

4. 荧光粉的使用

就白光 LED 而言,荧光粉的使用是否合理,对其发光效率影响较大。首先要选用与芯片波长相匹配的高受激转换效率的荧光粉;其次是选用合适的载体胶调配荧光粉,并使其以良好的涂布方式均匀而有效地覆盖在芯片的表面及四周,以达到最佳的激发效果。

传统上将荧光胶全部注满反射杯的做法,但涂布均匀性得不到保障,而且会在反射腔体中形成荧光粉的漫射分布,造成不必要的光泄漏损失,既影响光色的品质,又会使 LED 光效降低。

5. 热阻的降低

LED 自身的发热使芯片的结温升高,导致芯片发光效率下降。功率型 LED 必须要有良好的散热结构,使 LED 内部的热量能尽快尽量地被导出和消散,以降低芯片的结温，提高其发光效率。采用优良的散热技术降低封装结构的热阻，将使 LED 发光效率的提高得到有效的保障。

5.1.4.3 改善 LED 的光学特性

1. 调控光强的空间分布

与传统光源相比，LED 发出的光有较强的指向性，如果控制得当，可以提高整体的照明效率，使照明效昊更佳。如何根据照明应用的需要，调控 LED 的光强空间分布呢？可以通过以下步骤来实现：①清楚了解芯片发光的分布特点。②根据芯片发光的分布特点和 LED 最终光强分布的要求设计出光通道：反射腔体的设计；透镜的设计；光线在出光通道中折射和漫射的考虑；出光通道各部分的几何尺寸的设计和配合。③选择合适的出光通道材料和加工工艺。

2. 改善光色均匀性

目前最常用的 LED 白光生成的技术路线是：蓝色芯片＋黄色荧光粉（YAG/TAG）。该工艺方法，是将荧光粉与载体胶混合后涂布到芯片上。在操作过程中，由于载体胶的粘度是动态参数，荧光粉比重大于载体胶而容易产生沉淀，以及受涂布设备精度等因素的影响，荧光粉的涂布量和均匀性的控制有难度，导致白光颜色不均匀。

改善光色均匀性的方法有：①出光通道的设计；②荧光粉粒度大小的合理选择；③载体胶粘度特性的把握；④改进荧光胶调配的工艺方法，防止操作过程中荧光粉在载体胶内产生沉降；⑤采用高精度的荧光粉涂布设备，并改良荧光胶涂布的方法和形式。

3. 改善色温与显色性

白光 LED 色温的调控主要是通过蓝色芯片波长的选定、荧光粉受激波长的匹配以及荧光粉涂布量、均匀性的控制来实现的。基于蓝色芯片＋黄色荧光粉（YAG/TAG）LED 白光生成技术路线的机理和荧光粉的特性，早期传统的白光 LED 在高色温区域（＞5 500K）里，色温的调控比较容易实现，显色性也较好（$Ra > 80$）。

在照明应用通常要求的低色温区域（2 700K—5 500K），传统白光 LED 的色温调控较难，显色性也不佳（$Ra < 80$），与照明光源的要求有一定的差距。即使可以生成低色温的白光，其色坐标也偏离黑体辐射轨迹较远（通常是在轨迹上方），使

其光色不正，显色性差。要解决这一问题，关键是改良荧光粉，可以通过添加红色荧光粉，使 LED 发出的白光的色坐标尽量靠近黑体辐射轨迹，从而改善其光色和显色性。目前，改善白光 LED 在低色温区的显色性的主要方法有四种：①尽量选用短波长的蓝色芯片；②分析白光 LED 发光谱线的缺陷，选用含有可以弥补这些缺陷的物质的合适的荧光粉；③改善荧光粉的涂布技术，保证荧光粉得到充分而均匀的激发；④采用其他具有显色性优势的白光生成技术路线。

5.1.4.4　提高 LED 的单灯光通量和输入功率

目前 LED 的单灯光通量偏小，独立应用于照明有较大的局限，其输入功率也偏小，需要较多的外围应用电路配合。LED 要进入照明领域，必须提高 LED 的单灯光通量和输入功率。

提高 LED 的单灯光通量和输入功率的途径有：①在输入功率一定的前提下，提高 LED 的发光效率是获取更大单灯光通量的最直接的途径；②采用大面积芯片封装 LED，加大工作电流，可以获得较高的单灯光通量和输入功率；③采用多芯片高密度集成化封装功率型 LED，是目前获得高单灯光通量和高输入功率的最常用方法。在以上三种途径中，散热技术是关键。提高 LED 的散热能力，降低热阻，是提高 LED 的单灯光通量和输入功率得以实现的根本保障。

5.1.4.5　降低 LED 的成本

价格高是半导体 LED 进入照明领域的最终瓶颈。就封装技术而言，LED 要降低成本，必须解决以下五个问题：①成熟可行的技术路线；②简单可靠、易于产业化生产的工艺方法；③通用化的产品设计；④高的产品性能和可靠性；⑤高的成品率。

5.1.4.6　改善 LED 的可靠性

在实际应用中，人们普遍关注的 LED 可靠性问题主要有：死灯、光衰、色移、闪烁和寿命等。在白光 LED 的设计中，最重要的步骤就是点荧光粉，点荧光粉是白光形成的关键。芯片的波长是 460—470nm 的，选取的荧光粉同样也在这个波段，点荧光粉有两个很重要的操作步骤。

5.1.4.7　调荧光粉

普通用的荧光粉是粉状的，因此不能将粉状的物质覆盖在芯片上，必须是液态的，但是也不可能把荧光粉变成液态的，因为荧光粉的组分是重金属和稀有金属。只有将荧光粉溶解在一种溶剂中，然后再将这种荧光粉液体烤干，才能使其覆盖在蓝色的芯片上。

1. 溶剂选择

选择的溶剂必须是不能破坏荧光粉自身的组织，因此这个溶剂需要是不能和荧光粉发生化学反应的一种物质。根据相似相溶的原理可知，荧光粉是不能溶解在有机溶剂里的，那么就只能是混合了。如果只是单纯地将这种混合溶液覆盖在芯片的表面再去进行外密封是行不通的，因为外密封用的是环氧树脂这种液态物质。也就是说必须要将其在封装前烤干，于是传统采用外密封的环氧树脂来做这种溶剂。

有了溶剂再来配置溶液。在这里选用的材料有相对应波段的黄色荧光粉和环氧树脂。根据白光的发光原理可以知道：荧光粉加入的量太多就会造成发出的白光光偏黄；荧光粉的量加入的太少就会使得发出的白光光偏蓝。

2. 配制溶液

应该根据荧光粉的发光效率来合理配制荧光粉。但是用荧光粉＋环氧树脂封装出的成品光斑是一片蓝、一片白、一片黄。这种光斑形成的原因是荧光粉被蓝色的光激发的不均匀，也就是说荧光粉的细小颗粒没有被蓝色的光完全激发。要解决完全激发的问题，就引入了扩散剂这样的一种物质，扩散剂可以增强蓝光激发荧光粉的效率，从而增强了荧光粉的发光效率。通过实验，发现扩散剂的确对光斑有了改善，使得发出的光斑不再是一块一块的，但是新的问题又出现了，光斑虽然整体呈现一种颜色，但是外圈却有一层黄色出现。要改善黄圈必须要知道原因，将 LED 成品解剖，可以看到荧光粉的沉淀情况，如图 5-6 所示。

图 5-6　荧光粉沉淀示意图

通过理论分析可知，出现这种现象是由黄光功率偏大所引起的。首先要改变荧光粉溶液的配比，找到合适的配比才能够改善黄圈；接着就是荧光粉沉淀的问题，从图中可以看到荧光粉覆盖在芯片和支架杯之间的空隙中的厚度要比芯片表面的厚度厚很多。这是因为在烘烤的过程中，环氧树脂会挥发一部分。环氧树脂是双组分的：

一部分是树脂；另一个部分是固化剂，属于酸酐类。

固化剂的作用是减小分子之间的距离，使其固化。固化剂与树脂的反应是个放热反应，而环氧树脂的热传导性很差，粘度又很大，所以产生的热量不容易消散，这样很容易使荧光粉沉淀。另外，芯片的尺寸和支架杯底的尺寸有差异，这样很容易导致芯片四周的荧光粉比重大。荧光粉溶液的浓度分布不均匀会造成白光 LED 的色温分布不均，使得白光 LED 的亮度和光斑都不能达到预期效果。

如何改善荧光粉因沉淀而引起的分布不均匀，这是要进一步研究的问题。理论上可以从量个方面去改善：①通过生产工艺。也就是在生产过程中，在时间很短的间隔里均匀搅拌，而点荧光粉的速度加快，与下个环节的衔接时间也变紧，点好荧光粉的半成品很快进入烘烤的步骤中。②加入一种新的物质，使得荧光粉容易在高温下也能保持很好的均匀混合状态。于是在荧光粉溶液中引入了表面活性剂，其作用是：一部分可以吸附有机物；一部分可以吸附无机物的表面活性剂。经过反复实验，得到的荧光粉、表面活性剂、扩散剂和环氧树脂的最优质量配比为10：5：3：100。

5.1.4.8　荧光粉涂覆

对于支架式白光 LED 的外封装有成型模具，顶部密封的环氧树脂做成一定形状，有这样几种作用：保护管芯等不受外界侵蚀；采用不同的形状和材料性质（掺或不掺散色剂），起透镜或漫射透镜功能，控制光的发散角。因此，由环氧树脂形成的"透镜"不可以调节。

为了达到更好的光效，必须设计由涂抹的荧光粉而形成的"透镜"。荧光粉可以在支架的杯面上形成三种透镜形式：凹透镜、平面透镜、凸透镜。

根据两层透镜的光辐射图样，选取的是凸透镜。凸透镜的角度与外封装胶形成的透镜角度是相同的。这样能使芯片发出的光线垂直出射，并且能提高光线的出射率。但是这种荧光粉涂抹方式还是不够完美，芯片周围 4 个面的光强分布也是不同的。虽然对荧光粉溶液的组分和配比做了一些调整，但是荧光粉的沉淀只能得到很好的改善而不能完全解决，这样的涂抹方式影响白光 LED 的色温和色品坐标。

如果能将荧光粉完全单薄地覆盖在芯片上，就能解决这个问题。但是对于支架式白光 LED 的封装，工艺上是很难办到的。而要适合工厂的生产和销售，这种涂抹技术是不合适的。这种设想对于大功率这种封装方式是可以做到。在大功率白光 LED 中，芯片的发光效率要求高，因此使用面积比小型芯片（1mm² 左右）大 10 倍的大型 LED 芯片。

倒装芯片是把 GaN LED 晶粒倒装焊在散热板上，并在 p 电极上方制作反射率较高的反射层，即将原先从元件上方发出的光线从元件其他的发光角度导出，而由蓝宝石基板端沿取光。两种功率型芯片结构示意图如图 5-7 所示。

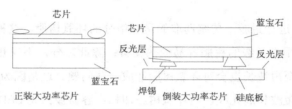

图 5-7　两种功率型芯片结构示意图

这样就降低了在电极侧面的光损耗，可有接近于正装方式 2 倍的光输出。因为没有了金线焊垫的阻碍，对提高亮度有一定的帮助。

对比两种芯片的优缺点，基于大于功率 LED 需要好的散热环境和发出高光效来考虑，在大功率白光 LED 的封装中，采用的是倒装芯片代替传统的正装大功率芯片。大功率白光 LED 的荧光粉涂抹技术则是只用将荧光粉均匀涂抹在表面就可以，而不用涂抹在芯片四周。

这种方式是将荧光粉混合溶液直接涂抹在芯片上，因此所用到的溶液胶体不再是环氧树脂，因为环氧树脂的流动性较强。如果用传统的环氧树脂来混合荧光粉，荧光粉溶液就会从芯片表面溢出。所以必须选择可以自动成型的 UV 胶，将 UV 胶与普通荧光粉按照一定的重量比进行均匀混合调配。将调配好的原料加入点胶机对大功率发光二极管芯片进行点胶涂布，使涂层厚度控制在 0.5—0.6mm。将涂布完成的芯片用紫外灯照射进行固化，完成固化工艺过程。

5.1.4.9　对封装胶的要求

根据折射定律，光线从光密介质入射到光疏介质时，当入射角达到一定值，即大于等于临界角时，会发生全发射。以 GaN 蓝色芯片来说，GaN 材料的折射率是 2.3，当光线从晶体内部射向空气时，根据折射定律：

$$\theta_0 = \sin - 1\,(n_1/n_2)$$

其中 n_2 等于 1，即空气的折射率，n_1 是 GaN 的折射率，由此计算得到临界角 θ_c 约为 25.8°。能射出的光只有入射角小于 25.8°这个空间立体角内的光，因此其有源层产生的光只有小部分被取出，大部分易在内部经多次反射而被吸收，易发生全反射导致过多光损失。

为了提高 LED 产品封装的取光效率，必须提高 n_2 的值，即提高封装材料的折射率，以提高产品的临界角，从而提高产品的封装发光效率。同时，封装材料对光线的吸收要小。

对白光 LED 进行封胶，传统选取的是双组分的环氧树脂，这种封装胶存在下面两个问题：封装用光学级的树脂容易受热变黄；除此之外，不仅热现象会对环氧树脂产生影响，甚至短波长也会对环氧树脂造成一些问题。这是因为白光 LED 发光光谱中，也包含了短波长的光线，而环氧树脂却相当容易被白光 LED 中的短波长光线破坏。低功率的白光 LED 就已经会造成环氧树脂的破坏，更何况高功率的白光 LED 所含的短波长的光线更多，那么恶化自然也加速。

白光 LED 采用的是硅胶封装。硅胶除了对短波长有较佳的抗热性、较不易老化外，它还能够分散蓝色和近紫外光。所以，与环氧树脂相比，硅树脂可以抑制材料因为短波长光线所带来的劣化现象，此外硅胶的光透率、折射率都很理想。硅树脂封胶材料是一种稳定的柔性胶凝体，在－40℃到－120℃的范围，不会因为温度的聚变而产生内应力，使金线与引线框架断开，并防止外封装的环氧树脂形成的"透镜"。

5.1.4.10 散热设计

对于一般照明使用，将需要大量的 LED 元件集成在一块模组中以达到所需之照度。但 LED 的光电转换效率不高，只有 15%—20% 的电能转为光输出，其余均转换成为热能。

热量是 LED 的最大威胁之一，会影响 LED 的电气性能，并最终导致 LED 失效。如何让 LED 长时间、持续可靠地工作，是目前大功率 LED 器件封装和系统封装的关键技术。

1. 热量来源

对于由 PN 结组成的发光二极管，当正向电流从 PN 结流过时，PN 结有发热损耗，这些热量经由粘结胶、灌封材料、热沉等，辐射到空气中。在这个过程中每一部分材料都有阻止热流的热阻抗，也就是热阻，热阻是由器件的尺寸、结构及材料所决定的固定值。

2. 热量对 LED 的影响

LED 发光过程中产生的热量将会造成 LED 模组的温度上升，当温度升高，一方面，发光强度会降低，随着芯片结温的增加，芯片的发光效率效率也会随之减少，LED 亮度下降。同时，由于热损耗引起的温升增高，发光二极管亮度将不再继续随着电流成比例提高，即显示出热饱和现象。随着结温的上升，发光的峰值波长也将向长波方向漂移，为 0.2—0.3nm/℃，这对于通过由蓝光芯片涂覆 YAG 荧光粉混合得到的白光 LED 来说，蓝光波长的漂移会引起与荧光粉激发波长的失配，从而降低白光 LED 的整体发光效率，并导致白光色温的改变。另一方面，温度升高会严重降低 LED 的寿命，加速 LED 的光衰。

3.LED 的散热考虑

对于功率 LED 来说，驱动电流一般都为几百毫安以上，PN 结的电流密度非常大，所以 PN 结的温升非常明显。对于封装和应用来说，如何降低产品的热阻，使 PN 结产生的热量能尽快散发出去，不仅可提高产品的饱和电流，提高产品的发光效率，同时也提高了产品的可靠性和寿命。降低产品的热阻，首先封装材料的选择显得尤为重要，包括支架、基板和填充材料等，各材料的热阻要低，即要求导热性能良好。其次结构设计要合理，各材料间的导热性能连续匹配，材料之间的导热连接良好，避免在导热通道中产生散热瓶颈，确保热量从内到外层层散发。

LED 散热应主要从以下几个方面着手：①从芯片到基板的连接材料的选取；②基板材料的选取；③基板外部冷却装置的选取；④基板与外部冷却设备连接材料的选取。

（1）芯片到基板的连接材料的选取。普通用来连接芯片和基板采用的是银胶。但是银胶的热阻很高，而且银胶固化后的内部结构是环氧树脂骨架和银粉填充式导热导电结构，这样的结构热阻极高，对器件的散热与物理特性稳定极为不利，因此选择的粘接的物质是锡膏。

（2）基板的选择。银、纯铜、黄金的导热系数相对其他较高，但银、纯铜、黄金价格高，为了取得很好的性价比，基板常采用的是铜或铝质地。

（3）基板外部冷却装置的选取。大功率 LED 器件在工作时大部分的损耗变成热量，若不采取散热措施，则芯片的温度可达到或超过允许的节温，器件将受到损坏，因此必须加散热装置。最常用的是将功率器件安装在散热器上，利用散热器将热量散到周围空间，它的主要热流方向是由芯片传到器件的底下，经散热器将热量散到周围空间。散热器由铝合金板料经冲压工艺和表面处理制成，表面处理有电泳涂漆或黑色氧化处理，目的是提高散热效率和绝缘性能。

散热器散发的热能与环境温度的温差大致成正比，对流的速度越快，则散热器本身的热阻也就越小。就界面热阻而言，空气间隙是最大的敌人。尽管基板与散热器之间肉眼能观察到的间隙很小，但是由于材料表面的不平整，实际还是存在着细微的空隙。由于空气的界面热阻很大，不利于扩散，故大大增加了整体界面的热阻。

（4）基板与外部冷却设备连接材料的选取。根据分析，减低界面热阻的方法为：增加材料表面的平整度；减小空气的容量；施加接触压力。因此，在基板和外散热器的填充物质上，选择导热的硅树脂。

4. 制冷器件

传统制冷方法有：空气制冷、水冷、热管制冷、帕尔贴效应元件制冷（半导体制冷）等。现在有些新方法也被陆续提出来，比如超声制冷、超导制冷以及将多种制冷方法有效集成在一个器件之中。下面我们简单介绍几种制冷方法。

（1）热沉。热沉的热传导率的系数可以通过几种方法来改变，最流行的方法是加快通过热沉的气流速度，但将气流速度增加到 10m/s 时会引入噪音。另一种方法是改变热沉的形状，通过这种方法，来扩大有效的散热面积。散热器形状可设计成多种阵列形状，如圆柱阵列、条形阵列，或者金字塔的形状等。

图 5-8　几种热沉形状

（2）风扇。通常同时使用散热器和风扇结合的方式冷却，散热器通过和芯片表面的紧密接触使芯片的热量传导到散热器。散热器通常是一块带有很多叶片的热的良导体，它的充分扩展的表面使热对流大大增加，同时流通的空气也能带走更大的热能。风扇的设计要达到两个要求：让冷却功能更有效，噪音更小。

（3）水冷。水冷系统由泵、热沉、导水管等部件组成，泵负责驱动水循环，将芯片上的热量传给水，采用液体流动来带走热量，导水管把热水传送到热沉。热沉和芯片不在一块，可以有效提高散热能力，热沉起散热作用。

一块中空的金属盘与芯片相接，液体在其内部的凹槽流过，芯片将热量传导到底盘，底盘再将热量传给液体，然后这些液体流过热沉，在那里它将热量释放到空气中。冷却后，这些液体就再次进入那个底盘中。另外，采用微流通道的微结构可以增大液体与热沉的接触面积，从而大幅度增加温降，延长器件的使用寿命。

有些冷却装置中使用热管来散热，由热管来带走 CPU 或电子芯片表面的热量，热管里的冷却剂被加热后变为气体，在热管中上升，到达上部时，被流动的空气冷却，空气带走热量，冷却剂降温又变为液体，往下流动。如此周而复始。

（4）热电制冷。热电制冷又称作温差电制冷或半导体制冷，它是利用热电效应（即帕尔帖效应）的一种制冷方法。半导体制冷器的优势在于制冷密度大、与 IC 工艺兼容、无运动部件，没有磨损，且结构紧凑，可以提高集成度。把一只 P 型半导体元件和一只 n 半导体元件连接成热电偶，接上直流电源后，在结合处就会产生温差和热量的转移。在上面的一个结合处，电流方向是 N → P，温度下降并且吸热，这就是冷端。而在下面的一个结合处，电流方向是 P → N，温度上升并且放热，因此是热端。

金属热电偶的帕尔帖效应，可以用接触电位差现象定性地说明。由于接触电位差的存在，使通过结合处的电子经历电位突变，当接触电位差与外电场同向时，电场力做功使电子能量增加。同时，电子与晶体点阵碰撞将此能量变为晶体内能的增量。结果使结合的位置的温度升高，并释放出热量。当接触电位差与外电场反向时，电子反抗电场力做功，其能量来自结合处的晶体点阵。结果使得结合处的温度下降，并从周围环境吸收热量。为了更进一步提高热电制冷效率，提出采用多级热电制冷，并且集成热沉增加与外界环境的热交换。

5.2　LED 外延工艺技术

5.2.1　LED 对外延材料的基本要求

由 LED 工作原理可知，外延材料是 LED 的核心部分，事实上，LED 的波长、亮度、正向电压等主要光电参数基本上取决于外延材料。发光二极管对外延片的技术主要有以下四点要求：①要求有合适的带隙宽度 Eg；②可获得高电导率的 P 型和 N 型晶体，以制备优良的 PN 结；③可获得完整性好的优良晶体；④发光复合概率大。

5.2.2　几种主要的外延材料

（1）AlInGaP 外延材料。

（2）GaN 外延材料。

（3）AlInGaN 外延材料。

（4）AlGaAs 外延材料。

（5）其他新型外延材料。

5.2.3　LED 芯片的外延技术及外延设备

5.2.3.1　VPE 设备

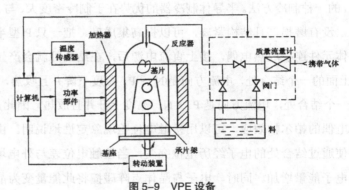

图 5-9　VPE 设备

5.2.3.2　MOCVD 设备

外延片在光电产业中扮演了一个十分重要的角色，而 MOCVD 外延炉是制作外延片不可缺少的设备。有些专家经常用一个国家或地区有多少台 MOCVD 外延炉来衡量这个国家或地区光电行业的发展规模，这已充分说明了 MOCVD 外延炉的重要性。根据生产的需要，MOCVD 外延炉一次可以制出 11 片或 15 片外延片，有时也可以制出 24 片外延片。

外延技术与设备是外延片制造技术的关键所在，金属有机物化学气相淀积（Metal-Organic Chemical Vapor Deposition，简称 MOCVD）是生长Ⅲ- Ⅴ族，Ⅱ- Ⅵ族化合物及合金的薄层单晶的主要方法。Ⅱ、Ⅲ族金属有机化合物通常为甲基或乙基化合物，它们大多数是高蒸汽压的液体或固体。用氢气或氮气作为载气，通入液体中携带出蒸汽，与 V 族的氢化物混合，再通入反应室，在加热的衬底表面发生反应，外延生长化合物晶体薄膜。

MOCVD 设备的工作原理如图 5-10 所示。

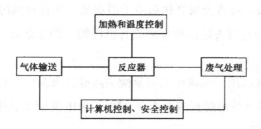

图 5-10　MOCVD 设备工作原理

MOCVD 具有以下优点：①用来生长化合物晶体的各组分和掺杂剂都可以以气态方式通入反应室中，可以通过控制各种气体的流量来控制外延层的组分、导电类型、载流子浓度、厚度等特性。②因有抽气装置，反应室中气体流速快，对于异质外延时，反应气体切换很快，可以得到陡峭的界面。③外延发生在加热的衬底的表面上，通过监控衬底的温度可以控制反应过程。④在一定条件下，外延层的生长速度与金属有机源的供应量成正比。

5.2.3.3　LED 外延片工艺流程

（1）固定：将单晶硅棒固定在加工台上。

（2）切片：将单晶硅棒切成具有精确几何尺寸的薄硅片。此过程中产生的硅粉采用水淋，产生废水和硅渣。

（3）退火：双工位热氧化炉经氮气吹扫后，用红外加热至 300℃—500℃，硅片表面和氧气发生反应，使硅片表面形成二氧化硅保护层。

（4）倒角：将退火的硅片修整成圆弧形，防止硅片边缘破裂及晶格缺陷产生，增加磊晶层及光阻层的平坦度。此过程中产生的硅粉采用水淋，产生废水和硅渣。

（5）分档检测：为保证硅片的规格和质量，对其进行检测。此处会产生废品。

（6）研磨：用磨片剂除去切片和轮磨所造的锯痕及表面损伤层，有效改善单晶硅片的曲度、平坦度与平行度，达到一个抛光过程可以处理的规格。此过程产生废磨片剂。

（7）清洗：通过有机溶剂的溶解作用，结合超声波清洗技术去除硅片表面的有机杂质。此工序产生有机废气和废有机溶剂。

（8）RCA 清洗：通过多道清洗去除硅片表面的颗粒物质和金属离子。

（9）SPM 清洗：用 H_2SO_4 溶液和 H_2O_2 溶液按比例配成 SPM 溶液，SPM 溶液具有很强的氧化能力，可将金属氧化后溶于清洗液，并将有机污染物氧化成 CO_2 和 H_2O。用 SPM 清洗硅片可去除硅片表面的有机污物和部分金属。此工序会产生硫酸雾和废硫酸。

（10）DHF 清洗：用一定浓度的氢氟酸去除硅片表面的自然氧化膜，而附着在自然氧化膜上的金属也被溶解到清洗液中，同时 DHF 抑制了氧化膜的形成。此过程产生氟化氢和废氢氟酸。

（11）APM 清洗：APM 溶液由一定比例的 NH_4OH 溶液、H_2O_2 溶液组成，硅片表面由于 H_2O_2 氧化作用生成氧化膜（约 6nm 呈亲水性），该氧化膜又被 NH_4OH 腐蚀，腐蚀后立即又发生氧化，氧化和腐蚀反复进行，因此附着在硅片表面的颗粒和金属也随腐蚀层而落入清洗液内。此处产生氨气和废氨水。

（12）HPM 清洗：由 HCl 溶液和 H_2O_2 溶液按一定比例组成的 HPM，用于去除硅表面的钠、铁、镁和锌等金属污染物。此工序产生氯化氢和废盐酸。

（13）DHF 清洗：去除上一道工序在硅表面产生的氧化膜。

（14）磨片检测：检测经过研磨、RCA 清洗后的硅片的质量，不符合要求的则从新进行研磨和 RCA 清洗。

（15）腐蚀 A/B：经切片及研磨等机械加工后，芯片表面受加工应力而形成的损伤层，通常采用化学腐蚀去除。腐蚀 A 是酸性腐蚀，用混酸溶液去除损伤层，产生氟化氢、NOX 和废混酸；腐蚀 B 是碱性腐蚀，用氢氧化钠溶液去除损伤层，产生废碱液。本项目一部分硅片采用腐蚀 A，一部分采用腐蚀 B。

（16）分档监测：对硅片进行损伤检测，存在损伤的硅片重新进行腐蚀。

（17）粗抛光：使用一次研磨剂去除损伤层，一般去除量在 10—20um。此处产生粗抛废液。

（18）精抛光：使用精磨剂改善硅片表面的微粗糙程度，一般去除量 1um 以下，从而得到高平坦度硅片。产生精抛废液。

（19）检测：检查硅片是否符合要求，如不符合则从新进行抛光或 RCA 清洗。查看硅片表面是否清洁，表面如不清洁则从新刷洗，直至清洁。

（20）包装：将单晶硅抛光片进行包装。

芯片到制作成小芯片之前，是一张比较大的外延片，所以芯片制作工艺有切割这块，就是把外延片切割成小芯片。它应该是 LED 制作过程中的一个环节。

5.2.4　其他类型的 LED 外延片工艺

5.2.4.1　InGaAlP

四元系 InGaAlP 化合物半导体是制造红色和黄色超高亮度发光二极管的最佳材料，InGaAlP 外延片制造的 LED 发光波段处在 550—650nm，这一发光波段范围内，外延层的晶格常数能够与 GaAs 衬底完善地匹配，这是稳定批量生产超高亮度 LED 外延材料的重要前提。AlGaInP 超高亮度 LED 采用了 MOCVD 的外延生长技术和多量子阱结构，波长 625nm 附近其外延片的内量子效率可达到 100%，已接近极限。目前 MOCVD 生长 InGaAlP 外延片技术已相当成熟。

InGaAlP 外延生长的基本原理是，在一块加热至适当温度的 GaAs 衬底基片上，气态物质 In，Ga，Al，P 有控制的输送到 GaAs 衬底表面，生长出具有特定组分，特定厚度，特定电学和光学参数的半导体薄膜外延材料。Ⅲ族与Ⅴ族的源物质分别为 TMGa、TEGa、TMIn、TMAl、PH_3 与 AsH_3。通过掺 Si 或掺 Te 以及掺 Mg 或掺 Zn 生长 N 型与 P 型薄膜材料。对于 InGaAlP 薄膜材料生长，所选用的Ⅲ族元素流量通常为（1—5）×10^{-5} 克分子，Ⅴ族元素的流量为（1—2）×10^{-3} 克分子。为获得合适的长晶速度及优良的晶体结构，衬底旋转速度和长晶温度的优化与匹配至关重要。细致调节生长腔体内的热场分布，将有利于获得均匀分布的组分与厚度，进而提高了外延材料光电性能的一致性。

5.2.4.2　lGaInN

氮化物半导体是制备白光 LED 的基石，GaN 基 LED 外延片和芯片技术，是白光 LED 的核心技术，被称为半导体照明的发动机。因此，为了获得高质量的 LED，降低位错等缺陷密度、提高晶体质量是半导体照明技术开发的核心。

GaN 外延片的主要生长方法：由于 GaN 和常用的衬底材料的晶格失配度大，为了获得晶体质量较好的 GaN 外延层，一般采用两步生长工艺。首先在较低的温度下

（500℃—600℃）生长一层很薄的 GaN 和 AIN 作为缓冲层，再将温度调整到较高值生长 GaN 外延层。Akasaki 首先以 AIN 作为缓冲层生长得到了高质量的 GaN 晶体。AIN 能与 GaN 较好匹配，而和蓝宝石衬底匹配不好，但由于它很薄，低温沉积的无定型性质，会在高温生长 GaN 外延层时成为结晶体。随后 Nakamura 发现以 GaN 为缓冲层可以得到更高质量的 GaN 晶体。

早期在小积体电路时代，每一个 6 吋（1 吋＝0.762 寸）的外延片上制作数以千计的芯片，现在次微米线宽的大型 VLSI，每一个 8 吋的外延片上也只能完成一两百个大型芯片。外延片的制造虽动辄投资数百亿，但却是所有电子工业的基础。

硅晶柱的长成，首先需要将纯度相当高的硅矿放入熔炉中，并加入预先设定好的金属物质，使产生出来的硅晶柱拥有要求的电性特质，接着需要将所有物质融化后再长成单晶的硅晶柱，以下将对所有晶柱长成制程做介绍：

长晶主要程式：

（1）融化（Meltdown）。此过程是将置放于石英坩埚内的块状复晶硅加热制高于 1 420℃的融化温度之上，此阶段中最重要的参数为坩埚的位置与热量的供应，若使用较大的功率来融化复晶硅，石英坩埚的寿命会降低，反之功率太低则融化的过程费时太久，影响整体的产能。

（2）颈部成长（Neck Growth）。当硅融浆的温度稳定之后，将方向的晶种渐渐注入液中，接着将晶种往上拉升，并使直径缩小到一定量（约 6mm），维持此直径并拉长 10—20cm，以消除晶种内的排差（Dislocation），此种零排差（Dislocation-free）的控制主要为将排差局限在颈部的成长。

（3）晶冠成长（Crown Growth）。长完颈部后，慢慢地降低拉速与温度，使颈部的直径逐渐增加到所需的大小。

（4）晶体成长（Body Growth）。利用拉速与温度变化的调整来维持固定的晶棒直径，所以坩埚必须不断上升来维持固定的液面高度，于是由坩埚传到晶棒及液面的辐射热会逐渐增加，此辐射热源将致使固业介面的温度梯度逐渐变小，所以在晶棒成长阶段的拉速必须逐渐地降低，以避免晶棒扭曲的现象产生。

（5）尾部成长（Tail Growth）。当晶体成长到固定（需要）的长度后，晶棒的直径必须逐渐地缩小，直到与液面分开，此乃避免因热应力造成排差与滑移面现象。

切割：晶棒长成以后就可以把它切割成一片一片的，也就是外延片。芯片、圆片是半导体元件"芯片"的基材，从拉伸长出的高纯度硅元素晶柱（Crystal Ingot）上，所切下之圆形薄片称为外延片（外延片）。

磊晶：砷化镓磊晶依制程的不同，可分为 LPE（液相磊晶）、MOCVD（有机金属气相磊晶）及 MBE（分子束磊晶）。LPE 的技术较低，主要用于一般的发光二极体，而 MBE 的技术层次较高，容易成长极薄的磊晶，且纯度高，平整性好，但量产能力低，磊晶成长速度慢。MOCVD 除了纯度高、平整性好外，量产能力及磊晶成长速度亦较 MBE 快，所以现在大都以 MOCVD 来生产。

其过程首先是将 GaAs 衬底放入昂贵的有机化学汽相沉积炉（MOCVD，又称外延炉），再通入Ⅲ、Ⅱ族金属元素的烷基化合物（甲基或乙基化物）蒸气与非金属（Ⅴ或Ⅵ族元素）的氢化物（或烷基物）气体，在高温下发生热解反应，生成Ⅲ - Ⅴ或Ⅱ - Ⅵ族化合物沉积在衬底上，生长出一层厚度仅几微米（1mm ＝ 1 000μm）的化合物半导体外延层。长有外延层的 GaAs 片也就是常称的外延片。外延片经芯片加工后，通电就能发出颜色很纯的单色光，如红色、黄色等。不同的材料、不同的生长条件以及不同的外延层结构都可以改变发光的颜色和亮度。其实，在几微米厚的外延层中，真正发光的也仅是其中的几百纳米（1μm ＝ 1 000nm）厚的量子阱结构。

5.2.5　外延技术和设备的发展趋势

5.2.5.1　MOCVD 及相关设备技术发展现状

MOCVD 技术自 20 世纪 60 年代首先提出以来，经过 70—80 年代的发展，到 90 年代已经成为砷化镓、磷化铟等光电子材料外延片制备的核心生长技术。目前已经在砷化镓、磷化铟等光电子材料生产中得到广泛应用。日本科学家 Nakamura 将 MOCVD 应用于氮化镓材料制备，利用他自己研制的 MOCVD 设备（一种非常特殊的反应室结构），于 1994 年首先生产出高亮度蓝光和绿光发光二极管，1998 年实现了室温下连续激射 10 000h，取得了划时代的进展。到目前为止，MOCVD 是制备氮化镓发光二极管和激光器外延片的主流方法，从生长的氮化镓外延片和器件的性能以及生产成本等主要指标来看，还没有其他方法能与之相比。

国际上 MOCVD 设备制造商主要有三家：德国的 AIXTRON 公司、美国的 EMCORE 公司（Veeco）、英国的 Thomas Swan 公司（目前 Thomas Swan 公司被

AIXTRON 公司收购），这三家公司的产品的主要区别在于反应室。

这些公司生产 MOCVD 设备都有较长的历史，但对氮化镓基材料而言，由于材料本身研究时间不长，对材料生长的一些物理化学过程还有待认识，因此目前对适合氮化镓基材料的 MOCVD 设备还在完善和发展之中。国际上这些设备商也只是 1994年以后才开始生产适合氮化镓的 MOCVD 设备。目前生产氮化镓中最大 MOCVD 设备一次生长 24 片（AIXTRON 公司产品）。国际上对氮化镓研究得最成功的单位是日本日亚公司和丰田合成，恰恰这些公司不出售氮化镓生产的 MOCVD 设备。日本酸素公司生产的氮化镓 MOCVD 设备性能优良，但该公司的设备只在日本出售。

5.2.5.2 MOCVD 设备的发展趋势

（1）研制大型化的 MOCVD 设备。为了满足大规模生产的要求，MOCVD 设备更大型化。目前一次生产 24 片 2in 外延片的设备已经有商品出售，以后将会生产更大规模的设备，不过这些设备一般只能生产中低档产品。

（2）研制有自己特色的专用 MOCVD 设备。这些设备一般只能一次生产 1 片2in 外延片，但其外延片质量很高。目前高档产品主要由这些设备生产，不过这些设备一般不出售。

5.3 LED 的芯片技术

自从 1993 年 Nakamura 发明高亮 GaN 蓝光 LED 以来，LED 技术及应用突飞猛进。究其原因有两个方面：①全系列 RGB LED 产生，其应用面大大拓宽；②白光 LED产生，让追求低碳时代的人们期望 LED 尽快成为智能化的第四代固态照明光源。同时，在全球环保意识高涨下，LED 照明已成为许多国家的主要发展政策之一，在国家政策力的推动下，将有助于 LED 照明产值提升。综观 LED 产业发展，2010 年全球 LED 照明产值占整体照明市场比重约 3.8%，预计 2011 年全球 LED 照明渗透率将可超过 10% 以上，而 LED 照明使用颗数也将由 2010 年的 48 亿颗，增至 2011 年的124 亿颗，显见 2011 年 LED 灯泡取代传统白炽灯的效应开始显现。近几年，半导体照明产业发展迅速，将逐步进入通用照明领域，因此美国、欧洲和亚洲各个国家和地区纷纷积极实施半导体照明发展计划，甚至将半导体照明产业上升至国家战略高度进行系统部署，如美国"半导体照明国家研究项目"、"固态照明（SSL）研究和发展计划"，欧洲"彩虹计划"，日本"21 世纪照明计划"，韩国"光电子产业分支-GaN

半导体发光计划"。全球初步形成以亚洲、北美、欧洲三大区域为中心的 LED 产业分布和竞争格局。

（1）在技术水平方面，日本日亚（Nichia）和丰田合成（Toyoda Gosei）、美国科锐（Cree）、飞利浦流明（Lumileds）、德国欧司朗（Orsam）、韩国首尔半导体（Seoul Semiconductor）等国际厂商代表了全球 LED 的最高水平，引领半导体照明产品产业的发展。目前，功率白光 LED 器件光效商业化水平最高为 Cree 的 132 lm/W。根据美国、日本、韩国等的半导体照明发展路线图判断，到 2015 年 LED 的光效将全面达到 150 lm/W 以上，LED 取代白炽灯、荧光灯等传统光源的趋势已经成为业界共识。就目前全球最高的研发水平而言，Cree 在 2010 年 2 月宣布其实验室数据已达到 208 lm/W，这是一个具有里程碑意义的记录。

（2）在市场应用方面，据 *DigiTimes* 近期发布的一份研究报告，受益于 LED 电视兴起和 LED 照明逐渐取代传统照明技术的影响，2010 年 LED 产值同比 2009 年增长了 55.6%，全球 LED 产值将保持每年 25% 以上的增长速度。

半导体照明产品在日本市场的销售增长率一直遥遥领先于其他国家，日本 NEC、夏普、东芝、松下、日立等大型照明厂商陆续推出了低价位的半导体照明产品，目前在日本很多电子用品商店都能见到各式各样的 LED 灯泡。根据 GKF 日本调查显示，2009 年 12 月份日本国内市场 LED 灯泡的内销数量约为 7 月份的 33 倍，并预计今后一两年内将保持 100 亿日元以上的增长速度。

美国在市场准入方面十分严格，能源之星标准、UL 等认证费用高昂和繁琐，外加受 2008 年金融危机影响，LED 照明市场在美国市场尚未真正启动。根据美国固态照明 LED 发展路线图计划，LED 照明将在 2012 年开始进入荧光灯照明市场，将分别在 2012 年和 2020 年大量取代白炽灯和荧光灯。

欧盟各国由于利益和出发点不同，造成很多标准和规范出台迟滞，因此欧洲市场准入标准和技术门槛相对宽松。欧洲人环保和节能意识比较成熟，对环保产品的接受程度较高，各国政府还在 LED 灯的应用领域纷纷推出了补贴计划，欧洲市场在 LED 照明方面的应用普及和推广率是较高的。欧洲一些主要国家的超市已经开始大批量销售 10W 以下的 LED 灯泡和射灯类产品。照明巨头飞利浦和欧司朗已经在 2010 年法兰克福照明展上大规模展示其应用产品系列，并开始了欧洲 LED 照明市场渠道的建设和推广。

韩国和我国台湾地区拥有完整的消费类电子产品产业链，高度重视电子产品背光用 LED，而欧美企业对消费类电子产品背光用 LED 兴趣不大。2009 年，三星 LED-TV 的成功营销，带动了全球液晶电视背光的革命，促进了韩国和我国台湾企业背光用 LED 产品的高速成长。

国内，经过 30 年的发展，LED 工业在中国大陆已经形成了相对完整的产业链，覆盖 LED 基片、晶圆片、芯片封装和芯片应用。在 2010 年底，已经有超过 1 000 家与 LED 相关的企业在中国大陆成立。这些企业主要从事下游的封装和应用产业，在研发和芯片扩展上的能力比较落后。当前，国内大多数企业并没有掌握核心技术，都依靠他人的技术做生产加工，对技术强国的依赖性比较大。

5.3.1　发展瓶颈

尽管目前全球都在主攻 LED 灯、芯片及其相关应用领域，但 LED 仍是还未大规模进入背光源和普通照明。究其原因，主要有以下几个因素制约其发展。

（1）LED 的价格太高，即性价比太低。从市场来看，随着 LED 在亮度及能效等方面的提升，对于 LED 照明产业而言，在商用市场和消费市场的发展步伐并不一致。建筑物照明及零售照明等商业照明是最早应用 LED 通用照明的领域，总体拥有成本、可靠性和便利性等因素正推动 LED 照明在此领域不断普及。而在住宅应用等消费市场，成本仍是影响 LED 照明普及的关键因素。目前市场急需有效的、能够较快降低 LED 价格的解决方案。

（2）寿命因素。从技术层面来看，LED 本身的寿命往往长达几万小时，但有时 8 000h 就不错了。这是由于照明系统设计工程师在 LED 驱动电路设计中为了降低成本而使用较低等级的外部元件，如额定工作温度更低的电容或精度更低的电阻等，会使驱动电路的可靠性降低，使用寿命大幅缩短，不能与 LED 本身的寿命匹配。故工程师的一大挑战是在保持极高可靠性的同时还要降低成本。

（3）散热或光衰因素。很多 LED 企业认为芯片、散热器是 LED 寿命的根源，却没有注意到 LED 电源驱动导致的光衰问题，致使消费者买回去两年不到就变得跟蜡烛一样。LED 芯片本体对寿命的推算，通常由光衰的程度来决定（例如：有些估算方式为光衰达 30% 或 50%）。光衰的程度取决于某一温度下的光衰系数与加电时间，而两者之间又带有指数型的关系。因此当温度上升过高时，光衰速度急剧增加，会导致 LED 芯片寿命大幅衰减。

另外，电源驱动端输出电流纹波过大时，也可能对 LED 芯片寿命产生明显影响。电源驱动器设计要能够在满足高效率甚至高 PF（功率因数）值后，仍能输出高稳定度及高精准度的电流。选用适合的电源方案可以确保 LED 芯片寿命在可以控制的范围内，避免不正常的 LED 光衰。

虽然 LED 的发光效率已经超过日光灯和白炽灯，但商业化 LED 发光效率还是低于钠灯（150 lm/W）。但就白光 LED 来说，其封装成品发光效率是由内量子效率、电注入效率、提取效率和封装效率的乘积决定的。其中内量子效率主要取决于 PN 结外延材料的品质，如杂质、晶格缺陷和量子阱结构，目前内量子效率达 60%。电注效率是由 P 型电极和 N 型电极间的半导体材料特性决定的，如欧姆接触电阻，半导体层的体电阻（电子的迁移率）。对于 460nm 蓝光（2.7eV）LED，导通电压为 3.2—3.6V，所以目前最好的电注入效率是 84%。但 AlGaInP LED 的电注入效率大于 90%。提取效率由半导体材料间及其出射介质间的不同折射率引起界面上的反射，导致在 PN 发射的光不能完全逸出 LED 芯片。提取效率目前最大达 75%。封装效率是由封装材料荧光粉的转换效率和光学透镜等决定的，封装效率为 60%。因此，目前白光 LED 的总效率可达 23%。就 LED 芯片制造技术来说，它只直接影响着电注入效率和提取效率，因为内量子效率和封装效率分别直接与 MOCVD 技术和封装技术有关，因此本书着重介绍相关于电注入效率和提取效率以及封装技术的 LED 芯片技术及其发展趋势。

5.3.2　电注入效率的改善

从电学上来说，LED 可以看作由一个理想的二极管和一个等效串联电阻组成，其等效串联电阻由 P 型层电阻、P 型接触电阻、N 型层电阻、N 型接触电阻以及 P-N 结电阻五部分组成。由于在四元 AlGaInP LED 中电注入效率大于 90%，故下面重点讨论 GaN 基 LED。

5.3.2.1　接触电阻

对于 N-GaN 的欧姆接触相对容易制作，常用几种金属组合，如 Ti/Al，Ti/Al/Ti/Au，Cr/Au/Ti/Au 等，值得一提的是有 Al 的金属组合中高温性能较差，在温度较高时 Al 存在横向扩散，这使得小尺寸芯片非常容易出现短路现象。

目前具有最大功函数的金属 Pt, 其功函数也只有 5.65eV。这样的接触电阻对于小功率 LED 来说不存在严重的问题, 但对于大功率, 这个问题就不能忽略了。在这种情况下, 要获得低阻的 P-GaN 欧姆接触就得选择合适的欧姆接触金属, 还得去除 GaN 表面氧化层并采用优化热退火条件的措施。

5.3.2.2　体电阻

由于掺 Mg 的 P 型 GaN 载流浓度只有 1 017cm³ 量级, P 型 GaN 层电阻率比较大, 比 N 型电阻率高出一个数量级以上, 可以认为等效串联电阻的体电阻主要产生在 P 型层中。因此, 采用两种方法来减小体电阻: 一种是合理设计 P、N 电极结构, 尽量缩短它们间的距离, 尤其对于大功率芯片; 另一种是采用透明导电层（ITO/TCL）。

5.3.2.3　改善提取效率

众所周知, 无论四元 AlGaInP 还是 GaN LED, 形成 PN 结的半导体材料具有高的折射率, 根据 Snell 定律, 光在不同折射率界面处会发生全反射, 因而降低了提取效率。其中, 电能转变成光能的效率主要可以分解成两个因素: 内量子效率和光提取效率。而内量子效率电子—空穴对转化成光子的效率。下面将阐明芯片制造技术如何改变 LED 芯片的界面, 从而提高芯片的光提取效率。

常规芯片的外形为立方体, 左右两面相互平行, 这样光在两个端面来回发射, 直到完全被芯片所吸收, 转化为热能, 降低了芯片的出光效率。1993 年, M. R. Krames 等用磨成角度切割刀将 AlGaInP LED 成倒金字塔（Truncated Inverted Pyramid, TIP）形状（侧面与垂直方向成 35° 角）。芯片的四个侧面不再是相互平行, 可以使得射到芯片侧面的光, 经侧面反射到顶面, 以小于临界角的角度出射; 同时, 射到顶面大于临界角的光可以从侧面出射, 从而大大提高了芯片的出光效率, 外部量子效率可以达 55%, 发光效率高达 100 lm/W。但将 TIP 用于加工采用硬度极高的蓝宝石衬底的 GaN LED 有相等的困难。2001 年, Cree 公司成功地制作出具有相同的结构形式的 GaN/SiC LED, 其基板 SiC 被制作成斜面, 并将外部量子效率提高到 32%, 但 SiC 价格比蓝宝石的高得多。

上面提到的是在芯片侧面增加提取效率的方法, 那么在出光正面如何提高出光效率呢? 目前主流的方法是通过表面粗化技术来破坏光在芯片内的全反射, 增加光的出射效率, 提高芯片的光提取效率。主要包括两种方法: 随机表面粗化和图形表面粗化。随机表面粗化，主要是利用晶体的各向异性，通过化学腐蚀实现对芯片表面进行粗化；图形表面粗化，是利用光刻、干法（湿法）刻蚀等工艺，实现对芯片表面的周期性规则图形结构的粗化效果。Lee Y. J. 等人利用 HPO$_3$ ∶ HCl（5 ∶ 1）实现对 AlGaInP 各向异性腐蚀的随机表面粗化。粗化的 AlGaInP LED 比未粗化的光致发光强度提高 54%，外部量子效率提高 54%，光输出功率提高 60%。C. F. Shen 等人利用图形表面粗化——图形蓝宝石衬底（Patterned Sapphire Substrate，PSS）制作 GaN LED，其采用双面 PSS 的光输出功率比采用单面 PSS 和普通衬底的光输出功率分别提高了 23.7% 和 53.2%。

5.3.3　全角反射镜及光子晶体

全角反射镜（Omni-Directional Reflector，ODR）是相对于正面出光的反向背面光采用高反镜面的形式来提高提取效率。对于经典高亮 AlGaInP LED，用 MOCVD 外延技术生长 DBR 层作为镜面，使得 DBR LED 出光强度是原始 LED 的 1.3—1.6 倍。但由于 DBR 反射率随着光入射角的增加迅速减少，仍有较高的光损耗，平均反射效率并不高。为此发展出与入射角无关的高反全角反射镜（Omni-Directional Reflector，ODR），其由介质和金属组成。可以对任何方向入射的光都具有高反射率，LED 具有高光提取效率。全角反射镜可应用于正装芯片，也可应用于倒装芯片。2007 年，Osram 公司 Reiner W. 等，利用干法将外延刻蚀成多斜面，并在外延上沉积 SiNx 和金属，制作成掩埋式反射镜。在 20mA、650nm 波段的外部量子效率达到 50%，光效为 100 lm/W。

光子晶体（Photonic Crystal）主要用在 LED 表面或衬底上，是周期性分布的二维光学微腔。由于其在一定波段范围内光的禁带，使光不能够在其中传输，因而当频率处在禁带内的光入射就会发生全反射。只要设计好光子晶体的结构参数，就可以使 LED 发出的光都在禁带内被反射，光子晶体不但增加了内量子效率，也增加了提取效率。理论研究指出，通过制作带有光子晶体表面的芯片，可以使得其出光效率达到 40%。M. Boroditsky 等人在发光区周围制作二维光子晶体，其光致发光强度比未采用的增强了 60%，外部量子效率可达到 70%。

5.3.4　键合技术及倒装技术

键合技术（Wafer-Bonding）是获取高效 LED 的基本技术，通常依赖于一系列要求，如温度限制、密闭性要求和需要的键合后对准精度。在 LED 中常采用晶片直接键合和金属共晶的方法。在金属键合中，必须控制表面的粗糙度以及晶片的翘曲度。金属合金在键合过程中会熔解并实现界面的平坦化。液态的界面使共晶键合需要施加相对较小却要一致的压力。在不同的冶金学系统中，共晶合金形成于 250℃—390℃。常用的共晶键合包括 Au-Si，Au-Sn，In-Sn，Au-In，Pb-Sn，Au-Ge，Pd-In。四元 AlGaInP/GaAs LED 采用透明 GaP 和 Si 基板，InGaN/GaN LED 常采用 Si 基板。键合机的重要性能指标是温度、压力的均匀性。

常规 GaN LED 主要采用蓝宝石衬底，由于它的绝缘性，芯片的 P 和 N 电极只能设计制作在芯片的同一外延面上，这样由于 N 和 P 型的欧姆接触区域，电极区域和封装的金线遮挡导致了芯片有效出光区的面积减小；另外 P 型电极上增加导电性的 Ni-Au 或 ITO 层对光具有吸收性。因此，常规的 GaN LED 结构限制了 GaN LED 提取效率的提高。如果利用倒装技术（Flip Chip）就可以解决上述两个问题，提高 LED 的光提取效率。倒装技术就是将芯片进行倒置，P 型电极采用覆盖整个 Mesa 的高反射膜，从而使光从蓝宝石衬底出射，避免了 P 型电极金属的遮挡。加上蓝宝石衬底的折射率 1.7 比 GaN 的 2.4 小，可以提高芯片的光出射效率。另外，也可以解决蓝宝石散热不良问题，倒装技术可以借助电极（或凸点）与封装的基板 Si 直接接触，从而降低了热阻，提升芯片的散热性能，提高器件可靠性。2001 年，Wierer J. J. 等研制出 GaN LED 功率型倒装芯片。在 200mA、435nm 波段的外部量子效率达到 21%，光电转化效率达到 20%，光提取效率是正装芯片的 1.6 倍；在 1A 下，光输出功率达到了 400mW。目前，倒装技术成为获取高效大功率 LED 芯片技术的主流之一。

5.3.5　激光剥离技术及薄膜芯片技术

近几年来，蓝宝石 GaN LED 的光效有了很大的提升，但由于蓝宝石 GaN 结构和蓝宝石导热的局限性，进一步提升蓝宝石 GaN LED 的光效受到限制，利用剥离蓝宝石衬底来避免这个问题。目前有几种方法如机械磨抛和激光剥离来去除蓝宝石衬底，但激光剥离技术是比较成功的剥离技术，也成为业界主流方法。它是利用紫外

KrF 脉冲准分子激光，比如 248nm（5eV），对蓝宝石衬底透光（9.9eV），GaN 层吸收从而在蓝宝石和 GaN 界面产生激光等离子体，爆破冲击波使它们分离的原理。

在实际工作中，首先在准备键合的基板和 GaN 外延上蒸镀键合金属；然后，将 GaN 外延键合到基板上；再用 KrF 脉冲准分子激光器照射蓝宝石底面，使蓝宝石和 GaN 界面 GaN 产生热分解；再加热使蓝宝石脱离 GaN，从而实现对 GaN 蓝宝石衬底的剥离。2003 年，OSRAM 利用该技术成功将 GaN LED 蓝宝石衬底去除，将 GaN LED 芯片的出光效率提升至 75%，为传统的 3 倍。

传统的蓝宝石衬底，由于其结构上的限制发光效率的提升受到了限制。薄膜芯片技术（Film Technology）是结合键合技术（Wafer-bonding）和激光剥离（LLO）技术，通过去掉衬底，粗化出光面，无论在热特性还是光特性方面，都具有很好的性能。再通过表面粗化和倒装技术，可以获得光效和散热最好的芯片，提取效率达 75%。

5.3.6　AC LED 芯片技术

普通 LED 芯片必须供给合适的直流供电才能正常发光，而日常生活中采用的高压交流电（100—220V），必须将其由交流（AC）转换为直流（DC），由高压转换为低压，才可以来驱动 LED 进行正常工作；同时，在进行 AC 与 DC 转换时有 15%—30% 的电能损失。用交流 AC 直接驱动 LED 发光，整个 LED 系统将大大简化。利用 LED 单向导通的特性，人眼不能响应 AC 的 50—60Hz 频率变化。所以，AC LED 具有体积较小、效率高、高压低电流导通、双向导通，及 GaN LED 不存在静电击穿 ESD 等优点。AC LED 技术关键是通过串联和并联将正反向的多个微型芯片集成在单个大芯片上（如 1.5mm×1.5mm），其输出功率可比同尺寸 DC LED 芯片提高约 50%。目前已有商品化功率型产品，在色温 3 000K 为标准、CRI85 下，可以实现 75 lm/W。

5.4　LED 封装行业的现状与未来发展趋势

LED 光电产业是一个新兴的朝阳产业，具有节能、环保的特点，尤其是 2009 年 12 月哥本哈根全球气候会议的低碳减排效应，将使 LED 光电产业更加符合我们国家的能源、减碳战略，而获得更多的产业支持和市场需求，成为一道亮丽的产业发展风景线。

LED 产业链总体分为上、中、下游，分别是 LED 外延芯片、LED 封装及 LED 应用。作为 LED 产业链中承上启下的 LED 封装产业，在整个产业链中起着无可比拟的重要作用。基于 LED 器件的各类应用产品大量使用 LED 器件，如大型 LED 显示屏、液晶显示器的 LED 背光源、LED 照明灯具、LED 交通灯和 LED 汽车灯等，LED 器件在应用产品总成本上占了 40%—70%，且 LED 应用产品的各项性能往往 70% 以上由 LED 器件的性能决定。

中国是 LED 封装大国，据估计，全世界 80% 数量的 LED 器件封装集中在中国，分布在各类美资、台资、港资、内资封装企业。在过去的 5 年里，外资 LED 封装企业不断内迁大陆，内资封装企业不断成长发展，技术不断成熟和创新。在中低端 LED 器件封装领域，中国 LED 封装企业的市场占有率较高，在高端 LED 器件封装领域，部分中国企业有较大突破。随着工艺技术的不断成熟和品牌信誉的积累，中国 LED 封装企业必将在中国这个 LED 应用大国里扮演重要和主导的角色。

5.4.1 LED 封装行业的现状

（1）LED 封装产品。我国的 LED 封装产品经过十多年的发展，已形成门类齐全的各类封装型号，与国外的封装产品型号基本同步，在国内基本能找到各类进口产品的替代产品。在今后的几年里，我国的 LED 封装产品种类将更加齐全，与国外产品保持同步。

（2）LED 封装产能。中国已逐渐成为世界 LED 封装器件的制造中心，其中包括台资、港资、美资等企业在中国的制造基地。

据估算，中国的封装产能（含外资在大陆的工厂）占全世界封装产能的 60%，并且随着 LED 产业的聚集度在中国的增加，此比例还在上升。大陆 LED 封装企业的封装产能扩充较快，随着更多资本进入大陆封装产业，LED 封装产能将会快速扩张。

（3）LED 封装生产及测试设备。LED 封装主要生产设备有自动固晶机、自动焊线机、自动封胶机、自动分光分色机、自动点胶机、自动贴带机等；LED 主要测试设备有 IS 标准仪、光电综合测试仪、TG 点测试仪、积分球流明测试仪、荧光粉测试仪、冷热冲击箱、高温高湿箱等。5 年前，LED 主要封装设备是欧洲、中国台湾地区厂商的天下，国产设备多为半自动设备，现在，除自动焊线机外，国产全自动设备已能批量供应，不过精度和速度有待进一步提高。LED 的主要测试设备，除

IS 标准仪外，其他设备已基本实现国产化。就硬件水平来说，中国规模以上的 LED 封装企业是世界上最先进的。当然，一些更高层次的测试分析设备还有待进一步配备。中国在封装设备硬件上，由于购买了最新型和最先进的封装设备，拥有后发优势，具备先进封装技术和工艺发展的基础。

（4）LED 芯片。LED 封装器件的性能在 50% 程度上取决于芯片，50% 取决于封装工艺和辅助材料。目前中国大陆的 LED 芯片企业约有 10 家，起步较晚，规模不够大，最大的 LED 芯片企业年产值约 3 亿人民币，每家平均产能为 1 亿—2 亿。国内中小尺寸芯片（指 15mil 以下）已能基本满足国内封装企业的需求，大尺寸（指功率型瓦级芯片）还需进口，主要来自美国、中国台湾企业。国产品牌的中小尺寸芯片性能与国外品牌差距较小，具有良好的性价比，能满足绝大部分 LED 应用企业的需求。国产大尺寸瓦级芯片还需努力，以满足未来照明市场的巨大需求。随着资本市场对上游芯片企业的介入，预计未来 3 年我国 LED 芯片企业将有较大的发展，将有力地促进 LED 封装产业总体水平的提高。

（5）LED 封装辅助材料。LED 封装辅助材料主要有支架、胶水、模条、金线、透镜等。目前中国大陆的封装辅助材料供应链已较完善，大部分材料已能在大陆生产供应。高性能的环氧树脂和硅胶以进口居多，这两类材料主要要求耐高温、耐紫外线、优异折射率及良好的膨胀系数等。随着全球一体化的进程，中国 LED 封装企业已能应用到世界上最新和最好的封装辅助材料。

（6）LED 封装设计。直插式 LED 的设计已相对成熟，目前主要在衰减寿命、光学匹配、失效率等方面可进一步上台阶。贴片式 LED 的设计尤其是顶部发光 TOP 型 SMD 处在不断发展之中，封装支架尺寸、封装结构设计、材料选择、光学设计、散热设计等不断创新，具有广阔的技术潜力。功率型 LED 的设计则是一片新天地。由于功率型大尺寸芯片制造还处于发展之中，使得功率型 LED 的结构、光学、材料、参数设计也处于发展中，不断有新型的设计出现。中国的 LED 封装设计是建立在国外及我国台湾地区已有设计基础上的改进和创新。设计需依赖良好的电脑设计工具、良好的测试设备及良好的可靠性试验设备，更需依据先进的设计思路和产品领悟力。目前中国的 LED 封装设计水平还与国外行业巨头有一定差距，这也与中国 LED 行业缺乏规模龙头企业有关，缺乏有组织、有计划的规模性的研发设计投入。

（7）LED 封装工艺。LED 封装工艺包括固晶参数工艺、焊线参数工艺、封胶参数工艺、烘烤参数工艺、分光分色工艺等。随着中国 LED 封装企业这几年的快速发展，LED 封装工艺已经上升到一个较高的水平，尤其是一些高端需求如大型 LED 显示屏、广色域液晶背光源等，中国的 LED 优秀封装企业已能满足其需求，先进封装工艺生产出来的 LED 已接近国际同类产品水平。不过，大功率 LED 器件的封装工艺要求更高，我国大功率封装工艺水平还有待进一步完善。

（8）LED 封装器件的性能。LED 器件性能指标主要包括亮度 / 光通量、光衰、失效率、光效、一致性、光学分布等。

亮度或光通量：由于小芯片（15mil 以下）已可在国内芯片企业大规模量产（尽管有部分外延片来自进口），小芯片亮度已与国外最高亮度产品接近，其亮度要求已能满足 95% 的 LED 应用需求，而封装器件的亮度 90% 程度上取决于芯片亮度。中大尺寸芯片（24mil 以上）目前绝大部分依赖进口，每瓦流明值取决于所采购芯片的流明值，封装环节对流明值的影响只有 10%。

光衰：一般研究认为，光衰与芯片关联度不大，与封装材料、工艺关联度最大。影响光衰的封装材料主要有固晶底胶、荧光胶、外封胶等，影响光衰的封装工艺主要有各工序的烘烤温度和时间及材料匹配等。目前，中国 LED 封装工艺经过多年的发展和积累，已有较好的基础，在光衰的控制上已能与国外一些产品匹敌。

失效率：失效率与芯片质量、封装辅助材料、生产工艺、设计水平和管理水平相关。LED 失效主要表现为死灯、光衰过大、波长或色温漂移过大等。根据 LED 器件的不同用途要求，其失效率也有不同的要求。例如，指示灯用途 LED 可以为1 000PPM（3 000h）；照明用途 LED 为 500PPM（3 000h）；彩色显示屏用途 LED 为 50PPM（3 000h）。中国封装企业的 LED 失效率整体水平有待提高。可喜的是，少量中国优秀封装企业的失效率已达到世界水平。

光效：LED 光效 90% 取决于芯片的发光效率。中国 LED 封装企业对封装环节的光效提高技术也有大量研究。如果中国在大尺寸瓦级芯片的研发生产上取得突破及量产，将会极大促进功率型封装器件光效的提高。

一致性：LED 的一致性包括波长一致性、亮度一致性、色温一致性、衰减一致性等。前三项一致性是可以通过投料工艺控制和分光分色机筛选达到的。就前三项的水平来说，中国 LED 封装技术与国外一致。角度一致性往往难以分选出来，需通过优化设计、物料机械精度控制、生产制程严格控制来达到。例如，LED 全彩显示屏用途的红、绿、蓝三种椭圆形 LED 的角度一致性控制非常重要，决定性地影响 LED 全彩显示屏的色彩品质，成为 LED 器件的一项高端技术。衰减一致性也与物料控制和工艺控制有关，包括不同颜色 LED 的衰减一致性和同一颜色 LED 的衰减一致性。一致性的研究是 LED 封装技术的一个重要课题。中国部分 LED 封装企业在 LED 一致性方面的技术已与国际接轨。

　　光学分布：LED 是一个发光器件，对于很多 LED 应用来说，LED 的光形分布是一个重要指标，决定了应用产品二次光学的设计基础，也直接影响了 LED 应用产品的视觉效果。例如，LED 户外显示屏使用的 LED 椭圆形透镜设计能够使显示屏在角度变化时亮度变化平稳并有较大视角，符合人的视觉习惯。又如，LED 路灯的光学要求，使得 LED 的一次光学设计和路灯的二次光学设计必须匹配，达到最佳路面光斑和最佳发光效率。

　　通过计算机光学模拟软件来进行设计开发是常用的手段。中国 LED 封装企业在积极迎头赶上，与国外技术的差距在缩小。

　　（9）LED 封装应用方向。目前，我国的 LED 封装产品已广泛地应用在指示、背光、显示、照明等应用方向，应用领域涵盖消费类电子业、汽车业、广告业、交通业、体育业、娱乐业、建筑业等全方位领域。我国 LED 封装器件应用领域的广度将会更加拓展，我国在 LED 的应用上已走在世界的前列。

　　（10）LED 封装业人才状况。我国 LED 封装业的人才是建立在消化吸收台、港、美资 LED 企业的技术和管理人才基础上再培养和成长起来的。行业的中、高层技术及管理人才满足不了现有 LED 行业快速发展的需要，行业内经验型人才偏多，技术型、学术型人才偏少。可喜的是，随着产业的发展，部分高校已设置相关光电专业进行人才培养，产学研的合作深入也为我国 LED 封装企业输送和培养了一批人才。

　　LED 封装产业是 LED 光电产业中承上启下的重要环节，所有 LED 应用产品均需使用高品质的 LED 封装器件。LED 封装设计工艺及技术配方具有高新技术特点，相对上游外延芯片领域，LED 封装产业的知识产权壁垒较少。LED 照明和 LED 电视将成为 LED 封装产业的强劲增长点。

我国目前的 LED 封装企业规模普遍不够大，第一阵营的封装企业的平均销售收入在 1 个亿左右，与台湾的上市封装龙头企业亿光（2008 年营收约 23 亿人民币）相比差距较大。随着我国 LED 产业的快速发展，中国的 LED 封装企业增长潜力巨大。我国 LED 封装产业迫切需要自主民族品牌，以打破国外品牌在高端应用领域的垄断。我国 LED 封装产品将切实受益于国家节能减排战略的实施，将切实受益于金融危机中中国 GDP 的高位增长。随着我国成为全世界的 LED 封装大国，中国的 LED 封装技术在快速发展和进步，与世界顶尖技术的差距在缩小，并且局部产品有超越。我们需要加深对 LED 封装产业的战略认识和重视，需加大在 LED 封装技术研究领域方面的研发投入。中国 LED 封装产业与国外的差距主要表现在品牌和研发投入上，可观的研发投入才能支撑起世界认同的品牌。

5.4.2　封装技术发展

（1）大面积封装及倒装技术。采用 $1\times1mm^2$ 的大尺寸芯片取代现有的 $0.3\times0.3mm^2$ 的小芯片封装，在芯片注入电流密度不能大幅度提高的情况下，是一种主要的技术发展趋势。

此封装技术解决了电极挡光和蓝宝石不良散热问题，从蓝宝石衬底面出光。在 P 电极上做上厚层的银反射器，然后通过电极凸点与基座上的凸点键合。基座用散热良好的 Si 材料制得，并在上面做好防静电电路。根据美国 Lumileds 公司的结果，芯片倒装约增加出光效率 1.6 倍。芯片散热能力也得到大幅改善，采用倒装技术后的大功率发光二极管的热阻可低到 12—15℃ /W。

（2）金属键合技术及平面模块化封装。这是一种廉价而有效的制作功率 LED 的方式。主要是采用金属与金属或者金属与硅片的键合技术，采用导热良好的硅片取代原有的 GaAs 或蓝宝石衬底，金属键合型 LED 具有较强的热耗散能力。

平面模块化封装是另一个发展方向，这种封装的好处是由模块组成光源，其形状、大小具有很大的灵活性，非常适合于室内光源设计，芯片之间的级联和通断保护是一个难点。大尺寸芯片集成是获得更大功率 LED 的可行途径，倒装芯片结构的集成，其优点或许更多一些。

（3）新的封装材料。荧光粉质量和涂敷工艺是确保白光 LED 质量的关键。荧光粉的技术发展趋势是开发纳米晶体荧光粉、表面包覆荧光粉技术，在涂布工艺方面发展荧光粉均匀的荧光板技术，将荧光粉与封装材料混合技术。

UVLED 配上三色荧光粉提供了另一个方向，白光色温稳定性较好，使其在许多高品质需求的应用场合（如节能台灯）中得到应用。这种技术虽然有种种优点，但仍有相当的技术难度，这些困难包括配合荧光粉紫外光波长的选择、UVLED 制作的难度及抗 UV 封装材料的开发等。

开发新的安装在 LED 芯片底板上的高导热率的材料，从而使 LED 芯片的工作电流密度提高 5—10 倍。就目前的趋势来看，金属基座材料的选择主要是以高热传导系数的材料为组成，如铝、铜甚至陶瓷材料等，但这些材料与芯片间的热膨胀系数差异甚大，若使其直接接触很可能因为在温度升高时材料间产生的应力而造成可靠性的问题，所以一般都会在材料间加上兼具传导系数及膨胀系数的中间材料作为间隔。

原来的 LED 有很多光线因折射而无法从 LED 芯片中照射到外部，而新开发的 LED 在芯片表面涂了一层折射率处于空气和 LED 芯片之间的硅类透明树脂，并且通过使透明树脂表面带有一定的角度，从而使得光线能够高效照射出来，此举可将发光效率提高到原产品的约 2 倍。

目前对于传统的环氧树脂，其热阻高，抗紫外老化性能差，研发高透过率，耐热、高热导率，耐 UV 和日光辐射及抗潮的封装树脂也是一个趋势。

在焊料方面，要适应环保要求，开发无铅低熔点焊料，而且进一步开发有更高导热系数和对 LED 芯片应力小的焊料是另一个重要的课题。

（4）多芯片集成封装。目前大尺寸芯片封装还存在发光的均匀和散热等问题亟待解决。采用常规芯片进行高密度组合封装的功率型 LED 可以获得较高发光通量，是一种切实可行、很有推广前景的功率型 LED 固体光源。小芯片工艺相对成熟，各种高热导绝缘夹层的铝基板便于芯片集成和散热。

多芯片型 RGB LED 将发出红、蓝、绿三种颜色的芯片，直接封装在一起配成白光的方式，可制成白光发光二极管。其优点是不需经过荧光粉的转换，藉由三色晶粒直接配成白光，除了可避免因为荧光粉转换的损失而得到较佳的发光效率外，更可以藉由分开控制三色发光二极管的光强度，达成全彩的变色效果（可变色温），并可藉由芯片波长及强度的选择得到较佳的演色性。利用多芯片 RGB LED 封装型式的发光二极管，很有机会成为取代目前使用 CCFL 的 LCD 背光模块中背光源的主要光源之一。

（5）技术前景展望。追求高的发光效率，一直是 LED 芯片技术发展的动力。倒装技术是目前获取高效大功率 LED 芯片的主要技术之一，衬底材料中蓝宝石和与之配套的垂直结构的衬底剥离技术（LLO）和键合技术仍将在较长时间内占统治地位。光子晶体和 AC LED 技术将是未来极具潜力的技术。

在不久的将来，采用新的金属半导体结构，改善欧姆接触，提高晶体质量，改善电子迁移率，电注入效率可获得 92%。改善 LED 芯片外形，表面粗化和光子晶体，高反射率镜面，透明电极，提取效率可得 90%，那时白光 LED 的总效率可达到 52%。

随着 LED 光效的提高，一方面芯片越做越小，在一定大小的外延片上，可切割的芯片数会越来越多，从而降低单颗芯片的成本，降低了价格。如出现 6mil。另一方面，单芯片功率越做越大，如 3W，将来往 5W、10W 发展。这使得在功率需求的照明等应用中可以减少芯片使用数，降低应用系统的成本。

随着中国国力的增长及 LED 应用市场的强劲拉力，我们相信中国会由 LED 封装大国成为 LED 封装强国。

习题：

1. 简述大功率 LED 芯片封装流程。
2. 简述大功率 LED 封装的关键技术。
3. 简述 LED 封装的散热技术。
4. LED 外延技术的工艺要求有哪些？
5. LED 外延技术和设备的发展趋势如何？

第 6 章　OLED 技术及其应用

6.1　OLED 概述

OLED（Organic Light-Emitting Diodes），中文名称为有机发光二极管，是基于有机半导体材料的发光二极管。OLED 的基本结构通常是一种有机半导体层夹在两个电极之间的三明治结构，其中一个电极采用一薄而透明的具有半导体特性的铟锡氧化物（ITO）为正电极，而另一电极则通常采用低功函数的金属如 Ca、Al 等为负极，当正负电极外加电压时，有机半导体层内就会产生激子并发光，依据有机半导体材料的不同，器件就会放射出红、绿、蓝、甚至白光。为了获得更高性能的 OLED，有机半导体层通常包含多个层，如空穴注入层（HIL）、空穴传输层（HTL）、发光层（EML）、电子传输层（ETL）和电子注入层（EIL），同时还往往引入界面修饰层等。OLED 由于具有全固态、主动发光、高度对比、超薄、低功耗等诸多优点，不但可以作为显示器件，在照明领域也有很好的应用前景。

OLED 是继阴极射线管（CRT）、等离子显示器（PDP）与液晶显示器（LCD）等之后的第三代显示器，很有可能成为平板显示器（FPD）的未来之星。OLED 自身能够发光，不像 LCD 那样需要使用冷阴极荧光灯管（CCFL）或 LED 作背光照明。目前 OLED 已在中、小尺寸面板上与 LCD 直接竞争，并且在手机、MP3/MP4，PDA、数码相机及音响显示面板等小尺寸产品领域占据了半壁江山。由于 OLED 电视的出现将推动 OLED 材料市场在未来几年内大幅扩大。预估到 2017 年为止，全球 OLED 材料之年复合成长率将达 67%，根据 NPD Display Search 最新 *Quarterly OLED*

Materials Report（《OLED 材料季度报告》），用于 OLED 面板发光层及一般层的有机材料市场规模，预计将从 2013 年的 5.3 亿美元规模，成长至 2017 年达 34 亿美元规模。而 OLED 面板领导厂商三星电子于 2013 年宣布收购 OLED 材料厂商 Novaled AG 公司，更显示 OLED 材料未来发展的重要性。

截至目前，AMOLED 面板主要仍应用于手机，但 AMOLED 面板制造商现在也开始积极抢攻电视、平板电脑，以及其他大尺寸显示应用。NPD Display Search 认为，尽管 OLED 电视在 2014 年以前将受限于成本因素，导致出货量成长较慢，但预计 2017 年后，OLED 电视出货量规模就会快速达到 1 000 万台水准，并占整体 OLED 面板总出货量比重的 10%。

若以面积观点来看，2014 年 OLED 电视面板占 OLED 面板材料市场应用比重达 17%，预估将于 2016 年将超越 OLED 手机面板应用比重。NPD Display Search 资深分析师 Jimmy Kim 表示，到 2017 年，来自于大尺寸液晶电视面板应用将持续驱动 OLED 面板及相关材料迅速成长，这包括发光层、一般层和其他 OLED 层之材料需求，以及 OLED 面板产量面积。同时，来自于 OLED 电视面板制造的低良率，也意味着 OLED 材料消耗将持续增加，并进一步扩大 OLED 材料需求。整体来说，OLED 电视将带动 OLED 材料市场规模快速成长。OLED 已经被视为 21 世纪最具有前途的显示和照明产品之一。

6.2　OLED 技术研发进展

6.2.1　OLED 技术基础研发

关于 OLED 器件的研究起源于 20 世纪 60 年代，但大规模的开发研究起源于 1986 年美国 Easten Kodak（EK）的基本专利发表之后。现在世界上关于 OLED 器件的开发主要分布在日本、美国和欧洲。欧美主要以高分子材料为主，以便有比较长的寿命。日本则以低分子材料为主，已获得很好的发光亮度、发光效率、寿命。就目前的情况来看，在实际应用技术开发方面，日本遥遥领先，已经进入商业应用阶段。欧洲居第二位，但在应用技术方面与日本的距离越来越近。美国主要拥有基本专利。

1979 年，在美国柯达（Kodak）公司从事研究的中国台湾科学家邓青云博士一天晚上回到实验室，发现 P 型有机分子薄膜和 N 型有机分子薄膜的接触面能产生类似于 LED 的发光现象，在 20 世纪 80 年代他与同事们继而研制出 OLED 器件，故人们将邓博士称为"OLED 之父"。

1987 年，柯达公司的邓青云等人以 8- 羟基喹啉铝为发光材料，采用超薄薄膜技术和双层结构，成功地制备出低压（小于 10V）驱动的小分子 OLED，发光亮度达 1 000cd/m² 以上，发光效率为 1.5 lm/W，于是重新引起了人们对 OLED 的极大兴趣。

1990 年，英国剑桥大学的 J. H. Burroughes 等人用共轭高分子材料制成有机聚合物 OLED 器件，该器件以高分子聚合物对聚苯撑乙烯（PPV）为发光层材料，开辟了高分子材料研发的新领域。

1997 年，日本 Pioneer 公司将 256×64 单色 OLED 用在汽车音响面板上，正式打开了 OLED 产业化的突破口。

1998 年，日本出光兴产公司和日本真空技术公司合作，开发出 20in 的单色 OLED 显示屏，使得 OLED 大尺寸化成为可能。

2001 年，Pioneer 公司正式批量生产车载电视机用 5.2in 全彩 OLED 显示器。同年，索尼公司展示了 13in 的全彩 OLED 显示器样机。

2004 年 5 月，Epson 公司发布了全球当时最大的 40in OLED 显示器样机，令业界震惊。它采用主动矩阵驱动方式，分辨率达 1 280×768 像素，支持 256 000 色，面板厚度仅为 2.1cm。

2005 年，韩国三星公司也宣布完成 40in AMOLED 面板原型的开发，面板厚度为 2.2cm；索尼公司则发布了厚度仅为 3mm 的 11in 和厚度小于 10mm 的 27in OLED 电视机，对比度达到 106 ∶ 1 的令人震撼的指标，亮度达到 600cd/m2。2005 年底，三星公司引进第四代高分子 PLED 生产线，并试产 40in 的显示面板。2006 年 10 月，三星公司发布了目前世界上最薄的 OLED 显示屏，厚度仅为 0.78mm，可显示 26 万种色彩，面板尺寸为 2.2in。

OLED 的发展趋势是从硬屏到软屏，面板尺寸由小到中再到大，显示颜色由单色、多色到全彩色。

6.2.2　OLED 相关技术专利申请态势

（1）基本状况。按照所采用的有机发光材料的不同，OLED 可区分为两种不同的技术类型：①以有机染料和颜料等为发光材料的小分子基 OLED（Small Molecular

Organic Light Emitting Diode，SMOLED），厂商以日、韩和中国台湾地区为主。这些亚洲厂商的一个优势和特点是大都具有 LCD 产业背景，如三星、三洋、索尼等，在产品开发和市场渠道方面具有相当的优势。②以共轭高分子为发光材料的高分子基 OLED（Polymer Organic Light Emitting Diode，PLED）。主要以欧美企业为主，包括飞利浦、杜邦（DuPont）、Dow Chemicals 和西门子等大公司。

现在世界上进行 OLED 相关技术开发的主要企业有：日本的索尼、东芝、SHARP、松下、三洋电机、NEC、三菱化学、三菱电机、卡西欧、出光、凸版印刷、先锋音响、出光兴产、住友化学、TDK 等；美国的柯达、Dupont、UDC（Universal Display Corporation）、Dow Chemical Company 等；欧洲的 Cambridge Display Technology（CDT）、Phillips、Covion 等。日本以外的亚洲地区有以 RitDisplay 为首的中国台湾地区的近 10 家企业，以及韩国的三星等。技术上最领先的为先锋音响、出光兴产（材料）、三洋电机、TDK 等。特别是先锋音响公司已经开发出三代产品推向市场。

在专利方面，小分子 OLED 材料和结构的基本专利主要掌握在美国柯达公司以及日本出光兴产等公司手里；高分子 PLED 材料和结构的基本专利主要掌握在英国 CDT 公司和美国杜邦等公司手中；在有源（主动式）驱动方面，日本的三洋、SHARP、SEL、Eldis，韩国的三星、LG 和中国台湾工研院都掌握一定量的核心专利。

柯达公司于 1980 年研发出 OLED 技术，1987 年开始拥有小分子有机发光显示原始技术的专利权，是小分子 OLED 材料和器件设计原始技术和专利的拥有者，拥有 80 多项 OLED 专利技术，在 OLED 发展上走的是技术开发和专利授权的道路。英国剑桥显示技术 CDT 公司 1990 年成功研制出有别于柯达公司的高分子有机发光显示元件，拥有高分子 OLED 原始技术和专利。

上述两家公司在专利授权方面，态度截然不同：柯达公司在专利授权对象的挑选上非常严格，授权态度不是很积极，迄今只有 20 多家公司得到了柯达公司的专利授权。与柯达公司相比，CDT 对技术转移与专利授权的态度一直非常积极，CDT 希望以此来推动和加速高分子 OLED 的产业化。

尽管如此，在以小分子和高分子区分的两大 OLED 开发阵营中，追随柯达公司小分子 OLED 技术的企业占据了绝大多数。全球 100 多家 OLED 开发企业中，小分子企业超过了 70%。

现在国际上小分子 OLED 器件的最高寿命可以达到：红色和绿色超过 40 000h，蓝色达到 10 000h，白光达到 20 000h。最高发光效率可以达 60 lm/W。最低电压可以实现只需加上 3—4V 电压就能接近一般电视的亮度。最大面积 400×400mm²。

（2）中国专利申请状况。我国在 OLED 方面以大学为中心也开展了一些研究，也有一些企业已经投资或将要投资 OLED 技术。但从总体技术水平来看，至少要比国际先进水平落后 5—8 年。特别是在要实现商业化所必需的关键技术和重要技术方面几乎是空白，发展趋势与当年的液晶产业极为相似。要想将 OLED 产业真正培养成为我国的民族产业，道路还十分艰难。

从 OLED CGL 专利申请数量分布来看，可以划为三个发展阶段。2003 年至 2010 年为该技术在中国提交专利申请的第一阶段，这一阶段，申请人就 OLEDC GL 技术提交专利申请共 36 件，年均专利申请量不超过 5 件，可以称为中国 OLED CGL 技术的萌芽期。第二阶段为 2011 年至 2012 年，该阶段申请人就 OLED CGL 技术提交的专利申请数量出现了明显的增长，专利申请量保持在 15—16 件，可以称为明显增长期。第三阶段为 2013 年至今，2013 年，申请人就 OLED CGL 技术提交专利申请的数量达到 99 件，占 2003—2014 年中国受理涉及 OLED CGL 技术专利申请总量的 58%，OLED CGL 技术在该时期呈现出空前的繁荣状态。

从申请人的分布来看，中国国内申请人在 2003 年至 2010 年间，年均提交专利申请为 2 件，2011 年提交专利申请首次突破 10 件，呈现出明显的增长，但在 2012 年出现了下滑。然而，在 2013 年，申请人就 OLED CGL 技术提交的专利申请达到 88 件，出现了迅猛增长的态势。相比中国国内申请人，国外来华专利申请人在 2003 年至 2011 年间，就 OLED CGL 技术提交专利申请年均 7 件，各年份之间波动不大。此外，国外申请人在 2012 年至 2013 年，就 OLED CGL 技术提交专利申请都超过了 10 件，达到历史最高水平。

从国内和国外申请人在中国提交专利申请的时间看，尽管本国申请人在 OLED CGL 技术领域提交专利申请的时间较晚，但是随着国内对 OLED CGL 技术关注度的提高，本国申请人大有后来居上之势。值得一提的是，2011 年，本国申请人的专利申请量首次超过了国外来华申请量，标志着国内 OLED CGL 技术的成熟。此外，

2013 年，本国申请人的专利申请量远远超过了国外来华的申请量，是后者专利申请量的 8 倍，这也标志着该技术在国内得到快速发展。

（3）中国企业提升状况。从在中国专利检索系统中检索到的数据可以看出，申请人在中国就 OLED CGL 技术提交的专利申请中，排名前两位的申请人分别为海洋王照明科技股份有限公司和 LG 显示有限公司，它们提交的专利申请数量分别是 96 件和 26 件。前者属于中国企业，后者属于韩国企业，这说明两国在该领域具有较强的研发实力。在国内申请人中，除了海洋王照明科技股份有限公司之外，友达光电股份有限公司和中国科学院长春应用化学研究所各提交了 4 件相关专利申请。在韩国来华申请人中，除了 LG 显示有限公司以外，三星集团也占据了一些份额，韩国三星显示有限公司、三星移动显示器株式会社各提交 3 件专利申请。此外，在华提交专利申请的日本申请人，主要包括株式会社半导体能源研究所、财团法人山形县产业技术振兴机构、日立、索尼等。

经过专利检索发现，海洋王照明科技股份有限公司的第一件涉及 OLED CGL 的专利申请是 2010 年提交的关于"一种双面发光的有机电致发光器件及其制备方法"（申请号：CN201080070007）。该技术提出电荷产生层包括 N 型半导体层和与 N 型半导体层结合的 P 型半导体层。该结构的双面发光的有机电致发光器件所需驱动电流小、发光效率高、亮度高、光输出效率高。2011 年，海洋王照明科技股份有限公司提交了 9 件涉及 OLED CGL 的专利申请。这 9 件专利申请涉及对 CGL 的构成材料等进行的进一步的研究。2012 年，海洋王照明科技股份有限公司提交了 2 件涉及 OLED CGL 的专利申请，这 2 件专利申请也是关于电荷产生层的构成材料。可以说，海洋王照明科技股份有限公司在该领域是一枝独秀。

LG 显示有限公司在中国提交的第一件相关专利申请的时间为 2009 年（申请号：CN200910159474），是关于"有机发光二极管显示器件"的专利申请。此外，2010 年和 2011 年 LG 显示有限公司每年均有 3 件专利申请，数量维持在比较平稳的水平。2012 年至 2013 年，该公司每年的专利申请量均为 9 件，相比之前提高了 3 倍左右，因此数量上有了较大的提升。

从海洋王照明科技股份有限公司历年的专利申请情况可以看出，该公司实现了跨越式的发展。由 2010 年的 1 件专利申请，发展到 2011 年的 9 件，出现了一个小高峰。2013 年提交 84 件专利申请，可以说是该公司实现井喷式的发展，专利申请量达到顶峰。此外，从技术上看，海洋王照明科技股份有限公司在 OLED CGL 领域主要是针对适合电荷产生层的材料进一步研发，对电荷产生层的位置更加细化，在技术发展初期，限定电荷产生层包括 N 型半导体层和与 N 型半导体层结合的 P 型半导体层。随着技术的发展，海洋王照明科技股份有限公司专利申请主要涉及两种：一种是电荷产生层为三层或更多层结构，对每层的材料进一步细化，研究各层材料变化的影响。其中的多层可能是金属层，也可能是半导体层。如果是掺杂材料形成的层，那么掺杂的比例也是研发的一个方面。另一种是电荷产生层为单层结构，该电荷产生层的材质为银、铝、金或铂等金属。此外，也有申请涉及电荷产生层的厚度以及位置的细化。

通过上述分析，可以大致了解 OLED 行业的专利状况，并得到如下结论：OLED 是"高技术、高投入、高产出"的产业，且关系到我国信息产业未来数十年的发展。目前 OLED 相关技术正在快速发展中。OLED 技术起源于欧美，但实现大规模产业化的国家/地区主要集中在东亚，如日本、韩国、中国大陆和台湾地区等。全球 OLED 产业还处于产业化初期。全球涉足 OLED 产业的企业产品主要是小尺寸无源 OLED 器件，真正对 LCD（液晶）构成威胁的有源 OLED 器件，实现量产的只有少数几家公司。在 OLED 领域，美国柯达公司占有相当重要的地位。就目前而言，中国虽具有一定的 OLED 产业基础，但产业链尚不完善，尤其是上游产品竞争力不强。关键设备以及整套设备的系统化技术等大都掌握在日本、韩国和欧洲企业手中。

6.3　OLED 结构原理、发光过程及分类

OLED 是一种由有机分子薄片组成的固态设备，施加电力之后就能发光。OLED 能让电子设备产生更明亮、更清晰的图像，其耗电量小于传统的发光二极管（LED），也小于当今人们使用的液晶显示器（LCD）。

类似于 LED，OLED 是一种固态半导体设备，其厚度为 100—500nm，比头发丝还要细 200 倍。OLED 由两层或三层有机材料构成；依照最新的 OLED 设计，第三层可协助电子从阴极转移到发射层。

6.3.1　OLED 的基本结构

目前 OLED 分为小分子和高分子两种类型。以染料或颜料为材料的小分子 OEL

器件一般称为 OLED，而以共扼高分子为材料的 OEL 器件则被称为 PLED（Polymer Light Emitting Display or Diode）。

无论是小分子 OLED 还是高分子 OLED（即 PLED），都是利用一个薄而透明的、具有导电性质的铟锡氧化物（ITO）为阳极，如同三明治结构，有机发光材料层被阳极和金属阴极夹在中间。小分子 OLED 的有机薄膜（发光层）为多层结构，即空穴传输层（HTL）、发光层（EL）及电子传输层（ETL），如图 6-1（a）所示；PLED 的有机薄膜为单层结构，如图 6-1（b）所示。

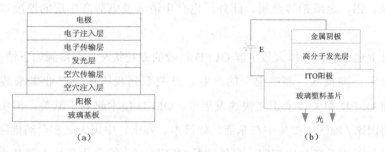

图 6-1　OLED 结构示意图

由上述可以看出，OLED 由以下各部分组成：

（1）基层（透明塑料，玻璃，金属箔）：用来支撑整个 OLED。

（2）阳极（透明）：在电流流过设备时消除电子（增加电子"空穴"）。

（3）有机层：由有机物分子或有机聚合物构成。

（4）导电层：该层由有机塑料分子构成，这些分子传输由阳极而来的"空穴"，可采用聚苯胺作为 OLED 的导电聚合物。

（5）发射层：该层由有机塑料分子（不同于导电层）构成，这些分子传输从阴极而来的电子；发光过程在这一层进行，可采用聚芴作为发射层聚合物。

（6）阴极（可以是透明的，也可以不透明，视 OLED 类型而定）：当设备内有电流流通时，阴极会将电子注入电路。

6.3.2　OLED 的发光原理

在一定的电压驱动下，OLED 的阴极产生的电子和阳极产生的空穴分别注入到发光层（对小分子 OLED 来说，电子和空穴先分别注入到电子和空穴传输层，再经过电子和空穴传输层迁移到发光层），在发光层中电子和空穴相遇而复合，由于发生能带跃变而发出可见光。辐射光可透过玻璃（或塑料）基板从 ITO 透明阳极一侧观察到，光亮的金属板阴极同时起反射镜作用。发光层材料的成分不同，所发出光的颜色也就不同，因此通过选择不同的发光材料，可获得红、蓝、绿光，实现全彩色显示。

OLED 的发光过程可概括为以下 4 个步骤：①载流子的注入（电子和空穴分别从阴极和阳极注入）；②载流子的传输（注入的电子和空穴传输到发光层）；③载流子复合与激子的形成；④激子衰减而发出光子。

6.4　OLEO 驱动技术

驱动控制电路是有源发光二极管中必不可少的重要组成部分，其性能的优劣直接关系到整个系统性能的优劣。因此，高性能的驱动控制电路的设计在 OLED 显示设计中起着举足轻重的作用。OLED 的驱动方式主要有无源驱动（Passive Matrix Driving）和有源驱动（Active Matrix Driving）两种。

采用无源驱动的 OLED 称为 PMOLED，采用有源驱动的 OLED 称为 AMOLED。AMOLED 具有制作复杂、高像素、大尺寸、高成本等特点，而 PMOLED 则具有制作简单、低像素、小尺寸、低成本等特性。

6.4.1　无源矩阵 OLED（PMOLED）驱动技术

（1）无源 OLED 的构成和发光原理。无源 OLED 的基本结构是由一薄而透明具半导体特性之铟锡氧化物（Indium Tin Oxide，ITO），与正极相连，再加上另一个金属阴极，包成如三明治的结构。接着是空穴注入层、复合发光层、电子传输层和金属阴极。如图 6-2 所示。

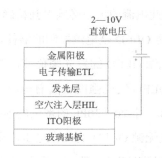

图 6-2　OLED 基本结构

其发光原理为：在所施加的电压达到适当值时，正极的电洞（空穴）和阴极电子以电流的形式分别由阳极和阴极注入，且在电场的作用下反方向移动到达发光层中结合，在结合的过程中电子以光子的形式释放出能量产生发光现象。

（2）无源 OLED 的电光特性。无源 OLED 的电流密度和电压的关系曲线及亮度和电压的关系曲线如图 6-3 所示。

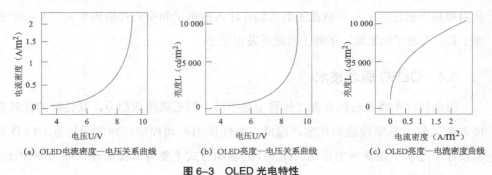

(a) OLED电流密度—电压关系曲线　　(b) OLED亮度—电压关系曲线　　(c) OLED亮度—电流密度曲线

图 6-3　OLED 光电特性

由如图 6-3（a）知当外加电压小于无源 OLED 阈值电压时，流过器件的电流接近零；当外加电压超过阈值电压，发现电流密度随着外加电压的增大而增大。

如图 6-3（b）所示，无源 OLED 电压和亮度呈非线性关系，若采用电压驱动的方式来实现亮度级别的区分，那么驱动电压必须要有很高的精度，对驱动电源部分的设计有很高的要求，不易实现。

如图 6-3（c）所示，电流与发光亮度有着较好的线性关系，所以只要控制好流过各个无源 OLED 像素的电流，就可简单有效地实现亮度级别的区分。

总之，无源 OLED 每一像素的亮度正比于与流过像素的电流，需要电流源驱动。由于无源 OLED 的流入电流与外加电压为幂级数的关系，得知很小的电压变化必会导致电流的大范围变化。因此电流的大小必须得到精确的控制。

（3）预充电技术。无源 OLED 是电流控制的器件，它的亮度和电流通过的平均时间成比例，当电流未到无源 OLED 的发光阈值前，器件的发光亮度很小，当电流达到其发光阈值后，无源 OLED 发光强度会随着电流增加而增大。一个无源 OLED 单元可以简化成一个 LED 和一个 20—30PF 的寄生电容并联，要使无源 OLED 发光，电流源首先要将电容充电到无源 OLED 的发光电压，充电时间会比较长，响应时间会比较慢。因此，可以在电流源驱动电路中加入预充电电路，先对其电容预充电到预先计算的电压，该电压略小于其阈值电压 VTH，后再用准确的恒流源来驱动，从而提高其电光响应速度。

6.4.2　有源矩阵 OLED（AMOLED）驱动技术

AMOLED 配置了具有开关功能的低温多晶硅薄膜晶体管（Low Temperature Poly-Si Thin Film Transistor，LTP-Si TFT），并且配备了储存电容及驱动 TFT，如图 6-4 所示。外围电路和显示阵列整个系统都集成在同一基板上。开关 TFT 将影像信息存储在电容 Cs 中，并利用驱动 TFT 将 Cs 上的电压转换为电流直接驱动 OLED。

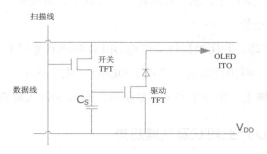

图 6-4　有源矩阵 OLED 驱动电路

AMOLED 的发展主要取决于 TFT 在 OLED 中的应用。AMOLED 驱动技术有 3 个研发方向：一是改进传统的非晶硅技术（a-Si TFT）；二是开发载流子迁移率高的低温多硅晶技术；三是开发有机薄膜晶体管（OTFT）。

a-Si TFT 可以延续液晶技术，工艺简单、成熟，成本低廉，且可利用现有液晶生产设备，基板尺寸可以做到五代以上，但用于驱动则存在迁移率低、器件稳定性差等缺点。

LTP-Si TFT 拥有较高的载流子迁移率，这对电流驱动型 OLED 器件来说是非常有利的，然而制备技术还不成熟，成品率还很低。传统的准分子激光晶化法的成本非常高，而且目前最大的 LTP-Si 基板只能做到第四代，亮度还不均匀。

不久前，柯达公司开发了一种 GMC 补偿技术，将其应用到 LTP-Si TFT 驱动的 3in OLED 面板上，宣称这一技术使得 AMOLED 多年以来的难题——TFT 开态电流误差引起的亮度不均得到了彻底解决。

从发展趋势看，a-Si TFT 可能适合大尺寸显示，LTP-Si TFT 则可能适合中小尺寸显示。

6.5　OLED 的制造

OLED 生产过程中最重要的一环是将有机层敷涂到基层上。完成这一工作，有以下三种方法：

（1）真空沉积或真空热蒸发（VTE）。位于真空腔体内的有机物分子会被轻微加热（蒸发），然后这些分子以薄膜的形式凝聚在温度较低的基层上。这一方法成本很高，但效率较低。

（2）有机气相沉积（OVPD）。在一个低压热壁反应腔内，载气将蒸发的有机物分子运送到低温基层上，然后有机物分子会凝聚成薄膜状。使用载气能提高效率，并降低 OLED 的造价。

（3）喷墨打印。利用喷墨技术可将 OLED 喷洒到基层上，就像打印时墨水被喷洒到纸张上那样。喷墨技术大大降低了 OLED 的生产成本，还能将 OLED 打印到表面积非常大的薄膜上，用以生产大型显示器，例如 80in 大屏幕电视或电子看板。

6.6　OLED 产业现状及发展趋势

6.6.1　OLED 技术与产业现状

OLED 具有自发光、亮度高、对比度高、重量轻以及可弯曲等特性，从诞生之日起就被寄予很大的希望，被视为继 TFT-LCD 之后下一个支撑平板显示。

OLED 技术的最典型的应用就是作为显示器。就其显示功能来讲，它完全可以代替 CRT、LCD、LED 的作用，实现显示器件的轻量化、薄型化、高亮度、快速响应（与液晶相比）、高清晰度、低电压化、高效率化和低成本化，可以大幅度地节省空间，极方便携带。如应用于航空、航天器的显示器，军事移动器的夜间及野外显示器，就更能显示其显示功能的优越性。比如在航空航天器上，体积小、重量轻是任何零部件永远的追求，显示器也不例外。在夜间或野外使用时，由于 OLED 是自己主动发光，可以大大提高对比度，获得更好的显示质量，这是液晶屏很难解决的难题。此外，OLED 显示屏还可以做成柔性的，可以很容易地设计成曲面，甚至可卷曲、折叠，这些都是其他显示技术很难实现的功能。也正因为 OLED 有以上功能，可完全取代 CRT、LCD、LED 的显示作用，所以它面向的市场是直接的和非常巨大的。这也是目前国外众多的研究部门以及各大企业投入巨大资金和人力进行 OLED 技术研发的最重要原因。

除作为显示器使用以外，OLED 也可以作为光源使用，特别是可以用它制造出大面积、高亮度的平面或曲面光源，及高色纯度的单色光源。将来甚至可以用它制造出大平面激光光源，高效率偏振光光源。通过改变发光材料的化学结构或器件结构，发射波长可以在紫外区到红外区的很宽的波长范围内调控。相信随着 OLED 材料及器件技术的日趋成熟，今后还将开发出许多我们现在想象不到的新用途。

目前世界上从事 OLED 研发的企业和机构有 100 家左右。OLED 的研发和生产集中在东亚地区，形成日、韩和中国台湾三足鼎立之势。表 6-1 列出了全球 PMOLED 的主要生产线数据。

表 6-1　全球 PMOLED 生产线数据

公司（国家或地区）	基板尺寸（mm^2）	生产线数量	投产时间（年）	产能（片／月）
铼宝（台湾）	400×400	3	2000	30 000
	370×470	4	2000—2004	
悠景（台湾）	370×470	2	2003—2005	12 000
光磊（台湾）	370×470	2	2003	10 000
东元激光（台湾）	370×470	1	2003	3 000
联宗光电（台湾）	370×470	1	2003	6 000
三星（韩国）	370×400	2	2002—2004	12 000
东北先锋（日本）	360×460	1	1999	10 000
Orion（韩国）	370×470	1	2005	7 000
Ness（韩国）	370×470	1	2004	7 000
LG（韩国）	370×470	1	2004	7 000
Kolon（韩国）	370×470	1	2005	7 000

OLED 技术目前主要有两大阵营：一是由 Eastman Kodak 开发的小分子 OLED 技术，小分子显示的生产需要真空蒸镀，这样导致生产的工艺流程成本比较高，并且不灵活；二是由英国剑桥显示技术公司所主导的高分子 PLED 技术，它采用喷墨印刷方式进行生产。

日本厂商在 OLED 的技术上起步较早，掌握了大量的 OLED 技术，尤其是在设备制造和化学材料合成等方面实力雄厚，东北先锋、三洋电机、索尼、SKD、夏普、TMD 公司均已成功开发出全彩 AMOLED 面板。日本 OLED 的发展模式与 LCD 和 PDP 产业所采取的模式一致，都是构建完整的产业链，覆盖底发光制程、封装、组装、驱动芯片以及偏光板生产等。但是，日本 OLED 产业化的步伐明显落后于研发的速度。

与日本相反，在 OLED 量产化和市场推广上，韩国和中国台湾地区后来居上。从全球 OLED 市场看，中国台湾铼宝（Pit Display）、韩国三星 SDI 和 LG 电子、中国台湾悠景（Universion）、日本东北先锋公司占据的市场份额排名位于世界前列。

目前 OLED 的应用主要是显示器和照明设备，例如移动电话、游戏机、音响面板、数字照相机、个人数字助理机（PDA）、汽车导航系统、电子书、信息家电、笔记本电脑、监视器和电视机等。

6.6.2　OLED 技术发展趋势

目前在世界范围内，致力于 OLED 技术研发的机构、组织和公司正呈现勃勃生机。未来技术的发展趋势，仍然围绕着延长寿命、改善画质、大屏幕、柔性显示方面。

全球 OLED 行业以日韩和欧美等发达国家和地区居领先地位。我国台湾地区后劲十足，我国大陆在政府的大力扶持下，OLED 行业正奋起直追。我国大陆的 OLED 产业发展早被国家列入"十五"期间的"863 计划"。我国目前从事 OLED 研究开发和产业化的公司与科研机构有清华大学、华南理工大学、北京大学、吉林大学、上海大学、香港城市大学、长春光机所、北京化学所等高校和研究所，以及上海广电集团、中国普天集团、长春兰宝科技、杭州东方通信、北京维信诺、五粮液集团、广东信利等企业，约 40 多家。其中清华大学和北京维信诺合作建成了我国第一条 OLED 中试线，并于 2005 年 11 月在江苏昆山建立我国第一条 OLED 量产线，申请了 30 多项国内外 OLED 专利，开发了 128×64、132×64、16×1 等 OLED 产品，并研制成功 64（RGB）×64/96（RGB）×64/160（RGB）×128 彩色 OLED、96×64 多色及 240×128 单色 OLED 等产品。汕尾信利半导体（技术来自韩国 Viatron，设备来自日本 Evatach）公司的 OLED 生产线也早已形成规模生产能力。

上海航天欧德（上海大学）与杭州士兰微电子集团合作，成功开发出具有自主知识产权的国内第一款 OLED 专用驱动 IC 芯片。其中包括一颗 80 行驱动 IC（SC16806）

和一颗 80 列驱动（SC16805）IC。采用 QFP 封装，用于手机屏的 TAB 和 COF 用驱动 IC 也已开发出样品。

清华大学开发出了非掺杂体系的红色荧光主体材料，色坐标为（0.65，0.35），在初始亮度 1000cd/m² 下的寿命超过 15 000h。吉林大学率先开展了三线态磷光材料的性能研究。中科院长春应化所设计合成的绿光、红光和蓝光铱配合物的磷光材料，发光效率分别为 57.9cd/A（57.4 lm/W）、50.0cd/A（45.2 lm/W）和 16.2cd/A（14.0 lm/W），达到世界先进水平。长春光机所与维信诺公司合作开发了 a-Si OLED 的 320×240 点阵彩屏，南开大学采用金属诱导技术、吉林彩晶公司采用激光退火技术研发了 2in p-Si 160×128 点阵彩屏。南开大学与香港科技大学合作开发了金属诱导的 5in p-Si 320×234 点阵彩屏，北京京东方公司进行了 2in a-Si 176×220 点阵 AMOLED 的开发。

6.6.3　OLED 产业发展趋势

OLED 产业在国际范围内的竞争已不单是企业间的竞争，而体现为国家和地区之间的竞争。日、韩、台及欧美均已制定了 OLED 产业战略规划。

早在 1979 年，日本通产省经光电产业技术振兴协会联合 16 家企业资助 8.2 亿美元为期 10 年的液晶显示产业化基础研究计划，受助企业要匹配 70% 研究经费。2011 年年底，为抢占苹果 iPad、iPhone 引发的中小尺寸平板显示突破性的需求，又在企业创新联盟框架下投资 25 亿美元（占股 70%—80%）组织日立索尼与东芝成立世界最大的中小尺寸 LCD 触摸屏及 OLED 显示屏新公司。日本三菱化学、松下电工、出光兴产、堡土谷化学、柯尼卡美能达、住友化学、NHK、DOW、COVION 等企业以及东北先锋、日本山形大学、大日本印刷与日本有机电子研究所等研究机构都积极开展 OLED 材料、显示等方面的研究，布局全球 OLED 市场。

韩国在 1990 年起组织大专院校及 100 多家企业参加"平面显示器研究联盟"，每年政府投入 30 亿韩元支持经费。韩国政府于 2010 年 5 月 19 日推出的《显示器产业动向及应对方案》中，已经将 OLED 产业列为中长期发展目标。为配合这个目标，政府投资 85 万亿韩元，进行 5.5 代 AMOLED 面板的工艺转换和核心有机材料的开发，近期协助三星与 LG 兴建 8.5 代 AMOLED 面板产线。

中国台湾地区：在"两兆双星"计划框架中，从 1991 年到 2002 年，台湾地区投入 70 亿新台币支持显示产业研发与产业化，2004 年又投入 17 亿。近期，台湾地区"经济部"也仿照三星的一条龙模式，号召友达、奇美电、联发科、宏碁、华硕、宏达电等业者，组成主动有机发光显示器（AMOLED）联盟，除了由官方、供应商及客户三方共同投入研发外，也藉此整合上下游厂商，共同抢攻 OLED 市场。

欧美以默克化工、柯达、UDC、康宁为代表的行业巨头早已涉足 OLED 产业，并在 OLED 产业上游材料方面研究多年，拥有了众多专利，形成了 OLED 专利网，以阻击其他国家的介入。

中国大陆已把 OLED 产业纳入了国家"十二五"计划。根据规划，新型显示器件领域中的发展重点包括液晶显示器件、等离子显示器件以及有机发光显示器件。对于有机发光显示器件，规划提出将"推进中小尺寸 OLED 的技术开发和产业化应用，研究大尺寸 OLED 相关技术和工艺集成"。中国 OLED 技术研究经过 10 余年的发展，取得了一系列重大技术成果，并成功实现了产业化。

LED 电视、智能电视、云电视、3D 电视已经进入普及化阶段，作为更新换代速度非常快的平板电视来说，自然不会仅停留在智能电视、3D 电视等产品上。在 2012 年 CES 上，韩国三星率先展示了一款 55in OLED 电视；LG 也展示了一款 55 寸 OLED 电视，吸引了不少消费者的关注。作为新一代显示技术，OLED 在市场上真正"热"起来得益于三星的大力推动。

未来全球 OLED 产业发展的趋势是大尺寸 AMOLED 产品，目前这项技术仍处于产业发展的初期，只有韩国三星具备真正的大规模生产能力，但日本、中国台湾地区等在大尺寸 OLED 显示屏方面都跃跃欲试。

据 NPD Display Search 报告，OLED 技术在 2011 年得到了快速发展，并预计在 10 年内持续这种发展势头。估计 2011 年 OLED 显示器的销售收入将超过 40 亿美元（约 4% 为平板显示器销售收入），并将在 2018 年达到 200 亿美元（约占显示行业总额的 16%）。

从平板显示技术的演进及关联来看，AMOLED 与 LCD 虽然有较大差别，但都要用到 TFT 技术，两者具有极大的产业共通性和承接性。AMOLED 关键的驱动背板仍需要 TFT 进行驱动，其制造过程与现有的 TFT 阵列工艺和模组工艺在大部分的设备与技术方面均可共用，通过对现有 TFT-LCD 生产线少量的改造和设备的增添就能满足未来 AMOLED 产品的开发与生产。因此，AMOLED 与 TFT-LCD 不是一种技术替代关系，现有的 TFT-LCD 生产线通过技术升级即可改造为 AMOLED 生产线。三星、LG 在 AMOLED 产业化的路径上，就采用的是将现有的 TFT-LCD 生产线转换为 AMOLED 生产线。

在技术方面，OLED 和 LCD 在面板阶段（不包括 LCD 的后段模组工艺）是非常相似的，以至于任何一条 LCD 生产线都可以经过改造转产 OLED 面板。这种转产的投资只是兴建新生产线的一半，甚至可能更低。换句话说，今天的液晶之王，很可能就是明天的 OLED 之王。

（1）韩国 OLED 产业的发展现状。韩国 OLED 产业的发展主要以三星和 LGD 为主导。2012 年三星和 LG 就宣布将投资重点放在 OLED 技术上。LG 已为 OLED 技术的发展投资了大约 35.6 亿美元，而三星仅 2012 年的 OLED 投资就超过 40 亿美元。

三星已经剥离了 LCD 业务，单独成立子公司在 OLED 面板上进行投资，除了 2011 年 5 月投产的 5.5 代 OLED 面板生产线，三星 2012 年的 8.5 代 OLED 面板生产试验线已经投产。LGD 投资 AMOLED 产业不如三星积极，但由于电视事业持续亏损，LGD 也锁定 AMOLED 电视作为新的赢利点，并于 2012 年兴建 8.5 代 OLED 量产线。为了超越 SMD，LGD 的策略是跳过中、小尺寸面板，全力发展大尺寸 AMOLED 产业。

三星也是全球最大的中小型 OLED 屏幕材质制造商，三星已在 2012 年全年投资 7 万亿韩元（约合 6.2 亿美元）建造 OLED 生产线。2012 年三星在电视业务上的总体投资是 47.8 万亿韩元（约合 41.1 亿美元）。三星将 15% 的投资金额单独使用到 OLED 技术的投资，包括研发新技术以及生产线、劳动力的购买，这也成为了公司历年来最大的单笔项目投资。

LGD 将部分 8.5 代液晶面板生产线由韩国转移至广州，以便腾出空间生产 OLED（有机发光二极管）面板。LGD 投资了 3.5 代可挠式 OLED 生产线，并在 2012 年上半年确定对 8.5 代 OLED 生产线的投资规模与方式，并透过这项计划大量生产 55 吋 OLED 电视面板，借以取得大尺寸 OLED 市场的领先地位，见表 6-2。

表 6-2　三星、LG 的 AMOLED 生产线产能一览表

	选址	世代线	生能力产	建设情况	投产时间
三星	首尔南部（Cheonan）	4.5	5 000 万片 / 年	2005 年投资	2007.1
	首尔南部（Tang jung）	5.5	7.2 万片 / 月	投资 21 亿美元，2010.6 建成	2011.2
	玻州	8.5	4 000 片 / 月	2012 年投建，试产	2013
LG	韩国	8	2.4 万片 / 月	投资 28.3 亿美元，2013 年建成	2014

为提升自制率，有效降低生产成本，韩国 AMOLED 产业在生产线、材料和设备方面全面发展。除了 SMD、LGD 大幅扩产外，韩国政府与面板厂商共同推动了设备与材料的国产化，不仅降低了生产成本，还形成了庞大的产业链，推动 AMOLED 产业持续增长，整体竞争力远远超过其他国家。当前，韩国仍主导全球 AMOLED 产业，日本与中国无法与之抗衡。

材料与设备的自制能力对于发展 AMOLED 产业也相当重要。除了扩增 LTPS TFT 基板产能外，材料与设备的自制能力对于发展 AMOLED 产业也相当重要。设备折旧占 AMOLED 成本的比例很高，因此，SMD 与 LGD 积极培养韩国国内的设备厂商，协助开发和测试新设备。近几年，韩国政府与面板厂商共同扶植其国内化工厂研制有机发光层材料，并收到良好成效，SMD 与 LGD 都尽量采用较便宜的国产材料来降低面板生产成本。

（2）日本 OLED 产业的发展现状。日本在 OLED 发光材料的研发上走在了世界的前沿。在 OLED 电视发展方面，2007 年起，索尼就率先推出全球首款 11in 的 OLED 电视，由于 LCD 的产业链形成和成本降低，直至普及化，再加上 OLED 电视成本高昂，索尼就中断了 OLED 电视方面业务。

2011 年，日本索尼、东芝和日立制作所于 8 月宣布合并中小尺寸显示器业务，并将以官民共同基金日本产业革新机构为中心成立新公司，名为日本显示器（Japan Display）的新公司已经具备 OLED 技术基础。索尼已将部分 OLED 面板产能转至 Japan Display。索尼握有开发 OLED 的核心技术，再加上日本厂商在材料与设备技术方面实力很强，未来仍有望在 OLED 面板生产上奋力一搏。松下位于茂原的 LCD 工厂也与 Japan Display 达成转让协议，在 2012 年 4 月完成转让。从而使 Japan Display

在 LTPS TFT 基板的产能大幅度增长，未来 AMOLED 面板的成本有望降低。

东芝、日立、索尼在整合之前，因受限于资金不足，只好缩小 OLED 技术的研发规模，而从目前 OLED 面板技术水准而言，中小尺寸面板很难凌驾于液晶之上，不管是画质、耗电量、产品寿命方面都有待突破，为此，必须在制程、材料等方面投入大量研发心血。Japan Display 的成立无疑加强了日本生产装置制造商、材料业者间的合作，新一代技术创新即将到来。

（3）中国台湾地区的 OLED 发展现状。为了在 OLED 领域战有一席之地，中国台湾地区也仿照三星的一条龙模式，号召友达、奇美电、联发科、宏碁、华硕、宏达电等业者，组成主动有机发光显示器（AMOLED）联盟，共同抢攻 AMOLED 市场。

为抗衡三星在 OLED 方面的咄咄逼人之势，台湾地区联合日本业者，希望联手抢占中小尺寸 AMOLED 市场，目前和日本出光兴产株式会社联盟。其中，台厂以友达布局速度最为迅速，从 2012 年第二季度开始量产智能手机用 AMOLED 面板，计划用于高端智能手机，目标尺寸为 4—5in，分辨率为 250—300ppi，并计划首先在台湾新竹的第 3.5 代 AMOLED 生产线上量产。2013 年下半年，新加坡的第 4.5 代生产线也开始量产，进一步推出下一代 OLED 面板，甚至扩大到大尺寸 OLED 平板电视面板。目前，台湾厂商当务之急是扩充 LTPS TFT 基板产能，加速量产市场需求量最高的中、小尺寸 AMOLED 面板，并请当地政府协助，提升制程材料与设备的自制率以降低成本。至于大尺寸 AMOLED 面板，因为制程技术尚未成熟，且 AMOLED 电视单价昂贵，现阶段市场接受度低，短期内不必急于投入量产。

（4）欧美 OLED 产业的发展现状。对于欧美 OLED 领域的产业发展主要集中在微观研究领域，可分为小分子 OLED 阵营和大分子 OLED 阵营。美国 Eastern Kodak 公司是小分子 OLED 阵营的领导厂商，掌握了大部分 OLED 材料和器件设计的核心技术，拥有 300 多项专利，迄今为止有近 20 家公司得到了 Eastern Kodak 公司的专利授权。从地域上看，Eastern Kodak 公司的专利许可对象开始以日本厂商为主，之后 Eastern Kodak 公司逐步将其许可范围转向中国台湾、香港地区的厂商，包括台湾地区的铼宝、东元激光、光磊、联宗光电以及香港地区的 Truly International 与精电国际等。Eastern Kodak 公司并没有把欧洲和美国的厂商作为重点合作对象，直到 2001 年 Eastern Kodak 公司才首次将其专利授权给欧洲的厂商（英国 Opsys Ltd.），而得到 Eastern Kodak 公司专利许可的美国公司也寥寥可数。这些得到 Eastern Kodak 公司

OLED 专利许可的亚洲厂商大多具有 LCD 产业背景，如三洋、三星等，因而在产品开发和市场渠道方面具有相当的优势。Eastern Kodak 公司选择这些厂商作为专利许可对象，很好地促进了小分子 OLED 技术的商品化。

目前小分子 OLED 比高分子 OLED 的技术和工艺都更加成熟，并已进入市场化阶段。因而市场上的 OLED 绝大多数是小分子、中小尺寸的产品，主要用于 MP3、手机、车载设备、仪器仪表上，见表 6-3。

表 6-3 小分子 OLED 基础专利许可情况

序号	公司名称	国家 / 地区	公司类型
1	Denso	日本	面板与器件制造商
2	eMagin Corp	美国	面板与器件制造商
3	Lite Array Inc	美国	面板与器件制造商
4	Lightronik Technology 联宗光电	中国香港地区	面板与器件制造商
5	Nippon Seiki Co. Ltd. 精机	日本	面板与器件制造商
6	Opsys Ltd.	英国	面板与器件制造商
7	Opto Tech Corp. 光磊科技	中国台湾地区	面板与器件制造商
8	OPTEX Corp.	日本	面板与器件制造商
9	Pioneer Electronics Corp. 先锋	日本	面板与器件制造商
10	Ritek Corp. 铼宝	中国台湾地区	面板与器件制造商
11	Rohm Ltd. 罗姆	日本	面板与器件制造商
12	Samsung NEC Mobile Display Co. 三星	韩国	面板与器件制造商
13	Sanyo Electric Co. Ltd. 三洋	日本	面板与器件制造商
14	TDK Corp.	日本	面板与器件制造商
15	东元激光	中国台湾地区	面板与器件制造商
16	Truly International	中国台湾地区	面板与器件制造商
17	Varitronix International Ltd. 精电国际	中国台湾地区	面板与器件制造商

英国剑桥大学利用分子聚合物作为 OLED 发光材料开发出高分子 OLED 技术（POLED），由于颇具发展潜力，于 1992 年另成立 CDT（Cambridge Display

Technology）公司，高分子 OLED 的基础专利主要由该公司和 DuPont 公司所有。

由于小分子 OLED 技术已经占领了相当一部分市场，而 CDT 公司自身也缺乏配套资金于利用专利技术的能力，为推动高分子 OLED 技术产业化的步伐，CDT 公司始终以非常积极的态度进行专利许可。自从 1996 年首次将其专利授权给荷兰 Philips 公司以来，CDT 公司先后在全球对 Uniax、Philips、翰立光电等 10 余家厂商提供专利许可。表 6-4 是 CDT 公司所提供专利许可的厂商，从中可以看出高分子阵营主要以欧美厂商为主，而高分子阵营拥有的日本及中国台湾厂商数量远少于小分子阵营。

表 6-4　高分子 OLED 基础专利许可情况

序号	公司名称	国家/地区	公司类型
1	Delta Electronics Inc. 翰立光电	中国台湾地区	面板与器件制造商
2	Dupont Displays	美国	面板与器件制造商
3	Dai Noppon Printing	日本	面板与器件制造商
4	Eastgate Technology	新加坡	面板与器件制造商
5	Micromissive Display Ltd.	英国	面板与器件制造商
6	Osram Opto Semiconductor	德国	面板与器件制造商
7	Philips	荷兰	面板与器件制造商
8	Seiko-Epson 精工爱普生	日本	面板与器件制造商
9	Bayer	德国	材料供应商
10	Covion	德国	材料供应商
11	Dow Chemical Company	美国	材料供应商
12	Sumitomo Chemical	日本	材料供应商

值得注意的是，为了加速高分子 OLED 产品商业化生产的进程并降低制造成本，CDT 公司在积极寻找合作伙伴的同时也注意到了挑选供应链上不同类型的厂商进行专利许可，从表 6-4 可以看出，其许可对象不仅包括 OLED 面板与器件制造商，还包括了一些 OLED 材料供应商，如美国的 Dow Chemical 以及日本的 Sumitomo Chemical 都是世界著名的化学材料公司，通过这种合作，CDT 公司加强了与 OLED

供应链上游厂商的联系，推动了高分子 OLED 技术的发展，从而增强了高分子 OLED 在显示市场上的竞争能力。

2012 年 2 月康宁和三星移动显示成立了一家新的股权合资企业，为迅速扩张的有机发光二极管（OLED）设备市场制造特种玻璃基板，结合了康宁 Lotus 玻璃基板技术与三星 OLED 显示技术。这一新的运营实体将占据优势地位，为当前和未来用于手持设备、IT 设备以及大尺寸电视等的 OLED 技术提供出色的产品解决方案。

德国默克以成为 OLED 显示屏用材料领头羊为目标，持续设计、开发和生产各种特殊材料，包括 OLED 用的高性能发光材料。

（5）中国大陆 OLED 产业发展现状。中国大陆已经将 OLED 产业纳入了国家"十二五"计划，目前在"十三五"规划中继续推广并发展。中国 OLED 技术研究经过 10 余年的发展，取得了一系列重大技术成果，并成功实现了产业化，国内维信诺、上海天马、京东方、彩虹、虹视等都在大力推进 OLED 特别是 AMOLED 发展的步伐。目前，中国大陆在 OLED 方面的发展主要集中在中小尺寸上，并且在 PMOLED 和 AMOLED 面板两方面都有进展。

经过多年的技术积累和创新，大陆京东方、维信诺、彩虹、天马等企业均已建立 OLED 实验线或中试线。在全球面板企业都在加速布局 OLED 的社会潮流下，中国大陆企业也希望借助新技术占据战略高地。然而，我国高世代液晶面板生产线才刚刚起步，OLED 的研发也大多集中在中小尺寸方面，在大尺寸 OLED 方面还没有涉及，见表 6-5。

表 6-5　中国大陆厂商 OLED 面板产线情况分析

时间	厂商	代数	类型	规模	量产情况	地点
2002	维信诺	2.5	PMOLED	—	小批量产	北京
2008	维信诺	2.5	PMOLED	—	1 000—1 200 万片 / 年	昆山
2009	维信诺	4.5	AMOLED	—	中试线	昆山
2012	维信诺	5.5	AMOLED	150 亿元	计划中	昆山
2008	天马	2.5	AMOLED		已量产	上海
2010	天马	4.5	AMOLED	4.92 亿元	中试线	上海

续表 6-5

时间	厂商	代数	类型	规模	量产情况	地点
2011	天马	5.5	AMOLED	70 亿元	计划中	厦门
2010	彩虹	2.5	PMOLED	5.08 亿元	1 200 万片 / 年	佛山
2011	彩虹	4.5★2	AMOLED	94.6 亿元	2 000 万片 / 年	佛山
2003	信利	2.5	PMOLED	2 亿元	240 万片 / 年	汕尾
2011	京东方	4.5	AMOLED	LCD 产线改造	量产	成都
2011	京东方	5.5	AMOLED	220 亿元	筹建中	鄂尔多斯
2010	虹视	2.5	PMOLED	—	1 200 万片 / 年	四川
2013	虹视	4.5	AMOLED	—	计划中	四川
2012	TCL	4.5	AMOLED	—	计划中	深圳

　　纳入国家"十二五"计划的 OLED 产业，在发改委、工信部的支持下，在 OLED 显示产业有长足的发展布局。除了清华维信诺之外，还有汕尾信利、上海天马、佛山彩虹等多家企业从事小尺寸 PMOLED 的研发和生产。此外，维信诺、京东方、长虹等显示终端厂商也开始涉足 AMOLED 产业。如京东方开始筹建的内蒙古鄂尔多斯 5.5 代 AMOLED 生产线，TCL、创维与华南理工大学合作研发和产业化，电子科技大学和京东方也共同建立了 OLED 联合实验室。

　　2010 年由国内 19 家 OLED 企事业单位在广东惠州共同发起的中国 OLED 产业联盟，有彩虹、维信诺、虹视、上海微电子、北方奥雷德、中显、宏威、吉林奥来德、TCL、阿格蕾雅、长虹、京东方、南京第壹有机光电等企业和研究机构参与。

　　近期，南京正试图在紫金（新港）科技创业特别社区建立 OLED 产业孵化器。特别社区内已成立了一个光电技术研究院，准备把它建成战略性新兴产业平板显示的创新中心，主要功能就是进行 OLED 项目的孵化。依托南京经济技术开发区的国家显示器件产业园和液晶谷，围绕 OLED 显示和 OLED 照明，重点发展 OLED 材料、面板、模组、终端等，打造 OLED 全产业链。

　　近年来，京东方、天马等企业积极布局 AMOLED 新型显示，特别是京东方在内蒙古鄂尔多斯投资兴建了中国大陆首条第 5.5 代 AMOLED 生产线，也是全球第二条 5.5 代 AMOLED 生产线。据报道，京东方已经在近日生产出 4in WQVGA 分辨率

Oxide AMOLED 面板。此外，京东方此前曾经官方表态已经取得 Oxide TFT 基质技术的一些专利，可用来生产 AMOLED 面板。

长虹对 OLED 屏进行自主研发，攻克并掌握全套的 PMOLED 量产技术、AMOLED 蒸镀封装核心技术、AMOLED 基板关键技术等完整 OLED 量产技术。同时，还建立了国内最完整的 PMOLED 显示屏及模组生产线，成功开发了 2.6、3.2、4.3、7.6in 的 AMOLED 显示屏，对大面积有机材料真空成膜、薄膜封装等技术进行研究。长虹已成为中国 OLED 产业中唯一掌握 AMOLED 研发技术的企业。

目前，中国内地的京东方以及华星光电已经做好准备，开始研发 AMOLED 面板。TCL 旗下的华星光电已经建立了一条 4.5 代 LTPS/OLED 面板试验性生产线，和该公司的 8.5 代液晶面板线同样位于深圳工厂内，预计 2012 年底开始量产。

6.7 我国 OLED 产业存在的问题和主要任务

虽然我国 OLED 材料在显示方面基本达到了要求，但仍然有一些问题需要解决。

（1）研发能力要进一步提升。目前 OLED 市场，无论是大尺寸 AMOLED 面板，还是中小尺寸市场，几乎被 SMD 独占，中国厂商虽发力 AMOLED 产业，但技术研发能力仍不足。在设备方面，中国尚无法自制 AMOLED 面板的重要制程设备，厂商必须采购昂贵的外国设备及其零组件进行生产，成本很难下降。

（2）荧光有机发光材料解决方案还不完善，无法提供高效率、高色纯度的蓝光发光材料，稳定性还需要不断提高。有机发光层材料是影响 AMOLED 面板性能的关键，也是决定生产成本的另一重要指标。OLED 材料主要掌握在日本出光兴产、堡土谷化学、美国 UDC 公司以及一些韩国公司的手中。中国大陆还没有一家能够提供稳定量产供货 OLED 材料的厂商，所以目前 OLED 材料需要全面进口。目前，国外厂商因担心部分核心 OLED 材料泄密，而不愿在中国大陆地区销售。部分国内外 OLED 材料厂商也会拒绝《日本化审法》的检测。一方面是为防止材料信息泄露，另一方面，一种材料要想通过《日本化审法》的审核一般需要几个月的时间，而且费用比较昂贵。目前 OLED 材料在国内的销售额较小，还没有形成规模，这在一定程度上延缓了国内 OLED 产业的发展。

（3）专利研究和开发力度还要加大。从世界范围的专利情况来看，日本和韩国在 OLED 产业方面拥有很强的实力，且发展步伐较快。中国企业在专利领域的积累仍处于最初阶段，仍需在相对较长的一段时间内投入更多精力做好 OLED 产业基础研发工作，同时应注重全球范围专利布局研究，并慎重考虑中国自身在该领域内的专利布局情况，以取得长足发展。国内面板厂商应在专利方面相互支持，共同发展。

（4）配套材料和相关技术需进一步完善。除了 OLED 材料需要加大研发力度，实际上在其配套材料和相关技术方面，同国外比还是存在一些明显差距的，如驱动 IC，全球已经有多家公司在从事 OLED 驱动 IC 的设计和生产，而我国只能从国外引进驱动 IC；在大尺寸和彩屏技术方面，由于设备条件相对落后，资金投入相对缺乏，目前还同国外发展有很大差距。这些环节上存在的不足，都一定程度地制约了我国 OLED 材料和技术的发展。

我国 OLED 产业虽然前景广阔，目前国内相关企业也进行了和正在进行着相应的积累，对于国内的厂商来说仍有比较大的发展障碍；国内产业链上游环节薄弱，行业的配套能力欠缺；在光电显示领域的人才储备很薄弱，特别缺乏电子元器件制造业的生产管理人才；在基础研究、行业标准、行业资源整合方面的角色还有待强化；在制造设备方面，国内还没有一家企业能生产 OLED 的核心设备，主要设备完全依赖进口，这一方面增加了成本，另一方面增加了经营风险。因此，开发先进的制造装备也是该领域考虑的重点。

6.8　推动我国 OLED 产业发展的对策和建议

当前，世界 OLED 产业还处于产业化初期，我国拥有良好的 OLED 产业发展基础，市场需求巨大，前景广阔，是难得的发展机遇，具体应对措施如下。

6.8.1　加强科学规划与统筹协调，稳步推进产业发展

（1）要加强国家各部委的协调合作，共同制定相关产业发展政策，实现半导体照明技术创新链中各环节的紧密衔接，建立其他应用主管单位如铁道部、农业部、交通部、卫生部等部门信息沟通机制，培育推动应用市场。

（2）加强中央与地方的联动和各区域之间的互动，在做好"十三五"国家层面统筹规划的前提下，充分调动地方积极性，推动区域产业专业化、特色化、集群化发展，引导产业科学布局与健康有序发展。

（3）要从国家层面统筹规划公共平台建设，明确国家平台与地方平台的任务分

工，进行差异化、互补化发展。

6.8.2 超前部署下一代白光核心技术路线，进一步加强系统集成技术研发，抢占战略和创新应用制高点

（1）在衔接"十二五"成果的基础上，不断探索以企业为主体，政府、研究机构及公共机构共同参与的技术创新投入与人才激励机制，加快半导体照明公共技术研发平台建设。

（2）开展半导体照明行业专利战略研究，建立半导体照明国家核心技术专利池，进行专利布局，突破国家专利壁垒。

（3）开展创新应用和集成示范，开发高可靠、低成本、标准化、模块化的产品与系统，加快大规模应用市场的培育。

（4）加强半导体照明与农业、医疗、通信等跨学科、跨部门的创新应用研究，突出系统集成和主题式创新应用。

6.8.3 继续发挥联盟等行业组织的作用，完善产业发展环境

（1）探索整合创新资源、凝聚产业力量、培育高端人才等方面的新机制与新模式，完善推广能源合同管理等商业模式。

（2）以联盟、协会和相关标准化机构为主体，开展公共检测平台建设、检测方法及设备研究开发，形成完善的技术规范、标准、检测和认证工作体系。

（3）引导支持高等院校、研究机构、职业学校开设相关学科专业，培养专业人才。

（4）加大人才引进力度，培育高素质的创新团队。

（5）开展广泛的国际合作，联合全球优势资源，筹建国际联盟。

6.8.4 积极参与国家 OLED 产业联盟建设

我国需要在国家层面加快建立 OLED 产业联盟，形成以企业为龙头，集聚高等院校、科研机构、海外力量的国家级 OLED 工程技术中心资源，并进行合理分工，协同攻关 OLED 核心技术，构建 OLED 专利池，促进我国 OLED 产业的稳步发展。

6.8.5 设立 OLED 产业发展基金

OLED 构造简单，生产流程不复杂，投资额约在 5-30 亿元人民币，比 TFT-LED

动辄上百亿人民币的投入要少得多，极大地降低了市场进入门槛和投资风险。可以通过设立产业发展基金、直接参股、科研经费直接拨款等方式，支持 OLED 技术研发和产业推广。企业可以通过股权融资、国家开发银行优惠贷款、商业银行贷款等方式解决资金问题。

6.8.6　引进国内外 OLED 研发、生产机构

我国 OLED 产业化基础良好，四川虹视、维信诺、信利已建设 OLED 量产线，清华大学、华南理工大学、中国科学院长春应用化学研究所等一批高校和科研院所也取得较大的 OLED 研究成果；香港晶门科技、中颖电子已成为全球为数不多的 OLED 驱动 IC 开发商；此外，我国台湾地区以铼宝等为代表的一批企业，已走在世界 OLED 产业化的前列。可优化发展环境，有针对性地引进 OLED 研发、生产机构，大力发展 OLED 产业。

6.8.7　发展 OLED 配套行业

目前，OLED 技术还不成熟，谁能在发光材料和器件的研制及制造工艺方面率先取得突破，谁就能取得行业主导权。我国在 OLED 材料的合成方面已掌握了很多关键技术，是一个巨大的优势，但我国 OLED 还缺乏产业配套。可选择发展我国紧缺的或者已取得重大突破并适合本地情况的配套行业，在 OLED 产业链条中找到合适的位置。

6.8.8　重视发展 AMOLED 技术和 OLED 照明

OLED 产业今后发展的重点集中在大尺寸 AMOLED 照明研发和产业推广方面，真正对 LCD 显示技术构成威胁的也是 AMOLED 技术，比 LED 照明构成更加舒适的照明环境的也是 OLED 照明，但国际上实现 AMOLED 量产和 OLED 照明产业化的只有少数几家公司。因此，今后我国企业应把主要精力放在 AMOLED 和 OLED 照明上，高起点发展 OLED 产业。

总之，OLED 产业只有获得政府的持续支持和企业的长期投入以及坚持不懈的努力，才能能够实现跨越式发展。

习题：

1. OLED 技术的主要特点、主要应用领域有哪些？

2. 简要说明 OLED 技术进展和国内外研究现状。

3. 结合图形说明 OLED 结构原理、发光过程，并指出主要分类方式。

4. 请简要说明 OLED 技术发展趋势和产业发展趋势。

5. 请说明我国 OLED 的主要任务和存在问题，并提出推动我国 OLED 产业发展的对策和建议。

第 7 章　LED 产业分析及应用

7.1　半导体照明产业背景及战略意义

半导体照明包括发光二极管（LED）和有机发光二极管（OLED），亦称固态照明，是用第三代半导体材料制作的光源和显示器件，具有耗电量少、寿命长、无污染、色彩丰富、耐震动、可控性强等特点，是继白炽灯、荧光灯之后照明光源的又一次革命。以半导体照明为主体的产业称为半导体照明产业，包括上游的外延芯片、中游封装及下游应用，其关联产业可以扩展到电子通讯、光伏、光存储、光显示、消费类电子、汽车、军工、农业、装备制造等领域。

半导体照明具备显著的节能效果与提升 GDP 的潜力，各国政府十分重视，均作为本国的战略性新兴产业加以扶持，并作为节能减排的重要措施之一，加紧半导体照明产业的全球部署。我国政府也高度重视半导体照明技术创新与产业发展，制定了一系列相关政策和计划，支持我国半导体照明战略性新兴产业的发展。

当前，我国半导体照明产业已具备了较好的研发基础，初步形成了完整的产业链，并在下游集成应用方面具有一定的优势。"十二五"期间我国半导体照明产业将迎来新的发展机遇，对我国实现节能减排、拉动内需，并带动传统产业的优化升级具有深远的战略意义，主要表现在以下几个方面。

7.1.1　发展半导体照明是转变经济发展方式、培育新的增长点、提升传统产业的最现实选择之一

半导体照明具有巨大的市场需求，具备资源能耗低（材料制备、产品制造和应

用三个阶段全生命周期能耗已低于传统照明）、带动系数大（制造业的重要组成部分，如信息显示、数字家电、汽车、装备、原材料等）、就业机会多（技术与劳动双密集型）、综合效益好等特征。

据美国能源部桑地亚国家实验室 2007 年向 Nature 提交的论文，照明占全球能源消耗的 8.9%，电力消耗的 19%，对 GDP 贡献率仅是 0.63%。如果采用半导体照明技术，2050 年的照明用电量将维持 2005 年的水平，但对 GDP 贡献率将上升到 1.63，这是因为半导体照明不仅带动了相关产业发展，还创造了新的市场需求，产生了新的应用。

我国是传统照明生产、出口和消费大国，全球节能荧光灯的 80%—90% 在中国生产，行业产值 2 500 亿元，出口 180 亿美元，但产量大而不强，缺乏一流品牌，利用率低，缺乏国际市场竞争力。而半导体照明工业迎来了电子化大规模数字技术时代，使我国照明产业有可能摆脱组装、代工的低附加值发展现状，提升照明工业的国际市场竞争力，使我国成为世界照明强国。

7.1.2 半导体照明是节能环保、发展低碳经济、实现可持续发展的重要途径

我国是仅次于美国的世界第二大发电大国，发电能耗的 3/4 为燃煤，造成空气和环境的严重污染，2009 年我国发电总量 36 506 亿度，照明用电约 4 300 亿度，占电力总消耗的 12%，占能源消耗的 5.9%，且每年以 5%—10% 的速度增长。

目前，LED 光效已经高于传统的照明与显示光源，显现较好的节能效果，如景观照明节能 70%，液晶电视背光源节能 50%，道路照明节能 30% 以上。专家预测，2015 年我国照明用电约 6 000 亿度，如果半导体照明市场份额占普通照明市场的 30%，可年节电约 1 000 亿度，每年可为单位 CDP 能耗降低贡献约一个百分点，可减少 CO_2、SO_2、NOx、粉尘排放 1.5 亿吨。预计 2020 年，照明用电将达到 7 200 亿度，如达到照明市场份额的 50%，可年节电 3 400 亿度（相当于 4 个三峡电站的年发电总量），通过照明节电我国不需要再新增电站。

此外，半导体照明技术还是一项绿色照明技术，主要体现在两个方面：

（1）减少大气污染物的排放。中国的电力生产 75% 为火力发电，燃烧大量的原煤和石油，产生大量的粉尘和 CO_2、SO_2 等气体，环境污染严重。通过半导体照明的应用可以减少电力使用，相应减少 CO_2 等气体和粉尘排放，有很好的环保效益。

（2）LED 具有体积小等特点，废弃物较少，回收利用较为容易，并且没有荧光

灯废弃物含汞的问题。

7.1.3　半导体照明对提升下一代信息技术的核心竞争力具有重要意义

半导体照明是 21 世纪半导体技术发展与突破的关键。目前虽然其直接应用是照明和显示，实际上将带动整个第三代宽禁带半导体技术的发展，是攻克光电子（光传感、光通信、光网络、光储存、激光器）、电力电子（电动汽车、输变电、功率微波器件、无线基站）、国防（紫外探测器、雷达）等领域的重要切入点和突破口，对新一代信息技术的发展具有极其重要的战略意义。

7.2　LED 产业背景及战略意义

自 20 世纪 60 年代由美国 HP 公司首次量产红光 LED 产品以来，经过 40 多年的发展，LED 产业得到了迅猛发展。当期，LED 技术日新月异，市场应用前景广阔，产业整合速度加快，LED 产业迎来了高速发展的机遇。

7.2.1　国际 LED 产业发展态势

（1）政策环境。由于半导体照明产业潜在的、巨大的经济和社会效益，许多国家和地区纷纷制定发展计划。这些计划带动了研发、投资力度的不断加大，推动了半导体照明产业的快速发展。如日本"21 世纪光计划"、美国"国家半导体照明研究计划"、韩国"GaN 半导体开发计划"等。

美国将半导体照明产业作为能源战略的重要组成部分，实施"国家半导体照明研究计划"。2009 年欧盟投入 4 000 万欧元建设半导体照明共性技术研发平台，并在欧洲第七框架计划中列为优先发展主题。日本政府将 LED 电灯泡纳入环保点制度积分补贴范围以促进相关产品的引用推广。韩国 2009 年 7 月通过应对气候变化及能源自立等三大战略，计划到 2012 年底确保 LED 占世界份额 15%，韩国政府将快速扶持产业链上游的重点企业，在首尔半导体与日本日亚公司的专利交叉许可以及 EpiVllry、Samsung 与 LG 等公司业务扩展与产业布局中都给予了强有力的政策支撑，目前成为世界前三强。我国台湾地区于 2012 年 9 月由 16 家企业、科研机构和大学开始实施"次世纪照明光源开发计划"。另外，发达国家已经制定了严格的白炽灯淘汰计划：欧盟 2012 年后所有白炽灯将由节能照明灯取代，到 2016 年卤素灯也将禁止销售。澳大利亚（2010 年）、加拿大（2012 年）、美国（2014 年）也都制订了限期的"白炽灯禁令"。

（2）技术创新。目前，国际 LED 的关键技术主要集中在衬底材料、外延材料生长、大功率芯片制造等方面。专利主要集中在几个大公司手中，如 Nichia、Gelcore、Lumileds、Osram、Toyoda Gosei 等。

世界 LED 主要厂商已经形成各自的技术特色。Nichia 仍然处于技术领先水平，垄断高端蓝、绿光 LED 市场；Cree 的 SiC 衬底 GaN 外延片和芯片稳定性强，具有很强的竞争力；传统照明巨头 Philips 全资的 Lumileds 功率型白光 LED 国际领先；Osram 的汽车应用、照明应用国际领先。

近年来，LED 的发光效率平均每年提高约 40%，LED 技术不断取得突破性进展。目前国际上大功率 LED 产业化水平已经达到 130 lm/W，半导体照明产业正向更高亮度、更低成本、更多种类和更大应用范围方向发展，竞争焦点集中在白光 LED、蓝/紫光 LED 和大功率高亮度 LED 芯片方面。2012 年美国 Cree 公司大功率白光 LED 实验室光效达 208 lm/W，日本 Nichia 公司的小功率白光 LED 实验室光效达 249 lm/W。据美国半导体照明技术路线图预计，2015 年产品光效达到 150 lm/W，将在各个领域达到大规模应用；2020 年大功率冷白光 LED 光效将达到 228 lm/W，暖白光 LED 将达到 162 lm/W。

（3）市场应用。技术的不断突破，使得 LED 市场份额迅速增长。十多年来，全球 LED 市场规模年均增长率超过 20%，2009 年 LED 器件市场规模达到 82 亿美元，2010 年全球发光 LED 器件市场突破 100 亿美元。

随着发光效率的改进及性能的提升，LED 的应用领域也在不断变化，已经在景观照明、小尺寸液晶背光、大型显示屏、各种指示显示等方面得到广泛应用，在汽车照明、大尺寸液晶背光领域的应用也已进入规模化阶段，在公共照明领域正在进入应用示范阶段。

LED 在 LCD 背光、照明、汽车等领域的应用进展非常迅速且空间巨大。2009 年，便携式计算机 LED 背光渗透率已达 52%，2010 年达 81%，2012 年已将完全使用 LED 作为背光源；LED 灯具正快速进入主流照明领域，Philips 预测 2015 年 LED 市场份额将大于 50% 而超过传统光源。随着新应用的发展及相关产业的带动，LED

将成为具有万亿元规模的支柱性产业。此外，LED 技术在农业、医疗、智能交通、信息智能网络、航空、航天等领域不断出现新的应用，而且更加注重 LED 照明系统整体解决方案设计。

（4）区域布局。全球 LED 产业主要分布在美国、日本、欧洲和亚洲的韩国、中国台湾及大陆地区。技术含量最高的外延、芯片的生产主要在美国、日本、欧盟等发达国家和中国台湾地区，封装应用主要分布于中国台湾地区、韩国及中国大陆等地区。目前半导体照明已成为国际巨头产业战略转移方向，加快了产业整合速度。产业整合方式经历了从最初的产业巨头间相互整合、产业垂直整合向目前跨行业整合的转变。近来，以中国台湾地区为代表的国际集成电路厂商正加紧 LED 行业布局；消费电子类国际产业巨头如日本夏普等企业纷纷向 LED 行业整合渗透，加快了产业跨领域整合的进程。

（5）标准、专利。国际上标准和专利的竞争日趋激烈。当前，国际上还没有完整的半导体照明标准体系，各方都在争夺标准的话语权。美国、日本、韩国等发达国家正在加快标准的研究与制定工作，国际照明巨头正企图通过制订世界通用标准来控制国际市场。而知识产权也成为竞争焦点。全球 LED 主要厂商利用核心专利，采取横向和纵向扩展方式，在世界范围布置专利网，并通过专利授权抢占国际市场。目前，国际上申请的半导体照明相关专利以美国、日本、德国等为主，3 个国家申请的专利总量占到了国际相关总量的 70%，掌握国际先进的 LED 外延生长和芯片制造技术。随着上游外延 / 芯片核心专利逐步到期，近年来国际巨头已积极进入应用领域，应用成为专利申请的热点，包括散热、驱动、光学设计、智能控制、创新应用等多个方面。

7.2.2　我国 LED 产业发展态势

我国政府高度重视 LED 技术创新与产业发展，出台了一系列相关政策和计划，支持我国半导体照明产业的发展。2003 年 6 月，科技部联合教育部、信息产业部、建设部、中国科学院、中国轻工联合会、中国照明学会、中国照明电器协会，成立国家半导体照明工程协调领导小组，标志着我国半导体照明工程的正式启动。此后，从中央政府到地方政府纷纷出台各种举措，目前，国家半导体照明工程整合了国内主要的政府和科研资源，极大地推进了 LED 产业的研发创新和产业化进程。

2006 年 2 月，半导体照明被纳入国家中长期科技发展规划纲要"能源"领域"工业节能"优先主题（"高效节能、长寿命的半导体照明产品"）；2009 年 3 月，国务院 9 号文件将半导体照明列入加快推广扩大内需的产品，科技部启动"十城万盏"半导体照明试点应用工程，推动半导体照明节能产品的推广，引导我国半导体照明产业健康发展；2009 年 9 月，发改委联合科技部、工信部等六部门发布《半导体照明节能产业发展意见》；2010 年 4 月，国家四部委发布《关于加快推行合同能源管理促进节能服务产业发展的意见》；2010 年 9 月，国务院发布《关于加快培育和发展战略性新兴产业的决定》，将半导体照明列入我国的七大战略性新兴产业之一，节能环保产业的六个发展方向之一。

我国半导体照明产业发展历程如图 7-1 所示。

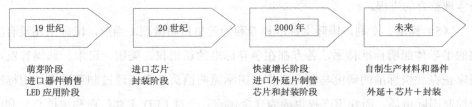

图 7-1　我国半导体照明产业发展历程

我国 LED 的发展起步于 20 世纪 60 年代末期。1968 年，中国科学院长春物理研究所研制开发了国内第一支红光 LED，我国 LED 材料和器件正式起步。20 世纪 80 年代形成红黄光低亮度 LED 产业，90 年代后期 GaN 蓝光等高亮度 LED 开始加快发展。

目前，我国具备了较好的研发基础，初步形成了相对较为完善的产业链，半导体照明产业初具规模。在节能减排和低碳经济概念推动下，随着国内外技术的不断突破，新的应用迅速发展，相关扶持政策逐步出台，半导体照明已成为我国当前的投资热点。

7.3　全球 LED 产业发展概况分析

7.3.1　全球 LED 市场规模分析

LED 照明产业正处于高速发展期，目前全球 LED 产业可以分为四大地区。一是欧美地区，以通用照明为主攻方向，强调产品的高可靠性和高亮度。二是日本，技术最为全面，无论是通用照明，还是背光显示，都具备很强的实力，其发展方向兼顾通用照明、汽车、手机和电视。三是韩国和中国台湾地区，以笔记本电脑显示屏背光、LED-TV 背光和手机背光为主攻方向，出货量大、单价低、毛利低。四是中国大陆地区，以黄绿光为主，主攻户外显示屏、广告屏、信号灯领域。

受到节能环保和消费个性化等趋势影响，LED 照明应用发展进来备受瞩目。根据我国台湾地区"工业技术研究院" IEK 研究指出，2007 年全球 LED 照明市场约 3.3 亿美元，属于规模较小的利基型市场，但随着 LED 成本逐渐下降、效率提升，LED 照明商品化的速度将加快进行，2011 年全球 LED 照明市场规模已成长至 14 亿美元，其中建筑照明和商业照明又将率先成为主力市场。

LED 是一种节能环保、寿命长和多用途的光源。根据台湾工业研究院（IEK）统计，2006 年全球 LED 产值达 61.7 亿美元。全球高亮度 LED 市场将从 2006 年的 40 亿美元增长到 2011 年的 90 亿美元，年均复合增长率为 16.7%。中国大陆已经成为世界上重要的中低端 LED 封装生产基地。2006 年我国 LED 的产值为 140 亿元，2008 年应用市场规模达到 540 亿元，2010 年国内 LED 产业的规模超过 1 000 亿元。

从"十一五"计划开始，我国政府把半导体照明工程作为一个重大工程进行推动。国内企业大多数从事 LED 下游的封装和应用，所需芯片、关键设备和技术大部分得从境外进口。LED 的能耗仅为白炽灯的 10%，荧光灯的 50%。LED 作为一种照明光源的普及将能显著降低电力消耗，减少 CO_2 排放。LED 的生产过程包括单晶生长和外延生长、芯片制造和封装。上游的单晶和外延生长对技术和资本的要求很高。LED 产业的核心问题是材料技术的突破，它的发展史是一部材料开发史。美国、欧洲和日本等发达国家都积极支持 LED 产业的发展，出台产业支持政策。

景观照明市场主要以街道、广场等公共场所装饰照明为主。由于 LED 功耗低，在用电量巨大的景观照明市场中具有很强的市场竞争力。2008 年国内城市景观灯光市场规模达到 200 亿元左右，是最大的应用领域。著名的上海东方明珠广播电视塔已将大小球体上的 576 处发光点全部换成 LED 灯，每晚约比原先节省 75% 的用电量。

LED 未来最大的应用是普通照明。很多国家都在加紧立法，鼓励使用节能型光源。欧盟、澳大利亚和美国分别将从 2009、2010 和 2020 年开始禁用白炽灯泡。以 LED 占普通照明市场 10% 计，LED 的普通照明市场的潜在规模将达 250 亿美元。以道路照明为例，大功率 LED 的发光效率已经达到 60 lm/W，城市路灯照明节能改造已推广实施。据 2006 年国家路灯行业统计，我国城市道路照明共有 1 500 万只以上的路灯，近几年的增长率在 20% 以上。按此估算，全国每年照明路灯的市场规模不低于 50 亿元，使用 LED 作为光源可每年节电 20 亿度以上。

LED 发光的基本原理是利用 LED 内原本分离两端的电子和空穴，在外加正向电压后相互结合时将电能转化成光能，能量以光的形式释放出来。与白炽灯和荧光灯相比，LED 是一种节能环保、寿命长和多用途的光源。通过发光方式的转变，LED 将电能直接转化为光能，能量转化效率大大高于白炽灯和荧光灯。理论上 LED 的能耗仅为白炽灯的 10%，荧光灯的 50%。中国绿色照明工程促进项目办公室的专项调查显示，我国照明用电每年在 3 000 亿度以上，如用 LED 取代，可节省 1/3 的照明用电，相当于总投资规模超过 2 000 亿元的三峡工程的全年发电量。LED 的使用寿命可达100 000h，是荧光灯的 10 倍，白炽灯的 100 倍。LED 光源的微型化、快速响应、色彩丰富以及可数字化控制等特点使其拥有巨大的应用市场。

日本、美国和欧洲的企业拥有 LED 的核心技术和专利，在 GaN 基蓝光 LED 和白光 LED 等技术上处于领先地位。我国台湾地区和大陆的企业从产业链中、下游的芯片和封装环节起步，生产能力逐渐超过欧美国家。欧美厂家逐步集中于上游技术的研发，通过专利授权的方式获取产业发展的利益，而产能逐步萎缩。据有关机构统计，至 2008 年日本的 LED 产值为 33 亿美元，2005—2008 年的年均复合增长率为 4.8%；2008 年台湾地区的 LED 产值将达到 22 亿美元，2005—2008 年年均增长22.4%。中国大陆最近几年国内市场将保持 30% 以上的增长速度。其中高亮度 LED 器件增长率超过 50%，高亮度芯片的增长速度超过 100%。见表 7-1。未来我国企业有可能在复合衬底和白光普通照明管芯技术上取得突破，扭转不利的专利格局。随着韩国、我国大陆和台湾地区的 LED 产业逐步具备一定创新能力，未来美国、欧洲和日本等国的技术领先企业将更为积极地进行专利授权。

表 7-1　全球高亮度 LED 市场规模表

项目	说明	2002 年	2003 年	2004 年	2005 年	2008 年
手机	全球市场规模（亿美元）	424	506	551	585	750
	彩色手机比例	21%	42%	70%	90%	100%
	使用 LED 比例	100%	100%	99%	97%	85%
DV	全球市场规模（亿美元）	8.1	9.45	10.5	11.7	17
	使用 LED 比例	10%	35%	50%	70%	100%
DSC	全球市场规模（亿美元）	25.3	32.5	42	51.9	95
	使用 LED 比例	50%	75%	99%	97%	90%
PDA	全球市场规模（亿美元）	12.1	11.4	12.6	13.8	13
	彩色屏幕比例	46%	55%	60%	67%	100%
	使用 LED 比例	75%	90%	100%	99%	90%

　　由于国际油价提高，环保节能减碳日益受到重视，使得 LED 在照明、背光等方面应用越来越多。在 2005 年时，全球高亮度 LED 市场规模达 58 亿美元，2006 年达到 66 亿美元，2011 年增加到 106 亿美元，平均年增长率（AAGR）为 10.2%。高亮度 LED 的出货量 2005 年达到 48 亿个，2006 年增加到 65 亿个，2011 年达到 88 亿个，平均年增长率为 10.3%。

　　将 LED 应用市场区分为短、中、长期的观察。短期观察，2007 年全球手机市场白光 LED 需求量 69 亿颗，手机市场仍为 LED 出货比重最大宗，而 10 吋以下的 LED 背光源、大型户外广告牌与 LED 车内用照明与车尾灯产品发展趋势抵定。而中期观察 NB 背光源与 LED 室内外照明于 2008 年至 2009 年稳定成长，LED 室内照明以重点式照明为主，LED 室外照明则以景观设计、大楼外部设计、桥梁等为主；长期观察面板厂与终端品牌厂商认为大尺寸（如 Monitor、TV）背光源、LED 车头灯与室内一般照明至 2009 年以后有大量导入机会。从国际大厂积极布局来看，未来 LED 产业成长潜力令人期待，尤其在照明、可携式产品、NB、LED 车用照明等终端应用市场。

　　2013 年年初，受下游照明、背光需求爆发影响，LED 行业整个产业链持续高景气度。据 Display Search 统计，2008 年全球 NB 背光渗透率仅为 16%，至 2010 年渗透率上升至 89%；2010 年大尺寸 TV 背光渗透开始，2010 仅有 10% 左右渗透不到，2011 年到 40%，2012 年到 70%，2013 年预计在 90% 以上。2013 年开始，在政策、降价的双重推动下，照明渗透率从 10% 快速上升，景气度不断上升，照明的亿万市场将逐步打开。

随着技术进步及商业创新，LED 球泡灯价格不断下降，目前 LED 球泡灯的市场价格比节能灯高出 0%—15%，由于 LED 灯更具高效、节能、环保的特点，渗透率将不断提升，见表 7-2。

表 7-2　目前大陆 LED 球泡灯价格 VS 节能灯价格

	LED 灯泡		节能灯		白炽灯	
功率	3W	5W	5W	11W	40W	60W
零售价	10-15 元	15-20 元	10-15 元	15-20 元	2 元	2 元

未来户外照明在政府大规模的招标下会继续增长，商用照明目前呈现蓬勃发展势头，未来的亿万市场仍在消费终端商，随着技术进步和产品设计理念的改进，LED 照明产品的价格将大幅下降，大陆室内 LED 照明普及率将在未来 2 年爆发式增长。目前草根调研结果表明，LED 照明厂商都在加班赶单，传统的节能灯经销商都在大面积铺货，LED 灯在销售渠道的渗透率高达 90%，民用照明蓄势待发。

LED 行业具备高效环保等特点，发展初期是靠外部力量去推动，政府政策促使产能剧烈扩张，竞争不断加剧，毛利率下滑加速，三季报各个 LED 上市公司毛利率普遍下滑亦印证了这点，随着政策补贴减少，盈利模式将从政府补贴转向市场化，未来行业整合将加速。

上游环节是资金技术驱动，集中程度最高。下游照明最近快速发展，新的进入者很多，通过低价换市场，照明的标准没有建立，产品质量参差不齐，未来随着消费者消费理念的成熟，将是品牌决定价值。

前几年，由于行业普遍看好 LED 市场前景，导致产能扩张速度远大于需求增长速度，所以导致毛利率持续下滑。近年来，LED 价格已经降至合理水平（与传统节能灯价差不大），随着需求爆发，未来下降空间不大，毛利率已经接近下限，芯片环节毛利率已经止跌回升，后续下跌空间有限，行业龙头企业将明显受益。

随着 LED 企业数量的不断增多，拥有资本优势的企业通过设立分公司（子公司）、兼并收购、战略联盟三种方式实现产业垂直一体化。

对于上游芯片企业来说，自身具备较高的技术壁垒，通过资本优势可快速向下游渗透。上游芯片厂商，更多地通过收购、自建公司的方式实现向封装、应用环节的扩张。

对于中游封装企业来说，技术壁垒较低，一般比较容易向下游灯具企业扩展。LED 产业早期，我国台湾地区封装厂商通过兼并入股的方式切入到上游芯片环节。当前环境下，这种通过兼并收购的方式越来越困难，有资本的企业通常是通过自建的方式实现向上游的渗透。

对于下游应用企业，在"微笑曲线"的两端，享受高利润率，一般不向低利润的封装环节扩展，更多的是通过"战略联盟"向高利润率的"芯片"环节扩展。

7.3.2　全球 LED 应用市场份额分析

LED 应用市场中，美、欧、亚三足鼎立。LED 技术参数的不断提升以及蓝光、白光 LED 的研制成功使得 LED 应用领域日趋多样化。目前 LED 应用领域已呈现出百家争鸣、百花齐放之势。LED 早已摆脱了充当整机产品指示灯的低端角色，现阶段 LED 已在显示屏、景观照明、LCD 背光源、交通指示灯应用中大展拳脚，而在汽车车灯、室内装饰灯等新兴应用中也快速发展。对于最有发展前途的通用照明市场，由于受到发光效率、价格等因素的限制，仍然"犹抱琵琶半遮面"藏在深闺中，短期内还难以启动，但市场前景十分广阔。

在看到 LED 在节能、环保等方面的先天优势后，各国政府也都加大了对 LED 的研发力度。美国、日本、韩国、欧盟都制定了各自的半导体照明计划，全球正在兴起一股半导体照明浪潮。

在各国政府的支持下，LED 市场快速发展。据估计韩国国内每年约有 34 万组交通指示灯将被 LED 替换，在 2002 年 LED 交通灯已达 3 000 万美元市场，未来 5 年内预计仍有 10 亿美元的需求。而在汽车应用领域，目前，韩国已经推出在刹车尾灯中使用 LED 的汽车。而经济强国美国自然也不干落后，LED 显示屏、LED 交通指示灯、LED 景观照明已经广泛应用到日常生活中。

在 LED 上游外延片、芯片生产上，美国、日本、欧盟仍拥有巨大的技术优势，而中国台湾地区则已经成为全球重要的 LED 生产基地。目前全球形成了以美国、亚洲、欧洲为主导的三足鼎立的产业格局，并呈现出以日、美、德为产业龙头，中国台湾、韩国紧随其后，中国大陆、马来西亚等国家和地区积极跟进的梯队分布。

虽然中国在 LED 外延片、芯片的生产技术上距离国际先进水平还有很大的差距，国内芯片、外延片的生产还集中在中低端产品。但是国内庞大的应用需求，给 LED 下游厂商带来巨大的发展机会。国内生产的如显示屏、景观照明灯具等 LED 应用产品已经出口到美国、欧盟等国家和地区。

下游应用领域需求持续增长刺激了 LED 的需求量，2005 年中国 LED 市场销量达到 262.1 亿个、市场销售额达到 114.9 亿元。指示灯、LED 显示屏和手机键盘及相机闪光灯位于销量排行榜前三甲；LED 显示屏、LCD 背光源和手机键盘及相机闪光灯则挤进销售额排行榜前三位。在奥运会、世博会以及国家半导体照明工程等众多有利因素的促进下，2006-2010 年中国 LED 市场销售额年均增长率已达到 17.0%。

LCD 背光源受到手机、MP3 等消费电子产品产量增速平稳的影响，对于 LED 的需求量保持稳定增长。LED 在 7in 以及大尺寸液晶电视上的逐步应用将在很大程度上弥补 LED 在中小尺寸背光源市场上需求减缓带来的影响。在 LED 已经独霸中小尺寸液晶背光源的今天，LED 作为液晶背光源的有力竞争者已经开始寻找新的产品增长点，CCFL 将感受到来自 LED 的竞争。

LED 显示屏由于具有易拼装、低功耗、高亮度等优点，已经被广泛应用到银行、证券、广场、车站、体育场馆中，每年对于 LED 的需求量都持续增长。而 LED 轮廓灯、LED 射灯、LED 地埋灯等景观照明用灯则凭借着长寿命、免维护、低功耗等优势在建筑工程中越来越得到人们的青睐。奥运会、世博会的到来将进一步刺激市场的发展。

经过前几年的替换，LED 交通指示灯已经非常普遍，由于 LED 的使用寿命较长，短期内很难再出现大规模的替换工作，这就使得交通指示灯对于 LED 的需求将出现一段低潮期。

在这些应用领域中，整机指示灯用 LED 价格早已接近底线，厂商利润已经非常低。但由于其市场需求量巨大，厂商一方面可以通过庞大的需求量填充产能，另一方面则可以通过巨大的出货量来达到维持利润的目的。受到价格以及基数的限制，该市场已经处于低速发展阶段。

在这些应用中显示屏是 LED 的主要应用领域。由于 LED 在亮度、显示尺寸等方面具有先天优势，从出现至今一直保持着较快的发展速度。特别是进入 20 世纪 90 年代后，LED 显示屏在我国更是出现了迅猛的增长态势。目前，LED 显示屏已经广泛应用在车站、银行、邮局、体育馆。颜色也从最初的以红色、绿色为主的单色显示发展到以红色、绿色组成的双色显示，蓝光出现后，以红光、绿光、蓝光组成的全彩 LED 显示屏快速发展。显示种类也从文本显示、图文显示发展到现今的视频显示。

经过多年的发展，我国 LED 显示屏厂商已经具备了很强的实力。国内已经涌现了一批如上海三思、北京利亚德、西安青松等优秀企业。随着 LED 市场竞争的加剧，国内也出现了由上游厂商投资兴建显示屏厂的情况。一方面通过兴建 LED 显示屏厂，上游厂商可以扩大自己的产品线，减轻价格不断下滑带来的压力；另一方面上游厂商凭借自身拥有的 LED 技术可以帮助显示屏厂发展，如具有江西联创光电背景的深圳联创健和就属于这类厂商。虽然国内厂商在竞争中占有很大优势，但是国内厂商在核心技术方面还存在一定的差距。对于显示屏的核心部件 LED 芯片部分，Cree、日亚化学仍成为许多显示屏厂商的首选产品。

由于酒店、商务会馆、高档商用写字楼等商用场所对于价格的敏感度低。同时这些高档场所更注重于彰显品味与尊贵的地位，对于新兴产品抱有更大的兴趣度，这些都降低了 LED 照明的进入门槛。赛迪顾问预计 LED 照明将率先进入商用市场，逐步向民用市场扩展。

虽然国内 LED 市场在下游应用的带动下保持着快速增长势头，但是仍存在缺乏相关标准、厂商众多、实力参差不齐等状况。目前，国内 LED 从上游芯片、中游封装到下游应用环节上都存在缺乏相关标准的现状。标准的缺乏使得市场上出现了以次品充当良品的不道德当现象，这不仅给上游厂商带来了不利影响，也给下游应用厂商带来了一定的经营风险。

随着进入企业的不断增多，市场竞争日趋激烈。这在 LED 下游应用企业中表现得更为突出。在激烈的市场竞争中，一些应用厂商纷纷采取价格战形式赢得市场。为了降低成本，一些厂商开始使用低质量的 LED，给市场造成了一定的混乱，在一定程度上制约了国内 LED 市场的健康有序发展。

7.3.3 全球白光 LED 市场分析

（1）白光 LED 的技术概况。自从出现发光二极管 LED 以来，人们一直在努力追求实现固体光源，随着发光二极管 LED 制造工艺的不断进步和新型材料（氮化物晶体和荧光粉）的开发及应用，使发白色光的 LED 半导体固体光源性能不断完善并进入实用阶段。白光 LED 的出现，使高亮度 LED 应用领域跨足至高效率照明光源市场。曾经有人指出，高亮度 LED 将是人类继爱迪生发明白炽灯泡之后，最伟大的发明之一。所谓白光是多种颜色混合而成的光，以人类眼睛所能见的白光形式至少须两种光混合，如二波长光（蓝色光＋黄色光）或三波长光（蓝色光＋绿色光＋红色光），目前已商品化的产品仅有二波长蓝光单晶片加上 YAG 黄色荧光粉，在未来较被看好的是三波长光，以无机紫外光晶片加 R.G.B 三颜色荧光粉，此外有机单层三波长型白光 LED 也有成本低、制作容易的优点，未来应用在取代荧光灯、紧凑型节能荧光灯泡及 LCD 背光源等方面。

在技术方面白光，LED 目前主要有两种发光方式：目前主要的商品化作法是日亚化学（Nichia）以 460nm 波长的 InGaN 蓝光晶粒涂上一层 YAG 荧光物质，利用蓝光 LED 照射此一荧光物质以产生与蓝光互补的 555nm 波长黄光，再利用透镜原理将互补的黄光、蓝光予以混合，便可得出肉眼所需的白光。白光 LED 开发基础在于蓝光技术，目前在蓝光 LED 技术方面仍以日亚化学领先，拥有众多专利权。第二种是日本住友电工亦开发出以 ZnSe 为材料的白光 LED，不过发光效率较差，但由于目前白光 LED 市场热销，仍呈现供不应由求现象。

（2）全球业界概况。在 LED 业者中，日亚化学最早运用上述技术工艺研发出不同波长的高亮度 LED 以及蓝紫光半导体激光（Laser Diode，LD），是业界握有蓝光 LED 专利权的重量级业者。日亚化学取得蓝色 LED 生产及电极构造等众多基本专利后，坚持不对外提供授权，仅采取自行生产策略，意图独占市场，使得蓝光 LED 价格高昂。但其他已具备生产能力的业者相当不以为然，部分日系 LED 业者认为，日亚化工的策略将使日本在蓝光及白光 LED 竞争中，逐步被欧美及其他国家的 LED 业者抢得先机，届时将对日本 LED 整体产业造成严重伤害。因此许多业者便千方百计进行蓝光 LED 的研发生产。目前除日亚化学和住友电工外，还有丰田合成、罗沐、东芝和夏普以及美商 Cree，全球三大照明厂奇异、飞利浦、欧司朗以及 HP、Siemens、Research、EMCORE 等都投入了该产品的研发生产，在推动白光 LED 产品的产业化、市场化方面起到了积极的促进作用。

（3）白光 LED 的特色。白光 LED 是最被看好的 LED 新兴产品，其在照明市场中的发展潜力值得期待。与白炽钨丝灯泡及荧光灯相比，LED 具有体积小（多颗、多种组合）、发热量低（没有热辐射）、耗电量小（低电压、低电流起动）、寿命长（10 000h 以上）、反应速度快（可在高频操作）、环保（耐震、耐冲击不易破，废弃物可回收，没有污染）、可平面封装、易开发成轻薄短小产品等优点，没有白炽灯泡高耗电、易碎及日光灯废弃物含汞污染的问题等缺点，是被业界看好，在未来 10 年内成为替代传统照明器具的一大潜力商品，见表 7-3。

表 7-3 白光 LED 与现行照明设备之比较

照明方式	特点
白光 LED	具有发热量低、耗电量少（白炽灯泡的 1/8，荧光灯泡的 1/2）、寿命长（数万小时以上，是荧光灯的 10 倍）、反应速度快、体积小、可平面封装等优点，易开发成轻薄短小的产品。
荧光灯	省电，但废弃物有汞污染、易碎等问题。
白炽钨丝灯泡	低效率、高耗电、寿命短、易碎。

目前白光 LED 基本上没有白炽灯泡、荧光灯的缺点，价格过高是影响其普及的主要原因。据日本业者估计，LED 晶粒成本需由 1999 年的每颗 1 美元降至 0.2 美元以下，市场才有更高的接受度。白光 LED 的应用市场将非常广泛，包括手电筒、装饰灯、LCD 背光源、汽车内部照明市场、投影灯源等，不过最被看好的市场以及最大的市场还是取代白炽钨丝灯泡及荧光灯，见表 7-4。

表 7-4 白光 LED 照明效益分析

国家 / 地区	条件	能源节约	降低 CO_2 排放
美国	55% 白炽灯及 55% 日光灯被白光 LED 取代。	每年节省 350 亿美元电费。	每年减少 7.55 亿吨 CO_2 排放量。
日本	100% 白炽灯被白光 LED 取代。	可减少 1—2 座核电厂发电量。	每年节省 10 亿公升以上的原油消耗。
中国台湾地区	25% 白炽灯及 100% 日光灯被白光 LED 取代。	节省 110 亿度电，约合 1 座核电厂发电量。	

表 7-4 所示是对白光市场的经济和环境效益的预测，对于十分依赖能源进口的

国家如日本，发展白光 LED 在照明市场取代部分传统照明器具是一项极具价值的计划，若是其 100％的白炽灯泡被白光 LED 取代，则每年可省下相当于 1—2 座发电厂的发电量。间接减少大约 10 亿公升（1 公升＝1 升）的耗油量，而发电过程中排放的 CO_2 也会减少，抑制地球的温室效应扩散，因此在日本对白光 LED 的研发有着极其重要的作用和地位，日本通产省早在 1998 年就主导编制了"21 世纪光计划"，针对新世纪照明用 LED 光源进行实用化研究。

（4）白光 LED 的市场规模。新世纪照明主流是高亮度白光 LED 的终极目标。对白光 LED 而言，照明替换市场是相当有潜力的。过去常规 LED 只能在产品上充当指示灯号，而如今随着技术进步、亮度提升，高亮度白光 LED 正一步步进军潜力庞大无比的灯光照明市场。根据 Frost & Sullivan 的统计，当前全球照明市场的年均成长率约为 5.5％，2000 年市场规模达 45 亿美元，是可见光 LED 的 2 倍以上。若以每年白光 LED 发光效率平均成长 60％的速度开发下去，要达到大型化、低价化、使用寿命长的照明用光源并非不可能。白光 LED 照明市场在 2010 年已趋于成熟。目前日亚化工、丰田合成、索尼、住友电工等业者都已有初步的照明产品问世，但价格与常规灯泡相比仍有很大的差距。预计未来 10 年内，高亮度 LED 对全球照明工业将造成巨大的冲击。正因为此，各界都对白光 LED 寄以厚望，有"绿色照明光源"之称，见表 7-5。

表 7–5　白光 LED 市场概况（单位：百万美元）

分类 ＼ 年份	1998	1999	2000	2001	2002	2003
汽车用	10	13	18	23	31	41
电脑用	13	16	21	28	37	49
民用	19	24	32	42	55	73
工业用	6	8	11	14	18	24
军事 / 天文用	6	7	9	12	16	22
通讯用	13	17	22	30	39	51
其他	3	4	5	6	8	11
总计	70	88	118	156	204	270

全球白色 LED 市场的产值将从 2007 年的 66 亿美元增长到 2008 年的 77 亿美元，受惠于这段时间期间 10in 及以上的背光源，装饰灯和指示牌显示屏的市场需求都将出现爆炸性增长。

虽然 2008 年第一季度是一个传统的淡季，但是第一季度白色 LED 的营收将比去年同期增长超过 20%，在该季度由于全球范围内对背光源、汽车灯、数码相机镜框和低成本笔记本电脑市场需求的增加，对 LED 需求会大幅增加。

白光 LED 最初主要应用于手机荧幕的背光源，大受欢迎并一发不可阻挡。此后，手机厂商对白光 LED 的需求持续增长，去年竟达到整体出货比重的 33%。与此同时，白光 LED 的价格一路走低，有利于推广其在更广泛的范围内应用。目前白光 LED 的价格仅为 4 年前的 1/3。

Apple（AAPL-US）和 Dell（DELL-US）已分别推出了采用白光 LED 作为背光源的 LCD 荧幕，Dell 的最新显示器厚度只有 2.21cm，比前款薄了 0.25cm。Apple 日本分公司表示，日光灯含有对人体有害的水银，所以采用白光 LED 作为背光源更环保。

白光 LED 也广泛应用于汽车照明，如汽车头灯、内灯和汽油指示的小型 LCD 面板的背光源等。Toshiba Matsushita Display Technology Co. 已开始生产使用白光 LED 的汽车仪表板 LCD 面板。

日本大阪已将 30 个街灯试用白光 LED，其目标是更换所有 2.3 万个街灯，以降低维修成本，白光的使用期限是目前大阪县目前使用钠蒸气灯的 3 倍。连新干线新世代列车 N700 的内部照明也使用白光 LED。

（5）白光 LED 的应用领域。白光 LED 因价格下跌及性能优于其他照明设备，在各领域的应用将愈来愈广泛。白光 LED 的应用，在照明方面，主要是供汽车内阅读灯、装饰灯等使用，其余约有 95% 以上是供小尺寸 LCD 背光源使用。

白光 LED 市场以彩色手机之屏幕背光源的市场为最大。虽然白光 LED 使用寿命最高可达 100 000h，但是必须在低电流的环境下操作，目前该产品主要是供小尺寸背光源使用，就各应用市场来看，由于彩色屏幕手机需要搭配白光 LED 为背光源，而彩屏手机在未来几年成为手机市场的发展趋势，根据业界对彩屏手机的市场预测，2004 年彩色手机比例约四成，2005 年将达 55%—60%，如以彩屏手机一年需求量约 4.5 亿支及屏幕用背光源需 2—4 颗白光 LED 来估计，彩色手机用屏幕背光源一年需求 5 亿—10 亿颗，另外，由于白光 LED 已开始采用于手机附数字相机的闪光灯，2005 年手机附数字相机比重约 15%，2006 年提升至 20%，如以闪光灯需 3—4 颗估，则一年需求量约 4 亿颗。

其次，在 PDA 及数字相机用背光源方面，根据台湾工研院经资中心预估值来看，PDA 在 2003 年的出货量约 2 500 万台，以每台使用 6—8 颗白光 LED 来估算，约需 5 000 万颗；若以数码相机来看，全球 2003 年数字相机出货量约 3 000 万台，以每台使用 4—6 颗估，需求量约 2 亿颗。以此来看，白光 LED 需求仍将以彩屏手机背光源市场为主。

白光 LED 目前以小尺寸 LCD 背光源为主。冷阴极荧光灯（CCFL）相较于其他背光源技术具有亮度较亮且发光效率高的优点，但在小尺寸 LCD 方面，对背光源的尺寸要求比较严格，但由于制造小管径的冷阴极荧光灯技术难度较高，成本也无太大优势，因此冷阴极荧光灯多使用于 4 时以上的显示器（而一般手机用屏幕尺寸多在 1.5 时至 2.2 时间，数码相机出于轻薄考虑，尺寸也在此之间），在大尺寸 LCD 背光源方面，现阶段冷阴极荧光灯在大尺寸所需之辉度及价格方面具有绝对优势，因此大尺寸的 LCD 背光源采用冷阴极荧光灯。

因此，白光 LED 作为 LCD 背光源与以冷阴极荧光灯作为 LCD 背光源的分界点在于，小尺寸 LCD 多使用白光 LED，大、中尺寸 LCD（如 LCD 显示屏，LCD TV）则多使用冷阴极荧光灯，如白光 LED 的亮度提高、成本进一步改善，则在大尺寸 LCD 方面，白光 LED 将替换冷阴极荧光灯作为背光源使用。如此一项，考虑到大尺寸 LCD 在 PC 和 TV 方面的市场潜力，作为大尺寸 LCD 背光源的白光 LED 需求量是十分惊人的。

白光 LED 市场最大的是通用照明市场。业界对白光 LED 市场最看好的是通用照明市场，现阶段白光 LED 发光效率已可达 30 lm/W（普通的白炽灯泡发光效率为 15 lm/W），但是，如果白光 LED 真正在通用照明市场上占据一定的市场，需要白光 LED 发光的效率提升到 60—100 lm/W 时方有机会，从发光效率来看，白光 LED 一旦超过 60 lm/W 后（相当于 20W 日光灯），在照明市场便可开始普及化，若能将效率提升至 80 lm/W，则将普及到一般家庭各式灯具。

但白光 LED 要真正占据通用照明市场，除了发光效率及功率要有极大的改善外，成本也是非常重要的因素，在发光效率与成本比率上，2001 年白光 LED 的成本约 1 美元/lm，2002 年降至 0.1 美元/lm，如果能将成本降至 0.01 美元/lm，因白光 LED 属于绿色环保能源，将完全取代现有通用照明的大多数市场。

白光 LED 照明应用看好四大领域：① NB 用白光 LED。虽然 2007 年面板厂商导入 LED 背光模块应用在 NB 的态度相当积极，而且从下半年开始出货持续增加，然而 NB 采用 LED 为背光源仍属于导入阶段，客户对于 LED 的亮度、寿命与专利等议题仍有相当的考虑，因此 LED 供应来源仍仅限于 Toyoda Gosei 与 Nichia 两家日系厂商，因此价格仍然维持与上一季相同。因此 NB 用白光 LED 仍将呈现供不应求的局面，价格也将维持稳定的局面。②手机背光用白光 LED。在手机背光应用方面，由于先前日系大厂似乎有意淡出这一市场，台湾厂商积极切入，并且有所斩获，然而随着日系厂商产能持续开出，意欲回头抢回此市场，以及 2008 年第一季手机市场适逢淡季，需求明显转弱，因此第一季价格呈现相当大的跌幅。2008 年在台湾厂商与日系厂商的激烈竞争下，手机背光用白光 LED 价格仍将持续下跌。③数位相框用白光 LED。在中尺寸的数字相框方面，由于成本是厂商考虑的最重要的问题，因此白光 LED 采用的是 Topview 的封装方式，而厚度的要求也不如手机背光来得严格。因为采用 Topview 的封装方式，在亮度与寿命的表现方面比起 Sideview 来得好，并且 Topview 的封装材料成本较低，良率也较高，使得整体成本可以降低。数字相框在亮度的设计方面由于各家厂商设计不太一致，因此采用 LED 的颗数从 12 颗至 27 颗都有，主要看亮度与成本的要求。而 LED 的供应也不受限于日系厂商，台湾与中国大陆封装厂产品均有采用，因此在价格方面，比起手机与 NB 应用来得便宜，2008 年第一季价格在 0.05 美元至 0.06 美元之间，实际情况则视依照产品亮度的差别而定。④ Highpower 白光 LED。在 Highpower 白光 LED 部分，目前 Highpower 白光 LED 的数量仍不多，主要应用在特殊照明方面，如以手电筒、矿工灯、自行车灯、路灯、装饰灯为主。至于一般照明应用领域，特别是家用室内照明，由于主要照明大厂如 Philips、OSRAM、GE，以及台湾本土照明业者如中国电器等，均未推出 LED 灯泡，因此目前市场上可以找到的 LED 灯泡仍以小厂、白牌产品为主，因此预计 2008 年 LED 在照明方面的应用上仍以特殊照明为主，特别是在公共建筑用照明方面。

由于目前有能力供应 Highpower 白光 LED 晶粒厂商仍局限在 PhilipsLumileds、

Cree、OSRAM 以及台湾地区的晶电等，因此 2008 年第一季 Highpower 白光 LED 价格仍维持与上一项相同，约 2 美元。

7.4 我国 LED 产业发展概况

经过 30 多年的发展，中国 LED 产业已初步形成了较为完整的产业链。中国 LED 产业在经历了买器件、买芯片、买外延片之路后，目前已经实现了自主生产外延片和芯片。现阶段，从事该产业的人数达 5 万多人，研究机构 20 多家，企业 4 000 多家，其中上游企业 50 余家，封装企业 1 000 余家，下游应用企业 3 000 余家。特别是 2003 年中国半导体照明工作小组的成立标志着对于 LED 在照明领域的发展寄予厚望，LED 作为光源进入通用照明市场成为日后产业发展的核心。在"国家半导体照明工程"的推动下，形成了上海、大连、南昌、厦门和深圳等国家半导体照明工程产业化基地。长三角、珠三角、闽三角以及北方地区则成为中国 LED 产业发展的聚集地。目前我国半导体照明产业已经初步形成了珠江三角洲、长江三角洲、江西及福建、北京及大连等北方地区四大区域，而且每一区域都初步形成了比较完整的产业链。

由于各个地区产业基础、比较优势的不同，目前各区域已经都从自己的角度提出了新的发展半导体照明产业的构想。其目的就是形成自己的特色产业，在争取国内市场领导地位的前提下，积极参与国际竞争。

7.4.1 我国 LED 产业的特点

7.4.1.1 广州、深圳争锋珠江三角洲地区

目前，珠江三角洲半导体照明产业主要集中于广州（佛山）和深圳，珠江三角洲在该领域最明显的竞争优势就是市场优势。根据统计，目前广东市场 LED 用量占全国 50%。

从现有产业基础来看，广州（佛山）半导体照明产业已经集中了几十家（包括具有较大规模的台资、合资企业）下游封装企业；从研究开发领域来看，广州（佛山）集中了广东省绝大部分的科研力量，整体实力较强。尽管具有管芯封装和 LED 应用方面的领先优势，但广州（佛山）在 GaN 基 LED 的外延生长、芯片制备等方面与国外甚至国内其他一些城市相比，具有一定的差距。

基于这种状况，广州应当通过政府的引导，对现有资源进行有效集成和整合，从而推动技术创新，并进行应用产品龙头企业和知名品牌的培育。而根据广州市 LED 产业现状调研课题组的调研报告，广州在半导体照明产业的最新目标是，要在 3—5 年内建成我国南方最大的 LED 照明应用技术研发中心和大量应用 LED 照明的示范城市之一。

与广州产业基础集中于下游封装领域不同，深圳半导体照明产业已经形成了"蓝宝石—外延—晶粒—封装—应用"的完整产业链。2009 年深圳市政府制定了《深圳市推广高效节能半导体照明（LED）产品示范工程实施方案》。深圳市为半导体照明示范工程制定了专门政策，政策的着力点在于加大财政投入、拉动社会投资，示范工程催生出产品技术规范。2010 年 2 月，深圳市相关部门发布《深圳市 LED 道路照明产品技术规范和能效指南（试行）》，该规范首次明确规定了与色温、显色指数和光效相关联的 3 级能效等级，并从分时段亮灯、单灯控制、多级调光等方面给出了具体的节能建议。目前，深圳聚集了 1 100 家从事半导体照明技术及产品研究、开发、生产及应用的企业，具有较完整的 LED 产业链和配套能力。特别是已经涌现出了方大集团、奥普光电子公司、淼浩高新科技开发公司等一批著名企业，形成了品牌集聚和引领效应。在封装和特种照明领域深圳是国内主要的生产地区，也是国内最大的 LED 显示屏生产和供应基地。深圳已经成为全球最大的太阳能 LED 灯具生产和供应基地及 LED 背光源生产和供应基地。

然而，虽然深圳半导体照明产业链已经形成，但该产业仍然处于起步阶段，企业规模不大、掌握的核心技术有限，还需政府有关部门出台扶持政策，推动成立产业合作组织，共同谋求该产业做强做大。深圳的发展目标是到 2015 年底，建成我国 LED 产业技术创新的重要示范基地和全球重要的 LED 产品研发生产基地。产业规模在年产值 1 300 亿元以上，在白光通用照明领域实现产业化，形成完善的产业链和创新链；培育和发展一批具有国际竞争力的龙头企业，培育和发展产值超过 100 亿元的企业 1 家以上、产值超过 50 亿元的 2—3 家、产值超过 10 亿元的 10 家以上；形成若干知名品牌产品，掌握一批核心技术，建成具有国际水平的技术创新和服务平台。

7.4.1.2　长江三角洲：上海、江苏、宁波三足鼎立

长江三角洲目前非常活跃的有上海市、江苏省和浙江杭州、宁波等城市。上海

的半导体照明产业起步于 1999 年。2009 年出台的《上海推进电子信息制造业高新技术产业化行动方案》明确将 LED 作为新型显示领域的发展重点。世博会为 LED 技术的集中展现提供了广阔的平台。据初步估算，世博园区内共使用 10.3 亿颗 LED 芯片，世博场馆室内照明光源中约有 80% 采用了 LED 绿色光源。上海大晨光电科技有限公司在世博中心完成的近 400m^2 的超大型半透 LED 高清显示屏，在国内尚属首创。

上海作为国家半导体照明工程产业化基地之一，已基本建立起较完整的产业链，特别是在产业链的两端即 LED 上游外延芯片与下游应用环节具有一定优势。前端拥有蓝宝、蓝光等外延和芯片企业，技术水平国内领先，但规模偏小。后端应用方面，三思 LED 显示屏、小糸 LED 车灯、亚明景观照明等产品在行业内具有领先地位。同时，较多国际领先的 LED 知名厂商如飞利浦、GE、达科等将总部、研发中心落户在上海，已形成"外延片—芯片—封装—应用—设备"的完整产业链。

为了进一步推动 LED 在该领域的发展，上海在 2000 年就已经启动了"光电子行动计划"，集中投入近 1 000 万元加大科研方面的力度。目前，上海市已经明确提出，要以产业化为目标，通过市场带动产品，以技术平台服务企业，以资本推动促进产业，实施政府引导，市场化运作，在产品出口的带动下，最终形成具有上海特色的半导体照明产业群。其发展目标是在产业规模上，争取在国内名列前茅；在创新能力上，形成良好的创新体系，继续保持国内领先水平，不断缩短与国际先进水平的差距；在外延片、芯片、高端应用和装备各环节，分别培育 1—2 家行业骨干企业；在背光、显示、车灯、照明等领域培育一批著名企业和名牌产品。

江苏半导体照明产业的发展基于其电子信息产业的发展。在电子信息产业发展的带动下，目前江苏在 LED 封装及应用方面已经初具规模。作为技术和人才上的重要支撑，江苏还拥有南京大学、东南大学、南京理工大学、信息产业部 55 所等一批在光电子照明材料和器件方面积累大量科研成果的研发单位。

江苏一方面在全省范围内整合资源，加快凝聚研发及产业化力量，另一方面又积极制定并落实相关产业扶持优惠政策。现在，江苏已经将半导体照明产业纳入其"十五"及"十二五"中后期科学技术实施的重点，决定在每年的科技资金中设立专项，用于半导体照明工程的项目研究和产业化发展。

除了具有很好的区位优势之外，宁波还是我国发光二极管开发、生产起步较早的地区之一，同时也是国内主要的照明灯具生产基地。坚实的产业基础和经济区位优势，使宁波具备了发展半导体照明产业的先机。

为此，宁波成立了以副市长为组长的半导体照明产业协调领导小组，对宁波半导体照明产业发展进行组织，在市政府权限范围内给予最优惠的政策支持，创造良好的投资环境。作为产业实施的重要步骤，目前，宁波已经在其科技园区兴建宁波半导体照明产业园，以求形成半导体照明产业化基地。

7.4.1.3　福建及江西地区：厦门、江西强势崛起

福建省的半导体照明产业主要集中在厦门。目前，厦门已经拥有从事半导体芯片制造、封装及应用产品研发和生产的企业数十家，其中世界三大照明集团中的两家都已经在厦门投资建厂，即飞利浦照明电子（厦门）有限公司和 GE 参资的通士达照明有限公司。

2007 年出台的《福建省促进 LED 和太阳能光伏产业发展的实施意见（2007—2010 年）》，为促进福建省 LED 产业的发展提供了强有力的政策保障。2010 年福建省 LED 产业实现产值将达到 130 亿元。技术水平不断提升，自主研发的功率型白光 LED 的光效已达到 80—90 lm/W 并实现产业化，实现了实施意见中提出的目标，120 lm/W 光效的大功率白光 LED 芯片的研发及产业化工作也正在加快推进。公共服务平台不断完善，厦门市投资建设了"厦门市半导体照明检测认证中心"，在此基础上筹建的"国家半导体发光器件（LED）应用产品质量监督检验中心"也顺利通过验收。产业集聚效应不断显现，为了支持园区建设，2009 年，原省信息产业厅在全省范围内组织评选了 8 个"福建省光电产业园"，目前全省把 LED 列为重点产业的园区主要有：厦门市火炬高新区、福清融侨经济技术开发区、莆田高新技术产业园、泉州南安光电信息产业园、漳州云霄光电产业园、永定德泓光电产业园等。全省 90% 以上的 LED 项目都落户在专业园区。厦门火炬高新区聚集了三安、乾照、晶宇等 LED 外延、芯片龙头企业，华联、光莆等封装龙头企业，以及数量众多的应用产品生产企业。云霄光电信息产业园自 2007 年下半年以来，共引进在建及签约光电项目 88 个，LED 产业已初具规模。福建的发展目标是：在上游衬底、外延、芯片方面，支持 LED 外延、芯片龙头企业追赶国际先进水平、扩大生产规模，加快推进上游衬底材料的引进和生产。在封装方面，支持主要封装企业掌握大功率封装、模块化封装、陶瓷封装、表面封装、柔性封装等新型封装工艺，整体提升封装水平，扩大封装品种。在应用方面，重点推进 LED 背光源、商用照明、特种照明、汽车用照明等应用产品

的研发及产业化。

同厦门一样，江西在半导体照明领域也具有非常强的竞争实力。目前，江西省从上游外延材料、中游芯片制造到下游器件封装都实现了规模化生产。意图抢占国内半导体产业竞争制高点的江西，相继成立了半导体照明工程协调领导小组和咨询专家小组；在技术攻关方面，创造性地引入市场机制和首席专家制，以项目公司替代课题组；在资金方面，通过市场化运作，以政府投入为引导，以企业投入为主体，广泛利用社会资金，形成项目投入多元化、社会化的格局。

7.4.1.4　北方地区：发力产业化

总体来说，北方地区，尤其是北京，研发的优势明显；而南方地区产业化和应用产品开发的能力比较强。但是这并不意味着北方在产业化方面就没有实力，大连就是明显的例子。

目前，大连在轻工业、光电技术及照明产业方面具有良好的基础，在发光材料、导电光材料等领域拥有大连路明集团、大连淡宁实业公司等，在光电产业领域拥有华录、大显等企业。除了现有产业基础外，大连还拥有明显的区位优势。作为东北亚经济圈的中心，大连已经在半导体芯片技术和产业领域与日本、韩国、中国台湾地区等世界多个国家和地区建立了广泛的信息交流和经济技术合作网络。日本、韩国的光电子企业在大连投资的相关企业已达上千家，呈现出将半导体芯片加工与应用产品生产向大连及辽南大量转移的趋势。

为了进一步推动产业发展，大连已经提出建立"大连光产业园"和"大连半导体照明工程基地"，并成立了"大连光产业园"和"大连半导体照明工程基地"领导小组，小组组长由大连市市长亲自担任。

目前，大连的目标是成为国家级"国家半导体照明基地"城市，使半导体照明产业与软件产业并列成为大连的高新技术产业亮点。

LED 汽车前照灯最有特色的天津市目前已基本形成了集衬底材料、外延片制造、芯片生产、器件封装以及 LED 应用为一体的较为完整的产业链体系。形成了以中环华翔、中环新光、天津三安光电、光宝、三星高新电机、天星电子、晶明光电材料、海宇照明、赛法和京瓷等为代表的由近百家上中下游各环节企业组成的半导体照明产业链企业集群。

天津 LED 产业起步虽晚，但发展较快。天津工业大学半导体照明工程研发中心已建成天津市乃至教育部认可的产学研创新机制的半导体照明工程研发中心，联合天津市 60 多家企事业单位成立了天津市半导体照明工程研发及产业联盟，初步完成 LED 上中下游研发和产业布局，加大了 LED 关键材料及终端产品研发。该中心联合几家企事业单位自主研制成功了国内首款 LED 轿车前照大灯，并得到国家 863 计划的支持。该前照灯包括了采用高亮度 LED 光源制造的近光灯、远光灯、位置灯、转向灯。在此基础上，起草并提交了 LED 汽车前照灯的国家标准。天津发展 LED 产业虽起步较晚，但已形成以华明工业园、西青微电子、高新技术产业园区为核心的，辐射全市的 LED 产业基地格局，配套企业 70 余家。天津的发展目标是：抓好配套项目、龙头项目建设，完善产业链，壮大产业群，增强产业集聚效应。强化产业集群的研发体系建设，加强产业集群的标准化体系建设，加快发展产业集群内中介服务体系建设，完善产业集群的信息体系建设。设立 LED 产业发展专项基金，主要用于公共技术平台的搭建、企业技术改造、新产品开发、LED 和太阳能光伏应用示范工程补助、高级技术和管理人才的奖励。引导风投基金和民间资金进入，积极做好企业与创业投资引导基金的对接工作，积极探索 LED 中小企业集合债权基金试点工作。

7.4.1.5　京津冀：半导体照明产业协同发展

京津冀区域位于我国半导体照明产业四大集聚区之一的环渤海区域，近年来，三地政府也纷纷出台政策支持半导体照明产业发展，形成产值 240 亿元左右，企业 250 多家，集中科研机构 30 余个，但与产业发达区域相比，存在产业规模小、集中度低、区域竞争力不强等特点。在中央提出京津冀协同发展战略后，京津冀整合区域内部创新资源，理顺产业链条，进行互补发展，对区域整体竞争力的提升具有重要意义。

京津冀区域雾霾等环境问题日益突出，降低能源消耗，实现绿色发展的需求对三地政府来说更加迫切。作为战略性新兴产业之一，LED 照明由于其技术相对成熟，节能效果明显，拥有较好的产业基础和市场认可度，三地政府先后出台了多项政策，支持当地半导体照明产业发展。京津冀区域分布有 1 个半导体照明产业化基地（石家庄国家半导体照明产业化基地），4 个"十城万盏"示范城市（北京，天津、石家庄、保定），集中了全国最多的研发机构与高校，在研发创新、高端示范和应用等方面走在全国前列，区域内部在也开展多样化、多层次的合作。

在企业层面，科研院所与京津冀地区的企业在大尺寸 SiC 衬底制备、LED 白光通讯等领域开展研发合作，促进半导体所研发成果向天津与河北的转移。在联盟层面：作为半导体照明领域全国性的行业组织，CSA 与天津联盟、河北联盟携手搭建了京津冀区域产业对接合作的互动交流平台。在标准合作方面，通过联合发布半导体照明产品检测信息和共同开展标准制修订工作，为重大示范工程提供检测服务支持等方式，三地各企业、机构、中介组织及政府部门等开展了广泛合作。在人才培养方面，三地的协作表现尤为明显：在中科院半导体研究所、清华大学、北京大学、北京工业大学、天津工业大学等的参与和支持下，联盟成立了人力资源服务工作委员会，共同开展人才培养工作。天津工业大学还担任工作委员会副组长，并作为联盟 14 个 LED 职业人才培训基地工作之一，为行业输送了一批技术人才。

过去几年，京津冀三地在半导体照明产业布局方面还存在重复现象，各自产业发展思路尚不清晰，定位还不明确，产业对接基本处于自发和"点对点"状态，有计划和系统的产业对接还未形成。但基于三地良好的产业发展基础和互补性，未来三地可以通过建立统一的政策、市场体系，理顺产业链条，围绕产业链构建技术创新链，整合区域内半导体照明创新资源，以共建产业园、共建联盟、共建共性平台等方式，实现协同发展。

7.4.2　2014 年中国 LED 行业状况

据高工 LED 产业研究所（GLII）统计数据显示，2014 年中国 LED 行业总产值达 3 445 亿元，同比增长 31%。其中，LED 上游外延芯片、中游封装、下游应用产值分别为 120 亿元、568 亿元、2 757 亿元，同比分别增长 43%、20%、32%，见表 7-6。

表 7-6　2013—2014 年中国 LED 行业总产值情况

产业链	2013 年	2014 年	同比增速
LED 上游（外延芯片）	84 亿元	120 亿元	43%
LED 中游（封装）	473 亿元	568 亿元	20%
LED 下游（应用）	2 081 亿元	2 757 亿元	32%

7.4.2.1　MOCVD 保有量达 1 172 台

GLII 统计数据显示，2014 年因华灿光电、新纳晶、开发晶、澳洋顺昌等芯片厂商纷纷扩增 MOCVD 设备，中国 LED 行业 MOCVD 保有量增加至 1 172 台，同比增长 15%，共计净增加 155 台。

受益于下游端 LED 照明市场需求高速增长的推动，2014 年中国 LED 行业 MOCVD 总开机率和总产能利用率更上一个台阶，总开机率已由 2013 年的 70% 提高至 80%，总产能利用率已由 2013 年的 52% 提升至 60%。

此外，因三安光电、清华同方等公司 MOCVD 升级改造，德豪润达产能利用率提升，以及华灿光电等公司新增设备以 4 寸机为主，2014 年中国 4 寸 MOCVD 的实际产能占比已经达到四成左右，见图 7-2。

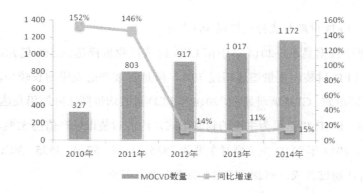

图 7-2　2010–2014 年中国 LED 行业 MOCD 保有量情况（台，%）

7.4.2.2　LED 芯片行业规模 120 亿元

GLII 统计数据显示，2014 年中国 LED 芯片行业规模达到 120 亿元，相较于 2013 年大幅增长 43%，其中，国内芯片厂商规模突破 100 亿元，台湾芯片厂商规模 20 亿元。2014 年，国产 LED 芯片产值规模与台湾（含大陆工厂）持平，符合 GLII 年初预期。

全年芯片行业增长超预期，究其主要原因，①技术提升光效水平提高，同面积外延片切割芯片数量增加；②蓝绿光芯片的 PSS 衬底使用率从七成提高至九成以上；③ MOCVD 总开机率和总产能利用率快速提升；④国产芯片客户接受度提升，国内芯片替代进口，国产芯片市场需求增长迅速，见图 7-3。

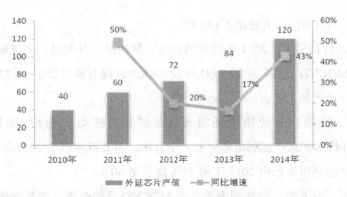

图 7-3　2010–2014 年中国 LED 外延芯片行业产值情况（亿元，%）

注：LED 芯片产值未计算 CREE 在中国加工的部分，GLII 公布的 2014 年季度数据未计算台湾芯片厂商部分。

7.4.2.3　LED 中游封装行业规模 568 亿元

GLII 统计数据显示，2014 年中国 LED 封装行业规模达到 568 亿元，同比增长 20%。全年 LED 封装出货量增速超过 70%，但是封装产值规模增长较少，主要是因价格快速下降所致，GLII 调研显示，2014 年 LED 封装均价同比降幅仍高达 30% 左右。

2014 年，SMD 仍是最为主流的封装形式，约占封装市场产值的 52%，比重较上年得到提升。2014 年 SMD 主流型号主要为 2835、4014、5730、3535、3030 等，其中，2835 市场占比超过五成，3528 和 3014 则逐步淡出市场。

2014 年 LED 封装环节主要辅料——支架、胶水、荧光粉的国产化率进一步提高，国产封装辅料厂商已然成为中端和低端 LED 封装厂的主要供应商，并逐步向高端市场渗透，见图 7-4。

图 7-4　2010–2013 年中国 LED 封装产值变化情况（亿元，%）

7.4.2.4　LED 下游应用行业规模 2 757 亿元

2014 年中国 LED 应用行业规模达到 2 757 亿元，同比增长 31%。其中，室内照明仍是 LED 应用行业快速发展的主要引擎。GLII 统计数据显示，2014 年室内照明行业继续保持 2013 年的火爆增长态势，全年产值规模超过 1 000 亿元，同比增速超过 70%，见图 7-5。

图 7-5　2010–2013 年中国 LED 应用领域市场产值变化情况（亿元，%）

7.4.2.5　室内照明引领 LED 应用行业发展

GLII 统计数据显示，2014 年中国 LED 室内照明产值规模达到 1 082 亿元，同比增长 73%，保持高速增长态势，据此，LED 室内照明产值规模占整体应用行业产值规模比重进一步提高，达到 39.2%。

2014 年中国 LED 应用领域其他细分行业产值分布为：景观照明占比 16.6%，显示屏占比 10.2%，背光占比 9.1%，户外照明占比 5.3%，特种照明占比 3.3%，其他应用占比 16.3%。因景观照明、显示屏、背光行业发展成熟，行业规模增长较慢，产值占比呈现快速下降态势，见图 7-6。

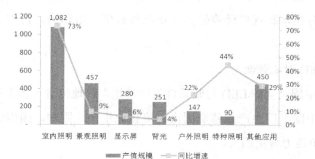

图 7-6　2014 年中国 LED 应用各细分行业产值规模及增速情况情况（亿元，%）

241

2014 年户外照明行业产值规模达到 147 亿元，同比增长 22%。其中，路灯行业主要受益于出口市场需求高涨，全年路灯行业产值规模获得稳定增长。GLII 统计数据显示，2014 年中国 LED 路灯出口量超过 100 万盏，同比增速达到 40% 左右。

2014 年景观照明、显示屏和背光行业产值分别为 457 亿元、280 亿元和 251 亿元，同比分别仅增长 9%、6% 和 4%。其中，显示屏行业方面，小间距显示屏的"火热"似乎给行业注入了一剂新鲜血液，但却似"杯水车薪"，加之受政府换届等因素影响致使多数订单执行延迟，2014 年全年显示屏行业整体发展平缓。背光快速放缓则因 LED 渗透率已然饱和，市场需求增长缓慢所致。

2014 年特种照明产值规模达到 90 亿元，同比增长 44%，特种照明产值主要分布在 LED 防爆灯、LED 医疗、LED 植物灯等领域，应用领域较广。

7.4.3 2015 年中国 LED 行业发展预测

7.4.3.1 LED 上游预测

2015 年，中国 LED 行业新增 MCOVD 数量有望超过 250 台，新增设备以 4 寸机为主，全年 4 寸机产能利用率占比稳步提高。其中，老设备开始规模退出，19 片机将退出生产领域，31 片逐渐退出生产领域。

2015 年，倒装芯片逐步起量，但预计市场占比不超过 10%。

2015 年，国产 LED 芯片产值规模将超过台湾，成为全球最大的 LED 芯片供应基地。

2015 年，中国 LED 芯片企业将继续加大背光 LED 芯片市场的开拓，以三安为代表的国产芯片在背光市场占比进一步提高。

2015 年，中国 LED 芯片产业的国际影响力将进一步增强，芯片产品逐渐开始直接出口销售，有技术和规模优势的芯片企业将有望获得韩国、日本、我国台湾等区域的代工订单。

7.4.3.2 LED 封装预测

2015 年，中国"全球 LED 封装器件生产基地"的地位进一步上升。国际企业将更多的订单在中国工厂生产或移交国内主流企业生产。同时，国内封装行业，面临国际企业的竞争压力将更加大。

2015 年，LED 封装行业将正式进入竞争淘汰期，大者恒大趋势更加突出。随着上市企业和规模企业扩产产能的释放，传统封装器件将进入微利时代。而小企业技术能力有限，很难及时推出毛利较高的新产品，不增收不增利的困境在小企业身上进一步加深。一旦下游应用有规模企业倒闭，小规模封装企业将面临连带倒闭的风险。GLII 预计，2015 年 LED 封装企业倒闭数量将超过 300 家。

2015 年，行业集中度上升，中国 LED 封装规模超 10 亿企业将超过 10 家。2014 年国内主流 LED 封装企业木林森封装规模将达 30 亿元以上，国星、聚飞封装规模将超过 10 亿，鸿利、瑞丰、长方将达 8 亿 -10 亿。加上潜力企业东山精密、兆驰、万润、晶台等，2015 年 10 亿规模将成为封装领军企业的标志。

2015 年，中国本土 LED 封装企业规模合计有望超过 600 亿，占全球 LED 封装规模比重将超过 40%。未来 2-3 年，中国本土企业 LED 封装规模占全球比重有望超过 50%。

7.4.3.3　LED 照明预测

2015 年，室内照明继续引领 LED 应用行业发展，依旧是 LED 下游发展的主要推动力，预计受益于国内民用照明市场迅速发展和出口市场持续增长，全年室内照明产值规模有望超过 1 500 亿左右。

2015 年，中国 LED 照明有望保持快速发展趋势，产值规模将由 2014 年的 2 200 亿元左右增长至 3 000 亿元。

2015 年，智能照明产品渗透率得到明显提升，特别是在国内一线城市推动智慧城市建设以及智能照明可实现二次节能的推动下，户外路灯市场智能化趋势将越发明显。

2015 年，LED 照明行业兼并将持续火热，其中室内照明行业并购案例将突破并且成为最重要主角。

7.5　中国部分 LED 厂商经营分析

7.5.1　联创光电

7.5.1.1　企业简介

江西联创光电科技股份有限公司创建于 1999 年 6 月，2001 年 3 月在上海证券交易所挂牌上市（证券简称：联创光电，证券代码：600363）。该公司是国家火炬计划重点高新技术企业，国家"863 计划"成果产业化基地，国家"铟镓氮 LED 外延片、芯片产业化"示范工程企业，南昌国家半导体照明工程产业化基地核心企业。江西联创光电科技股份有限公司是经江西省股份制改革和股票发行联审小组赣股〔1999〕06 号文批准，由江西省电子集团公司、江西电线电缆总厂、江西华声通信（集团）有限公司、江西清华科技集团有限公司、江西红声器材厂为发起人，以发起方式设立的股份有限公司。

7.5.1.2 企业产品分析

该公司以 LED 和光电线缆为主导产业，主要业务领域包括：LED、光电线缆、继电器、通信和信息服务。公司拥有国际先进水平的外延炉、芯片及器件封装设备和测试仪器，已经形成了 LED 外延、芯片、器件、背光源及半导体照明光源等较完整的产业链和规模化生产。公司建立了国际先进的射频电缆生产线，大幅度提升了射频电缆产品的技术水平和生产规模，其 LED 产品主要如下：

（1）LED 外延、芯片。该公司是中国最大的 LED 芯片制造厂商之一，年产 120 亿粒 LED 芯片，约占大陆生产总量的 70%，为大陆最大的 LED 芯片生产企业，拥有先进的 MOCVD 外延炉及液相外延炉，年产 15 万平方英寸（1 平方英寸 = 0.000646m^2）液相 LED 外延片，5 万平方英寸蓝、绿 LED 外延片。

（2）LED 器件。该公司在 LED 器件封装方面也已成功研制开发出 Lamp 结构、食人鱼结构、TOP 结构、PCB 结构的各色系列高亮度发光二极管，并且均已实现产业化，掌握了成熟的发光二极管生产工艺，并且在产品的抗静电能力及可靠性方面有自己的创新特点。另外，公司的 Lamp 结构、食人鱼结构、TOP 结构、PCB 结构的白光均达到国内领先水平。

（3）LED 背光源。该公司生产的背光源产品主要广泛用于各类小尺寸（7 寸以下）以 LCD 作为信息显示终端的领域，应用领域十分宽阔。目前该公司经营的主流产品是彩色 LCD 显示屏手机背光源以及仪表、家电用背光源。同时，该公司正在拓展 7—9 背光源产品，形成新的经济增长点，通过不断强化 NB 和 TV 液晶显示器 LED 背光源的研发，尽快进入大尺寸 LED 背光源领域，进而成为国内 LED 背光源的主流厂商，见图 7-7。

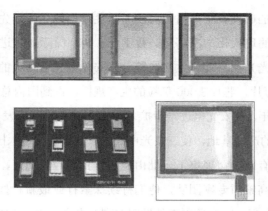

图 7-7 部分 LED 背光源

（4）LED 产品应用。该公司研制出的各种结构的 LED 应用与公司各种应用产品，如 LED 手电筒、LED 台灯、LED 矿灯、LED 射灯等获得客户的一致认同。

7.5.1.3 公司发展规划

该公司在围绕 LED 及光电线缆主业进一步做强做大的同时，将继续积极运作好继电器、通信等其他支撑产业，以此保持公司获取良好的投资收益。公司将牢牢抓住国家实施半导体照明工程产业化的机遇，以功率型高亮度 LED 器件封装和液晶背光源、特种照明、景观照明等应用产品为突破口，形成功率型器件、芯片、半导体照明光源及灯具等产品的产业化，快速提升公司 LED 产品的竞争力，将联创光电建设成为国内一流、具有国际竞争力的光电企业。

7.5.2 三安光电

7.5.2.1 企业简介

三安光电股份有限公司（证券代码：600703）是目前国内成立最早、规模最大、品质最好的全色系超高亮度发光二极管外延及芯片产业化生产基地，总部位于厦门，产业化基地分布在厦门、天津、芜湖、淮南、泉州等多个地区，是国家发改委批准的"国家高技术产业化示范工程"、国家科技部认定的"半导体照明工程龙头企业"，承担国家"863"、"973"计划等多项重大课题，并拥有国家级博士后科研工作站及国家级企业技术中心。

三安光电主要从事全色系超高亮度 LED 外延片、芯片、化合物太阳能电池、高倍聚光光伏产品等的研发、生产与销售，产品性能指标居国际先进水平。目前拥有100 级到 10 000 级的现代化洁净厂房，数千台（套）国际最先进的外延生长和芯片制造设备，高倍聚光光伏自动化生产线等。三安光电凭借强大的企业实力，实现了年产外延片 1 000 万片、芯片 3 000 亿粒的生产规模，占到国内总产能的 58% 以上，居全国第一。2014 年，三安光电进一步扩大 LED 外延、芯片研发与制造产业化建设，其在厦门投资新建的产业基地，使三安光电的生产规模直接迈入国际顶尖行列。

三安光电股份有限公司聚集了一批由美国、我国台湾地区、日本及国内光电技术顶尖人才组成的高素质专家团队，他们持续探索行业最新科技，助力三安发展，使三安成功申请并获得 600 余项国内外发明专利及专有技术。而收购美国流明公司、携手首尔半导体公司，使三安以领先技术和海外企业成熟的销售体系为依托，迅速打开海外市场，并逐渐成长为具有综合竞争实力的国际品牌供应商和全球 LED 产业分工的领军企业。

7.5.2.2 企业产品分析

三安光电产品已广泛应用于室内外照明、背光、显示屏、信号灯、电子产品及航天航空、太阳能发电等领域，产品远销海内外，深受客户的一致好评。

（1）LED 外延片。三安目前拥有 MOCVD 数量 150 余台，为国内生产规模最大的 LED 外延片制造厂商，年产 LED 外延片 1 000 万片，跻身同行业全球前五名。

（2）LED 芯片。三安在全色系超高亮度 LED 芯片（GaN、GaAs）研发、生产、销售方面，一直处于行业龙头地位，目前三安已经可以实现 LED 芯粒年产能 176 400KK。

（3）应用品。三安产品主要有封套、格栅灯、工矿灯、路灯（动感）、路灯（甲壳虫）、路灯（灵巧）、路灯（模组）、面板灯、球泡灯、日光灯、隧道灯、隧道灯（压铸）、筒灯、投光灯、投光灯 1、吸顶灯、显示屏等。

（4）太阳能。三安所开发使用的是第三代太阳能电池（多结化合物半导体光伏电池：MTJ 光伏电池），在光电转化率方面已经达到国际先进水平，其转化率约为 40%；此外还针对海拔偏高地区风速较大的特点，特别在抗风性方面加以研究，目前已经过 145km/h 的风速测试；组件设计结构使庞大的太阳能系统安装更为快速简便；双轴跟踪系统确保了三安太阳能电池的单位面积发电量最大，太阳能电池年产能达 1 000mW。

（5）蓝宝石衬底。福建晶安光电是三安光电旗下主要从事蓝宝石衬底研发与制造的公司，总投资 25 亿元人民币，公司占地面积约 800 亩（1 亩≈ 666.67m²），年生产 2 寸衬底 1 200 万片。

7.5.3　佛山国星

7.5.3.1　企业简介

佛山市国星光电科技有限公司是专业生产半导体光电器件及 LED 应用产品的高新技术企业，是全国最大的光电器件生产和出口基地。公司占地面积为 1.4 万 m²，厂房面积 3 万 m²，员工 1 000 余人，其中博士（后）、硕士学历以上的专业技术人员近 20 人。公司 2003 年出口总额 4 000 万美元。企业以先进的技术手段和科学的管理方法推进企业的发展，通过了 ISO9001 国际质量管理体系认证和 ISO14001 国际环境管理体系认证，并被中华人民共和国商务部授予"中国外贸企业信用示范单位"。公司下设器件厂、LED 应用工程事业部、调谐器厂、SMT 贴片中心、光电子工程技术研究开发中心、动力厂以及 9 个职能部门。产品包括：LED、一体化红外接收器、LED 显示屏、LED 装饰照明灯具系列产品、红外发射管、数码管、时间显示板、光敏管、像素灯、线状光源、LED 交通灯、LED 显示模块、背光源、调谐器等。公司各类产品获国家级新产品、部优产品、国际金奖、银奖、省优新产品等 40 多项荣誉，其中 LED 彩色显示屏、FPS 红外接收器、片式发光二极管等获得国家级新产品称号。近年来该公司还承担了十多项国家、广东省以及佛山市的科技专项和产业化项目。

7.5.3.2　企业运行情况

近年来，国星光电科技有限公司承担了近 20 项国家、省、市科研项目，其中"大功率白光 LED 器件产业化关键技术"项目被列为国家高技术研究发展计划（"863"引导计划）。"半导体照明系统与应用产品产业化关键技术"和"功率型发光二极管封装产业化关键技术"被列为国家"十五"科技攻关项目；"白光 LED 器件及应用产品关键技术研究和产业化"被列为广东省 2003 年度关键领域重点突破项目；"白光 LED 系列产品"被列为广东省 2002 年重大科技招标项目；"片式 LED"被列为2001 年广东省科技专项，佛山市科技创新十项工程项目；"片式 LED 的产业化生产"已获国家中小企业创新基金项目资助，详见表 7-7。

表 7-7　国星光电科技有限公司承担科研项目情况

计划类别	项目名称
广东省重大科技专项	片式 LED
广东省重大科技专项	白光 LED 系列产品
广东省关键领域重点突破项目（2003）	白光 LED 器件及应用产品关键技术研究和产业化
国家科技攻关计划	半导体照明系统与应用产品产业化关键技术
国家科技攻关计划	功率型发光二极管封装产业化关键技术
"863" 计划引导项目	大功率白光 LED 器件产业化关键技术研究与开发
省地市引导项目	应用于家用电器的片式 LED 显示模块
市科技发展专项	LED 液晶显示背照明光源
市科技发展专项	集成 ISO9000 质量管理体系的光电子行业 ERP 系统
广东省粤港关键领域重点突破项目	新型汽车氙气金卤灯头灯及 LED 尾灯光源的开发及产业化
市科技发展专项	1W 大功率发光二极管
2005 省关键领域	全自动半导体芯片键合机

7.5.3.3　企业产品分析

国星光电科技有限公司的主要产品有：LED 组件、LED 照明、LED 全彩器件、LED 照明器件、LED 指示类产品、LED 产品应用工程等，见图 7-8。2012 年，LED 筒灯、LED 隧道灯、LED 射灯、LED 路灯荣获中国节能产品认证；2011 年，LED 矿工灯、LED 筒灯被评为广东省自主创新产品；2010 年，半导体照明灯具被评为国家重点新产品；2010 年，国星光电被评为中国绿色照明优质产品定点生产企业。

　　LED 组件　　　　　LED 器件　　　LED 照明　　LED 产品应用工程

图 7-8　佛山国星部分产品

（1）LED 组件。LED 组件产品的生产能力为显示模块系列：200 万 pcs/ 月；小尺寸背光系列：300 万 pcs/ 月；大尺寸背光（LB）系列：150 万 pcs/ 月。

（2）LED 照明。LED 照明的生产能力：LED 灯管：200 万根 / 年；LED 射灯、灯泡系列：180 万个 / 年；LED 筒灯：250 万个 / 年；LED 路灯系列：20 万盏 / 年；LED 柔性灯条：180 万米 / 年；LED 光源模块：1 800 万块 / 年。

（3）LED 全彩器件。LED 全彩器件生产能力：户内全彩系列：300KK/ 月；户外全彩系列：200KK/ 月；装饰照明全彩系列：10KK/ 月。

（4）LED 照明器件。LED 照明器件的生产能力：LAMP LED：40KK 只 / 月；SMD LED：700KK 只 / 月；HIGH POWER LED：3KK 只 / 月。

（5）LED 指示类产品。LED 指示类产品的生产能力：TOP 单色 LED：10KK/ 月；CHIP 系列 LED：250KK/ 月；LAMP 系列 LED：30KK/ 月。

（6）LED 产品应用。产品广泛适用于各种商业照明、装饰照明、建筑照明、家居照明、道路照明、汽车飞机照明等。应用案例如图 7-9。

（a）中国银行　　　　　（b）西班牙轻轨照明工程　　　　　（c）石家庄民心河

（d）拉斯维加斯酒店娱乐区　　　（e）新加坡油站　　　（f）拉斯维加斯酒店 2

图 7-9　部分 LED 产品应用案例

7.5.4　厦门华联电子有限公司

7.5.4.1　企业简介

厦门华联电子有限公司成立于 1984 年 8 月 8 日，始终坚持以质取胜，以科技为主导，质量为主线，走高新技术、不断创新之路，取得显著成绩，被列为市百家重点企业、省 20 家重点电子企业、全国重点高新技术企业，是中国光学光电子行业协会光电器件专业分会理事长单位、国家半导体照明工程研发与产业联盟主席单位。

该公司引进美国、荷兰、日本等国际先进水平的现代化半导体光电器件、微电脑控制器生产线，拥有完整的设计开发系统和高素质的设计队伍，具备软硬件开发能力，被授予"省级技术中心"和"市级技术中心"，承担并完成国家级项目 21 项，其中国家级火炬计划项目 8 项，国家级重点新产品 9 项，国家级技术创新项目 1 项，科技部创新基金项目 1 项。公司通过管理体系一体化整合认证，亦即 2000 版 ISO9001 质量管理体系、ISO14001 环境管理体系及 GB/T28001 职业健康安全管理体系，建立三者兼容的全面质量管理体系，是国内最具实力的半导体光电器件、微电脑控制器生产企业之一。

7.5.4.2 公司的主要产品

（1）半导体光电子器件：一体化红外遥控接收放大器、红外发光二极管、超高亮度发光二极管、普通亮度发光二极管、贴片发光二极管、LED 数码显示器、特种 LED 显示器、背光源、光耦合器、光 MOS 继电器、光传感器、光敏二极管。

（2）LED 照明应用产品：七彩像素护栏灯、七彩数码护栏灯、单色护栏灯、七彩像素护栏灯看板、大功率投光灯、地埋灯、草坪灯、水底灯、全彩 LED 像素屏。

（3）医疗电子产品：电子血压计。

（4）微电脑控制器和遥控器：各种红外遥控发射器、接收器、空调控制器、冰箱控制器、洗衣机控制器、电热水器控制器、微波炉控制器、电源板控制器、运动休闲类产品控制器、电视机顶盒和其他各种微控制器；

7.5.5 硕贝德集团（科阳光电）

7.5.5.1 公司简介

硕贝德集团成立于 2004 年 2 月 17 日，是国内最大的移动通讯终端天线企业，国内一流的摄像头模组及传感器模组厂商，国内拥有 TSV 半导体芯片封装批量能力的三家厂商之一，是国家级高新技术企业、国家火炬计划重点高新技术企业、广东省创新型企业。总部为惠州硕贝德无线科技股份有限公司，有 7 个研发及销售服务中心，3 个下属企业——昆山凯尔、无锡凯尔、苏州科阳，有员工 2 100 人，其中，研发技术人员超过 300 人。于 2012 年 6 月 8 日在深圳证券交易所创业板挂牌上市（证券代码：300322），总资产 8.2 亿元，净资产 5.8 亿元，市值 40 亿元人民币。

苏州科阳光电是硕贝德集团控股的内资公司，自 2013 年 10 月成立以来，已经申请并受理发明专利 9 项，实用新型专利 5 项，并获北京大学、清华大学、中科院微电子所的专利转让 5 项。

7.5.5.2　苏州科阳光电公司产品

自 2014 年 6 月开始量产，第一阶段生产产能达到 8in 晶圆 6 000 片每月。苏州科阳光电专注于晶圆级先进封装和测试技术的开发和运用，可满足不同半导体产品的各种先进封装需求，可以提供的封测产品有：CIS，指纹识别芯片，MEMS，LED，Bumping，环境光敏感产品等。其部分产品见图 7-10。

（a）影像传感器芯片封装　　　　　　（b）指纹识别芯片晶圆级封装

（c）凸块及倒装晶圆级封装　　　　　　（d）晶圆级高功率 LED 晶圆级封装

图 7-10　苏州科阳光电公司部分产品

7.5.6　苏州光景照明科技有限公司

7.5.6.1　公司简介

江苏新安电器有限公司光电事业部，拥有 20 余年电源开发经验以及强大、完备的电子加工制造能力，于 2010 年成立苏州光景照明科技有限公司，注册商标"城市光景 Urban LED"。

自 2010 年至今，已有百项产品专利。自主研发的产品具有一体化、智能化、功能化、安全性、实用性特性。

7.5.6.2 公司部分产品

公司产品主要有：A 型一体化 LED 支架灯（A1、A2、AW、AG 系列）；B1 型灯管、B2 型 T8\T10 灯管（B2-I 内置电源式，B2-E 外置电源式，更加适用于格栅灯盘的灯管）；C 型多功能桥架灯（C1-A、C1-B、CX-A、CX-B 系列），D 型可旋转支架灯；E1 型多功能支架灯（同个灯具，两种光源，可选配可调光、RGB 变色）；F 型支架灯（F1、FW、FG、F2A、F2B 系列）；G 型工程支架灯（G1、G2 系列）；H1 型面板桥架灯（可选配可调光、应急电源式）；H2 面板灯（可选：应急电源式、可调光式）；I 型支架灯（I1 型室内可串联式，I2 型户外 IP65 可选 RGB）；商照—球泡灯（3W、5W、7W 系列）；商照—筒灯（UR-D6002 8W、UR-D9002 11W、UR-D12002 15W、UR-D3003 3—6W、UR-D3212 3—6W、UR-D3222 3—6W、UR-P1717 15—18W、UR-DAG-8W、UR-DAQ-8W 系列）；商照—射灯（UR-TRS-RC 30/50W、UR-MR16 1—7W、UR-GU10 1—7W、UR-RS-CM G2 10W、UR-TRS-TR 30/50W、UR-DAC-TR 11/15W 系列）；商照—灯带（芯片规格：3528\5050；防水等级：≥IP65；发光角度：≥120°；工作电压：DC12VDC、DC24VDC；功率：4.8—12W/ 米；最大环接数量：5—10 米）；户外灯（路灯、隧道灯、庭院灯、天井灯等系列），见图 7-11。

（a）A 型一体化 LED 支架灯（A1　A2　AW　AG）　　　　（b）B1 型灯管

（c）B2 型 T8\T10 灯管　　　　（d）C 型多功能桥架灯

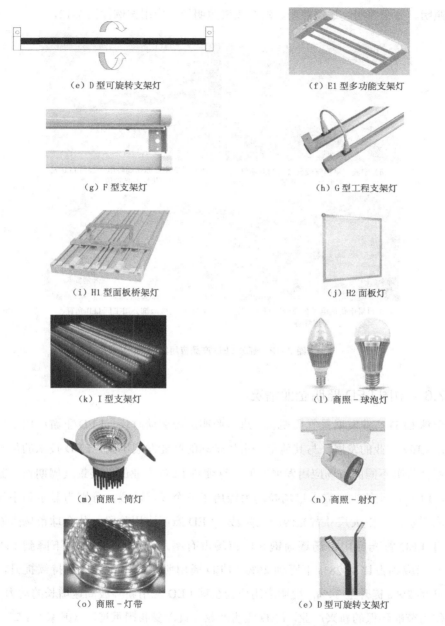

(e) D 型可旋转支架灯　　　　　　　　　　(f) E1 型多功能支架灯

(g) F 型支架灯　　　　　　　　　　(h) G 型工程支架灯

(i) H1 型面板桥架灯　　　　　　　　　　(j) H2 面板灯

(k) I 型支架灯　　　　　　　　　　(l) 商照 - 球泡灯

(m) 商照 - 筒灯　　　　　　　　　　(n) 商照 - 射灯

(o) 商照 - 灯带　　　　　　　　　　(e) D 型可旋转支架灯

图 7-11　苏州光景照明科技有限公司部分专利产品

7.5.6.3　LED 产品应用

公司的 LED 产品广泛适用于各种商业照明、装饰照明、建筑照明、宾馆照明、家居照明、办公照明、道路照明、汽车飞机照明等。应用案例如图 7-12。

（a）宁波三星电气股份公司 LED 路灯、
天井灯、光管等

（b）日资企业苏州高岭电子公司 LED 天
井灯、光管等

（c）日资千代达电子公司全厂 LED 光管、
球泡灯等

（d）博尼威服饰公司工厂 LED 光管、
球泡灯等

图 7-12　部分 LED 产品应用案例

7.6　中国 LED 照明企业情况

全球 LED 产业发展景气周期长，进入照明应用驱动时代，LED 下游应用市场发展带动 LED 产业的发展，与其他单一市场带动的产业发展不同，LED 技术的每一次提升都会带来不同的市场应用发展空间，这使得 LED 产业的发展景气周期长。截至目前，LED 产业的主要需求市场拉动力经历了三个发展阶段，分别为显示和小尺寸背光应用阶段、中大尺寸背光源应用阶段、LED 照明应用阶段。从全球市场来看，2014 年 LED 背光应用市场逐渐饱和，市场占有率从 2013 年的 15% 下降到 14%；LED 显示应用占比从 28% 下降到 26%；LED 通用照明应用市场比重持续提升，从 2013 年的 29% 提升至 34%。照明应用成为全球 LED 应用新一波高速增长的动力。

作为节能环保的新兴产业，LED 照明产业一直深受我国重视。《国家"十二五"科学和技术发展规划》中确定了 LED 行业的发展目标：LED 照明占据大陆通用照明市场 30% 以上份额，LED 行业产值已经达到 5 000 亿元以上，将极大地推动中国半导体照明产业进入世界前三强。可见，国家大力发展 LED 行业的政策意图明显。

自 2004 年以来，在"国家半导体照明工程"计划的推动下，我国 LED 产业迅速发展。从目前全球 LED 市场来看，我国作为全球电子产业制造基地，已成为全球 LED 产业发展最快的区域，初步形成了包括 LED 外延片的生产、LED 芯片的制备、LED 芯片的封装以及 LED 产品应用在内的较为完整的产业链。从产业周期来看，2009 年以来，我国 LED 产业经历了一轮"过度投资——产能消化——价格下降——终端需求增长"的产业链传导。2012 年以来，我国 LED 产业开始进入良性增长的轨道，快速增长主要源于国内外 LED 应用需求的拉动，特别是 LED 背光和 LED 照明应用需求的增长，为 LED 产业发展提供有效需求支撑。2014 年我国 LED 产业规模为 3 507 亿元，同比增长 36%，其中 LED 外延芯片市场规模 138 亿元，占比 3.91%；LED 封装市场规模 517 亿元，占比 14.74%；LED 应用市场规模 2 852 亿元，占比 81.32%。

我国 LED 应用是 LED 产业链中增长最快的环节，2014 年应用整体增长率接近 38%。其中，通用照明市场增长率约 69%，占国内应用市场的比重增加到 41%。LED 背光应用增幅趋缓，年增长率约 17%。随着小间距 LED 显示技术成熟和成本逐步降低，2014 年国内 LED 显示应用也有较快增长，年增长率约 35%。此外，LED 汽车照明、医疗、农业等新兴领域的应用也不断开拓，智慧照明、光通讯、可穿戴设备的应用成为 2014 年 LED 应用的新亮点。大型 LED 照明企业作为新兴产业的领头羊，虽受惠于国家政策，但摸索前进中必定有悲有喜，这里列举了近几年备受市场关注的 LED 照明企业及排行榜、主要上市企业以及 LED 品牌企业。

7.6.1 国内 LED 应用产品企业

国内 LED 应用企业有很多，比较知名的有：勤上光电、TCL 照明、史福特、真明丽、国星光电、富士康、佰鸿工业、宁波燎原、德士达光电、中微光电子、上海亚明、通士达、大连路明、邦贝尔、良业照明、浪潮华光、量子光电、海洋王、华烨、广州昭信、联创健和、艾比森光电、帝光电子、国冶星光电、中企实业、深华龙科技、九洲光电、洲明科技、品能光电、晶日照明、长光照明、德豪润达、圳瀚世明、雷曼光电、鸿利光电、斯派克光电、中电集团第 46 研究所、浙江名芯、澳龙光电（澳柯玛）、伟来、万润科技、邦臣光电、广州中龙、高力特、杰友升、名创光电、海鲸光电、科纳实业、瑞丰光电、世峰科技、伟志、功日伟、汉德森、鸿宝电业、普耐光电、桑达、三升高科、锐拓光电、凯信光电、奥拓电子、蓝科电子、聚飞光电、武汉迪源、稳润光电等上千家企业。

近几年国内 LED 企业前 10 名排行情况见表 7-8、表 7-9。

表 7-8 2012 年度中国 LED10 强企业榜单

排序	公司名称	完成情况
1	三安光电股份有限公司	多元化企业
2	深圳市秦朝科技有限公司	
3	鹤山市银雨照明有限公司	
4	杭州士兰明芯科技有限公司	
5	广东省佛山市国星光电股份有限公司	
6	深圳雷曼光电科技股份有限公司	
7	广州广日电气设备有限公司	
8	大连路明科技集团有限公司	
9	东莞勤上光电股份有限公司	
10	广州市雅江光电设备有限公司	

表 7-9 2013 年度中国 LED10 强企业榜单

排序	公司名称	完成情况
1	山东浪潮华光光电子有限公司	
2	三安光电股份有限公司	多元化企业
3	杭州士兰明芯科技有限公司	
4	广东省佛山市国星光电股份有限公司	
5	鹤山市银雨照明有限公司	
6	深圳雷曼光电科技股份有限公司	
7	东莞勤上光电股份有限公司	
8	大连路明科技集团有限公司	
9	东莞市华都实业有限公司	
10	广州广日电气设备有限公司	

7.6.2　我国 LED 企业上市情况

近几年，我国 LED 产业发展迅速，上市企业较多，主要 LED 行业上市企业见图 7-13、图 7-14、图 7-15。

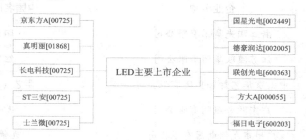

图 7-13　我国 LED 主要上市企业

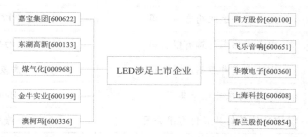

图 7-14　涉足 LED 行业上市企业

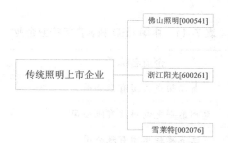

图 7-15　我国传统照明上市企业

7.6.3　我国 LED 企业品牌建设情况

7.6.3.1　照明行业品牌竞争格局

近年来，我国照明企业逐步认识到实施名牌战略对提高声誉、增强竞争能力的重要性，而"中国名牌产品"、"中国驰名商标"也逐步成为企业一市场战略部署的重要组成部分。目前，获得"中国名牌产品"的行业企业见表7-10。

表 7-10　中国 LED 名牌产品

序号	企业名称	中国名牌产品
1	浙江阳光集团有限公司	阳光
2	江苏鸿联集团有限公司	红联
3	中山市华艺灯饰集团有限公司	华艺（HY）
4	广东欧普照明有限公司	欧普
5	广州市九佛电器有限公司	九佛牌
6	广东东松三维电器有限公司	三雄极光
7	厦门通士达照明有限公司	通士达（TOPSTAR）
8	中山市伟来灯饰有限公司	幻彩
9	宁波杰友升照明有限公司	杰友升
10	上海东升电子集团	Beme
11	宁波燎原灯具股份有限公司	燎原

获得"中国驰名商标"行业企业见表7-11。

表 7-11　中国 LED 驰名商标行业企业

序号	企业名称	中国驰名商标
1	浙江阳光集团有限公司	阳光
2	惠州雷士光电科技有限公司	雷士
3	江苏鸿联集团有限公司	红联
4	中山市华艺灯饰集团有限公司	华艺（HY）
5	广东欧普照明有限公司	欧普
6	佛山电器照明股份有限公司	FSL
7	浙江晨辉照明有限公司	晨辉
8	利胜电光源（厦门）有限公司	曼佳美

序号	企业名称	中国驰名商标
9	广东东松三维电器有限公司	三雄极光
10	上海亚明飞亚照明电器有限公司	亚明
11	江门市丽比特照明有限公司	丽比特
12	飞雕照明有限公司	飞雕
13	江苏史福特光电股份有限公司	史福特
14	浙江东舜控股集团有限公司	东舜
15	南京华东电子集团有限公司	电工
16	广州市电筒工业公司	虎头牌

照明行业主要灯具品牌见表 7-12。

表 7-12　照明行业主要灯具品牌

序号	企业名称	品牌
1	飞利浦（中国）投资有限公司	飞利浦（Philips）
2	欧司朗佛山照明有限公司	欧司朗（OSRAM）
3	通用电气公司	通用（GE）
4	惠州雷士光电科技有限公司	雷士
5	广东欧普照明有限公司	欧普
6	日本松下电器（中国）有限公司	松下照明
7	佛山电器照明股份有限公司	佛山照明（FSL）
8	常州耐普照明电器有限公司	耐普（NPU）
9	TCI 集团股份有限公司	TCL 照明
10	广东东松三维电器有限公司	三雄极光
11	浙江阳光集团有限公司	阳光
12	上海亚明飞亚照明电器有限公司	亚明
13	中山市华艺灯饰集团有限公司	华艺（HY）

续表 7-12

序号	企业名称	品牌
14	广州市强辉照明有限公司	强辉照明
15	中山市华泰照明有限公司	华泰照明
16	江苏鸿联集团有限公司	红联照明
17	南京华东电子集团有限公司	电工照明
18	佛山达美灯饰照明有限公司	达美照明

注：以上不存在企业及品牌排名。

照明行业主要灯饰品牌见表 7-13。

表 7-13　照明行业主要灯饰品牌

序号	企业名称	品牌
1	华艺灯饰股份有限公司	华艺灯饰
2	江苏鸿联集团有限公司	红联—鸿联
3	新文行集团（香港）有限公司	文行灯饰（文统）
4	惠州千丽企业股份	千丽灯饰
5	鹤山银雨照明有限公司	银雨灯饰
6	中山开元灯饰有限公司	开元灯饰
7	中山东方灯饰有限公司	东方灯饰
8	中山胜球灯饰有限公司	胜球灯饰
9	中山市琪朗灯饰有限公司	琪朗灯饰
10	中山新特丽照明电器有限公司	新特丽灯饰
11	中山市华泰照明有限公司	华泰灯饰
12	东莞市泰德灯饰有限公司	泰德灯饰
13	香港宝辉灯饰制造厂有限公司	宝辉灯饰
14	中山市古镇海菱灯饰有限公司	海菱灯饰
15	上海凯迪电器有限公司	凯撒琳灯饰

序号	企业名称	品牌
16	中山市澳克士照明电器有限公司	澳克士灯饰
17	东莞凡尔赛灯饰有限公司	凡尔赛灯饰
18	东莞莹辉灯饰有限公司	莹辉灯饰
19	东莞市金达照明有限公司	金达灯饰
20	中山市居上灯饰有限公司	居上灯饰
21	中山市普利亚照明灯饰有限公司	普利亚灯饰
22	中山市法柏丽照明有限公司	艾文★卡莱
23	中山威斯丹弗实业有限公司	威斯丹弗
24	中山市圣丽灯饰有限公司	圣丽灯饰

注：以上不存在企业及品牌排名。

照明行业主要节能灯品牌见表 7-14。

表 7-14　节能灯品牌

序号	企业名称	品牌
1	飞利浦（中国）投资有限公司	飞利浦（Philips）
2	欧司朗佛山照明有限公司	欧司朗（OSRAM）
3	惠州雷士光电科技有限公司	雷士
4	欧普照明有限公司	欧普（OPPLE）
5	佛山电器照明股份有限公司	佛山照明（FSL）
6	浙江阳光集团有限公司	阳光照明
7	广东东松三维电器有限公司	三雄极光
8	TCI 集团股份有限公司	TCL 照明
9	日本松下电器（中国）有限公司	松下照明
10	常州耐普照明电器有限公司	耐普（NPU）
11	杭州雨中高虹照明电器有限公司	雨中高虹

续表 7-14

序号	企业名称	品牌
12	中山市欧帝尔电器照明有限公司	小器鬼照明
13	广东雪莱特光电科技股份有限公司	雪莱特照明
14	中山市澳克士照明电器有限公司	澳克士照明
15	苏州市红壹佰照明有限公司	红壹佰照明
16	浙江双士照明电器有限公司	双士照明
17	上海亚明飞亚照明电器有限公司	亚明照明
18	河南安彩照明有限公司	安彩照明
19	宝迪集团	宝迪照明
20	深圳业电照明电器有限公司	业电照明
21	宁波金辉照明电器有限公司	金辉（Jinhui）

注：以上不存在企业及品牌排名。

照明行业主要护眼灯品牌见表 7-15。

表 7-15　照明行业主要护眼灯品牌

序号	企业名称	品牌
1	深圳市键之家实业发展有限公司	孩视宝
2	飞利浦电子（中国）集团	飞利浦（Philips）
3	鹤山市明可达实业有限公司	明可达（MKD）
4	中山市光阳电器有限公司	冠雅（GUANYA）
5	欧司朗佛山照明有限公司	欧司朗（OSRAM）
6	上海良亮灯饰电器有限公司	良亮
7	中山市欧普照明股份有限公司	欧普（OPPLE）
8	上海华雄（盈科）灯饰电器有限公司	华雄——盈科
9	日本松下电器（中国）有限公司	松下（Panasonic）
10	广州市松乐电子科技有限公司	DP 久量

习题：

1. 为什么说发展半导体照明是转变经济发展方式、培育新的增长点、提升传统产业的最现实选择之一？

2. 请简要说明我国半导体照明产业现状和全球半导体照明产业概况。

3. 请简要说明我国近年来各领域 LED 应用产值规模及占比情况。

4. 列举一到两家你所熟悉的中国 LED 企业并对其经营情况进行分析，并指出其主要 LED 产品。

5. 为什么说半导体照明是节能环保、发展低碳经济、实现可持续发展的重要途径？

参考文献

[1] 苏永道，吉爱华，赵超.LED 封装技术 [M]. 上海：上海交通大学出版社，2010.

[2] 路绍全 .LED 照明——半导体的又一次革命. 灯与照明 [J].2002，26（4）：13-20.

[3] 雷玉堂，黎慧. 未来的照明光源——白光 LED 技术及其发展 [J]. 光学与光电技术，2003（15）：33-34.

[4] 李卓，朱崇恩，刘小鸿. 固态发光器件前景光明 [J]. 中国照明电器，2003（7）：11-13.

[5] 崔元日，潘苏予. 第四代照明光源——白光 LED 灯与照明 [J]，2004，28（2）：31-34.

[6] 安硫英. 光电子技术 [M]. 北京：电子工业出版社，2002.

[7] 白杉，予荫. 半导体灯掀起照明的绿色革命 [J]. 光源与照明，2004，5（1）：42-43.

[8] 易安. 半导体照明——21 世纪的节能新能源 [J]. 中国创业投资与新科技，2004（8）.

[9] 康华光，陈大钦，张林. 电子技术基础模拟部分 [M]. 北京：高等教育出版社，2006.

[10] 卢进军，刘卫国. 光学薄膜技术 [M]. 西安：西北工业大学出版社，2008.

[11] 刘敬海，徐荣甫. 激光器件与技术 [M]. 北京：北京理工大学出版社，1995.

[12] 鲍超 . 发光二极管测试技术和标准 [M]. 物理，2003，32（5）：319-324.

[13] 甘彬，冯红年，金尚忠 . 大功率白色发光二极管的特性研究 [J]. 光学仪器，2005，27（5）：33-37.

[14] 金尚忠，王东辉，周文，等 . 发光二极管光谱参数测试方法的研究 [J]. 光电子·激光，2002，13（8）：825-827.

[15] 朴大植，吕亮，等 . 发光二极管（LED）国家光度标准的研究 [J]. 现代计量测试 2002，10（1）：18-21.

[16] 周太明 . 光源原理与设计 [M]. 上海：复旦大学出版社，1993.

[17] 王晓东 . 电器照明技术 [M]. 北京：机械工业出版社，2004.

[18] 陈康 . 电流控制模式白光 LED 驱动芯片设计 [D]. 成都：电子科技大学，2006.

[19] 李茂华 . 大功率 LED 驱动控制研究 [D]. 成都：西南交通大学，2006.

[20] 雷小红 . 一种驱动白光 LED 的高效升压 DC-DC 转换电路中的控制电路研究 [D]. 成都：电子科技大学，2006.

[21] 舒朝濂 . 现代光学制造技术 [M]. 北京：国防工业出版社，2008.

[22] 方佩敏 . 白色 LED 驱动器的发展概况 [J]. 今日电子，2005（9）：54-59.

[23] 庞蕴凡 . 视觉与照明 [M]. 北京：中国铁道出版社，1993：50-54.

[24] 赵振民 . 照明工程设计手册 [M]. 天津：天津科技出版社，2001.

[25] 孙建民 . 电器照明技术 [M]. 北京：中国建筑工业技术出版社，1998：100-102.

[26] 俞丽华，朱桐城 . 电器照明 [M]. 上海：同济大学出版社，1990.

[27] 顾国维 . 绿色技术及其应用 [M]. 上海：同济大学出版社，1999.

[28] 刘胜利 . 高亮度 LED 照明与开关电源供电 [M]. 北京：中国电力出版社，2009.

[29] 杨清德 . LED 照明工程与施工 [M]. 北京：金盾出版社，2009.

[30] 周志敏，周纪海，纪爱华 . LED 驱动电路设计与应用 [M]. 北京：人民邮电出版社，2006.

[31] 刘胜利 . 最新 LED 照明电源与制作开关电源 [M]. 北京：科学出版社，2011.

[32] 陈传虞，刘明，陈家祯 . LED 驱动芯片工作原理与电路设计 [M]. 北京：人

民邮电出版社，2011.

[33] 毛兴武，周建军 . 新一代绿色光源 LED 及其应用技术 [M]. 北京：人民邮电出版社，2008.

[34] 刘祖明，黎小桃 . LED 照明设计与应用（第二版）[M]. 北京：电子工业出版社，2014.

[35] 毛学军 . LED 应用技术 [M]. 北京：电子工业出版社，2012.

[36] 电子工程网：http：//www.eechina.com/.

[37]LED 中国半导体照明网，http：//www.china-led.net.

[38]LED 网，http://www.cnledw.com/.

[39]2009—2012 年中国半导体照明（LED）产业研究及发展趋势预测报告 .